AF381403

K. Wienhard   R. Wagner   W.-D. Heiss

PET

Grundlagen und Anwendungen
der Positronen-Emissions-Tomographie

Mit 77 Abbildungen und 20 Tabellen

Springer-Verlag Berlin Heidelberg New York
London Paris Tokyo

Professor Dr. Klaus Wienhard
Dr. Rainer Wagner
Professor Dr. Wolf-Dieter Heiss

MPI für neurologische Forschung
Ostmerheimer Str. 200
5000 Köln 91

ISBN-13: 978-3-642-73844-9   e-ISBN-13: 978-3-642-73843-2
DOI: 10.1007/978-3-642-73843-2

Vorwort

Die Positronen-Emissions-Tomographie (PET) ist eine Methode, mit der biochemische und physiologische Vorgänge im menschlichen Körper von außen erfaßt werden können. Die Kombination von Radiotracer-Methoden mit den Bildrekonstruktionsverfahren der Computer-Tomographie gestattet es, die regionale Funktion des Gewebes dreidimensional darzustellen. Die Markierung mit Positronenstrahlern und theoretische Modelle zur Beschreibung der im Organismus ablaufenden Prozesse ermöglichen deren absolute Quantifizierung. Der bisherige Einsatz von PET in der Neurologie, Kardiologie, Onkologie und in der klinischen Pharmakologie hat die einzigartigen Möglichkeiten dieses Verfahrens für die klinische Diagnostik und die Grundlagenforschung aufgezeigt. Die gegenwärtig stark zunehmende Verbreitung und Weiterentwicklung der PET läßt für die Zukunft umfangreiche und nutzbringende Anwendungen in Klinik und Forschung erwarten.

In diesem Buch wird eine umfassende Einführung in das Gebiet der PET gegeben. Die physikalischen Prinzipien und das Meßverfahren auf der Grundlage des derzeitigen technischen Standes der Tomographen werden im ersten Teil dargestellt. Breiten Raum nehmen die zur Quantifizierung der biochemischen und physiologischen Prozesse angewandten Modelle mit ihren Annahmen, Problemen und Gültigkeitsbereichen ein. An die Diskussion der chemischen Grundlagen schließt sich die Zusammenstellung der Produktionsverfahren und Markierungsmethoden der am häufigsten eingesetzten Verbindungen an. Im letzten Teil werden die vielfältigen Anwendungsmöglichkeiten der PET bei klinischen Untersuchungen an Gehirn, Herz, Lunge und in der Onkologie aufgeführt. Die zu jedem Kapitel zusammengestellten Zitate der Originalliteratur sollen das Auffinden und die Einarbeitung in speziellere Details der Methode ermöglichen.

Im Hinblick auf die multi- und interdisziplinären Aspekte der PET soll das Buch interessierten Ärzten und Wissenschaftlern einen Überblick über die Grundlagen und Methoden, die Möglichkeiten und bisherigen klinischen Anwendungen dieses faszinierenden Verfahrens geben.

Wir möchten uns bei allen Kollegen für die großzügig zur Verfügung gestellten Abbildungen bedanken. Dies gilt in gleichem Maße für die Kollegen und Mitarbeiter im eigenen Labor. Insbesondere danken wir Frau M. Drews und Frau L. Wagener für die Hilfe bei der Ausarbeitung und Korrektur des Manuskripts.

Köln, Oktober 1988   Die Autoren

Inhaltsverzeichnis

1 Physikalische Grundlagen

1.1 Positronenzerfall

Instabile, neutronenarme Atomkerne gehen durch radioaktiven Beta-Zerfall in einen stabileren Energiezustand über. Dabei wandelt sich ein Proton im Atomkern in ein Neutron um und es werden ein Positron (β^+) und ein Neutrino (ν) emittiert. Die Anzahl der Nukleonen im Kern bleibt unverändert, es erniedrigt sich jedoch die Ordnungszahl um eine Einheit; z.B. beim β^+-Zerfall von Fluor-18 (^{18}F) entsteht das stabile Sauerstoffisotop Sauerstoff-18 (^{18}O):

$$^{18}\text{F (9 Protonen, 9 Neutronen)} \rightarrow {}^{18}\text{O (8 Protonen, 10 Neutronen)} + \beta^+ + \nu.$$

Die beim Positronenzerfall freiwerdende Energie verteilt sich auf das Positron und das Neutrino. Deshalb haben die Positronen eine kontinuierliche Energieverteilung bis hin zur maximalen Zerfallsenergie, wobei die häufigste Energie bei ungefähr einem Drittel der maximalen Energie liegt. Abb. 1.1 zeigt die Energieverteilung der Positronen beim β^+-Zerfall.

Während das Neutrino als masseloses und elektrisch neutrales Teilchen praktisch ungehindert davonfliegt, tritt das elektrisch positiv geladene Positron mit der umgebenden Materie in Wechselwirkung und wird sehr schnell (ungefähr in 10^{-10} sek) abgebremst. Dies geschieht durch eine Reihe von Einzelstößen mit den umgebenden Elektronen, wobei das Positron laufend seine Richtung ändert, so daß die tatsächliche Reichweite der Positronen wesentlich geringer ist als bei Abbremsung in einer geradlinigen Bahn. Die Positronen sind die Antiteilchen der elektrisch negativ geladenen Elektronen, aus denen

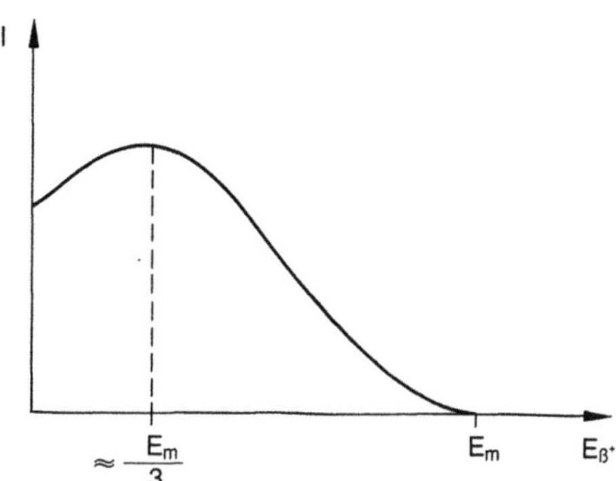

Abb. 1.1. Typische Energieverteilung der Positronen beim β-Zerfall

die Atomhülle aufgebaut ist, und sind deshalb in normaler Materie nicht stabil. Das abgebremste Positron vereinigt sich sofort mit einem Elektron, und die Massen der beiden Teilchen wandeln sich in elektromagnetische Strahlung um, d.h. sie zerstrahlen unter Entstehung von zwei Photonen, die wegen Impuls- und Energieerhaltung unter 180° zueinander emittiert werden und beide die gleiche Energie von 511 keV haben (entsprechend ihren Ruhemassen und gemäß dem Einsteinschen Energie-Massen-Äquivalenzgesetz $E = mc^2$). Diese Vernichtungsstrahlung kann mit zwei außen angebrachten Strahlungsdetektoren in zeitlicher Koinzidenz nachgewiesen und wegen der gleichzeitigen Entstehung der beiden Photonen und ihrer entgegengesetzten Flugrichtung der Ort der Positronenvernichtung auf die Verbindungslinie der beiden Detektoren festgelegt werden. Da dies ohne Verwendung von Kollimatoren nur durch die elektronische Koinzidenzbedingung geschieht, spricht man auch von *elektronischer Kollimation*. Die Entfernung zwischen dem Ort des zerfallenden radioaktiven Nuklids und dem Vernichtungsort des emittierten Positrons hängt von der Energie des Positrons und der Dichte der abbremsenden Materie ab und stellt eine physikalische Grenze für das prinzipiell erreichbare räumliche Auflösungsvermögen der Positronen-Emissionstomographie (PET) dar.

Neben der Zerstrahlung in zwei Photonen tritt auch mit geringer Wahrscheinlichkeit die Zerstrahlung in drei Photonen mit kontinuierlicher Energie- und Winkelverteilung auf. Ihr Anteil kann jedoch ebenso wie die Zerstrahlung des noch nicht völlig abgebremsten Positrons im Flug vernachlässigt werden und liefert praktisch keine störenden Beiträge.

In Konkurrenz zum β^+-Zerfall kann die Umwandlung eines Protons in ein Neutron auch durch Einfang eines Hüllenelektrons geschehen, so daß nur der sich über Positronenzerfall abregende Teil der radioaktiven Kerne für die PET nutzbar ist. Meßtechnisch störend kann sich der Positronenzerfall zu angeregten Zuständen im Restkern auswirken, wenn dabei ein γ-Quant mit einer Energie in der Nähe von 511 keV in echter zeitlicher Koinzidenz zur Vernichtungsstrahlung auftritt.

1.2 Produktion der Isotope

Die am häufigsten zur Markierung verwendeten, Positronen emittierenden Atomkerne sind Kohlenstoff-11 (^{11}C), Stickstoff-13 (^{13}N), Sauerstoff-15 (^{15}O) und Fluor-18 (^{18}F). Die ersten drei sind Isotope der am häufigsten in organischen Verbindungen vorkommenden Elemente und eignen sich daher besonders zur Markierung von Biomolekülen und Pharmaka, ohne deren chemisches und physikalisches Verhalten im lebenden Organismus zu verändern. Mit ^{18}F können Wasserstoff- oder Hydroxylgruppen ersetzt werden. Diese vier Radionuklide können bereits mit einem relativ niederenergetischen Teilchenbeschleuniger erzeugt werden. Hierbei wird aus einem stabilen Targetkern durch Beschuß mit hochenergetischen Protonen oder Deuteronen in einer Kernreaktion der instabile Kern erzeugt, z.B. kann ^{11}C aus ^{14}N durch Protonenbeschuß hergestellt werden, indem ein Proton in den Stickstoffkern eindringt und ein α-Teilchen, das aus zwei Protonen und zwei Neutronen besteht, herausschlägt. Diese Kernreaktion wird durch die Reaktionsgleichung $^{14}N(p,\alpha)^{11}C$ beschrieben, um sie auszulösen, müssen die Protonen mindestens eine Energie von einigen MeV haben. Da die Reaktionsausbeute mit zunehmender Protonenenergie ansteigt, ist eine Protonenenergie von ca. 10 MeV oder höher wünschenswert. Weitere für PET-Untersuchungen verwendete Isotope wie Brom-75 (^{75}Br), Brom-76 (^{76}Br) und Krypton-77 (^{77}Kr) sowie die Erzeugung von Nuklidgeneratoren für die Isotope Gallium-68 (^{68}Ga) und Rubidium-82 (^{82}Rb) erfordern Beschleuniger mit höheren Energien. In Tabelle 1.1 sind die wichtigsten physikalischen Eigenschaften der am häufigsten verwendeten β^+-Strahler und die gebräuchlichsten Kernreaktionen zu ihrer Herstellung zusammengestellt. Mitaufgeführt wurde neben der maximalen β^+-Energie auch die Reichweite in Wasser vor der Zerstrahlung, eine Größe, die für die erreichbare Auflösung in der PET wichtig ist.

Die kurzen Halbwertszeiten von ^{15}O, ^{13}N und ^{11}C machen die direkte Produktion an einem Teilchenbeschleuniger in unmittelbarer Nähe der Anwendung erforderlich. Zur Erzeugung der benötigten intensiven, hochenergetischen Teilchenstrahlen wurden speziell für die Radionuklidproduktion für die PET kleine Zyklotronbeschleuniger, auch *Baby-Zyklotrons* genannt, konstruiert, die sich in einer Klinik installieren lassen. Bereits mit einem Protonen-Zyklotron von ca. 10 MeV Beschleunigungsenergie lassen sich die wichtigsten Isotope für die PET wie ^{11}C, ^{13}N, ^{15}O und ^{18}F in ausreichenden Mengen herstellen, allerdings werden hierzu teure angereicherte, stabile Isotope wie ^{13}C, ^{15}N und ^{18}O als Ausgangssubstanz (Targetmaterial) benötigt. Abb. 1.2 zeigt im Vergleich die theoretischen und experimentell erreichten Ausbeutekurven für die ^{18}F-Erzeugung mit den $^{18}O(p,n)\ ^{18}F$ und $^{20}Ne(d,\alpha)^{18}F$-Reaktionen. Die zur Zeit speziell für die PET-Nuklid-Erzeugung meist verwendeten Zyklotronbeschleuniger liefern wahlweise 16–17 MeV Protonenstrahlen bzw. 8–10 MeV Deuteronenstrahlen mit Target-Strömen von 50 µA oder mehr. Diese Beschleuniger bieten die für die Targets und die nachfolgende Chemie not-

Tabelle 1.1. Positronenstrahler und ihre Eigenschaften

Nuklid	Halbwertszeit (min)	maxim. Energie (MeV)	maxim. Reichweite (mm H$_2$O)	maxim. spez. Aktivität (GBq/mol)	Kernreaktionen
Kohlenstoff-11	20,4	0,97	4,1	$3,4 \times 10^{11}$	$^{10}B(d,n)^{11}C$ $^{11}B(p,n)^{11}C$ $^{14}N(p,\alpha)^{11}C$
Stickstoff-13	9,96	1,19	5,4	$7,0 \times 10^{11}$	$^{12}C(d,n)^{13}N$ $^{16}O(p,\alpha)^{13}N$ $^{13}C(p,n)^{13}N$
Sauerstoff-15	2,05	1,72	8,2	$3,4 \times 10^{12}$	$^{14}N(d,n)^{15}O$ $^{15}N(p,n)^{15}O$
Fluor-18	109,7	0,64	2,4	$6,3 \times 10^{10}$	$^{18}O(p,n)^{18}F$ $^{20}Ne(d,\alpha)^{18}O$

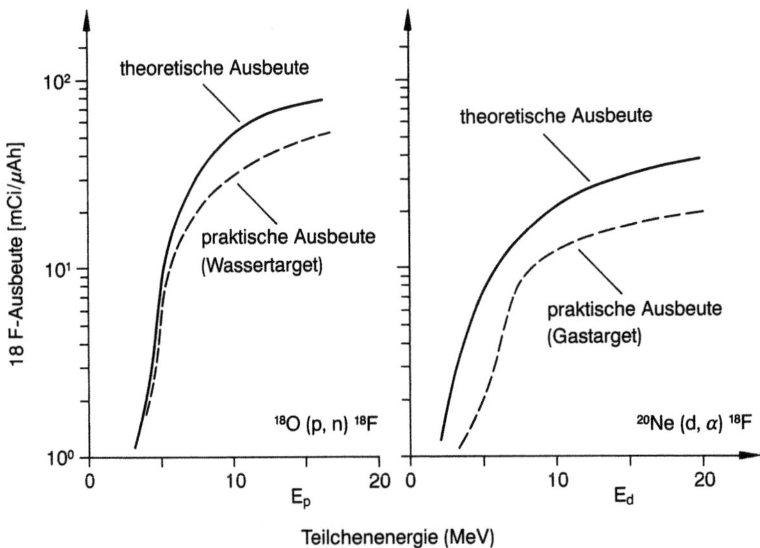

Abb. 1.2. Theoretische und praktische ^{18}F-Ausbeuten mit dickem Target für die ^{18}O(p,n)^{18}F and ^{20}Ne(d,α)^{18}F-Reaktionen. (Nach Qaim 1986)

wendige Flexibilität. Die Umschaltung zwischen den verschiedenen Teilchen-strahlen und Targets kann meist fernbedient von der Kontrollkonsole inner-halb weniger Minuten erfolgen und wird damit den klinischen Anforderungen für mehrere hintereinander ablaufende PET-Untersuchungen mit verschieden markierten Verbindungen gerecht.

1.3 Wirkungsweise eines Zyklotrons

In einem Zyklotron Abb. 1.3 werden die in einer in der Mitte angebrachten Ionenquelle erzeugten geladenen Teilchen (z. B. Protonen, Deuteronen oder negativ geladene Wasserstoffionen H$^-$) durch ein Hochfrequenzfeld im Hochvakuum beschleunigt. Eine flache, in der Mitte unterbrochene Metall-dose, deren beide Hälften wegen ihrer Form „Dee" genannt werden, befindet sich in einer evakuierten Kammer im homogenen Feld eines starken Elektro-magneten. Die beiden „Dee's" sind mit den Polen eines Hochfrequenzsenders verbunden, der ein schnell wechselndes, hohes elektrisches Feld zwischen den „Dee's" erzeugt. In der Ionenquelle wird das eingelassene Wasserstoffgas in einer Gasentladung ionisiert und horizontal in die Kammer injiziert. Die Ionen bewegen sich durch das vertikale Magnetfeld auf einer Kreisbahn. Jedesmal, wenn die Teilchen den Spalt zwischen den „Dee's" passieren, erhal-ten sie einen elektrischen Impuls, der sie beschleunigt und sie in eine größere Umlaufbahn mit höherer Energie bringt. Der das Beschleunigungsfeld lie-fernde Hochfrequenzsender und das Magnetfeld werden so aufeinander abge-

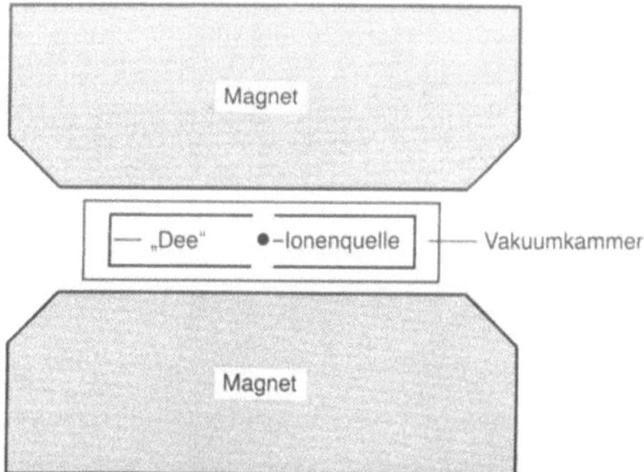

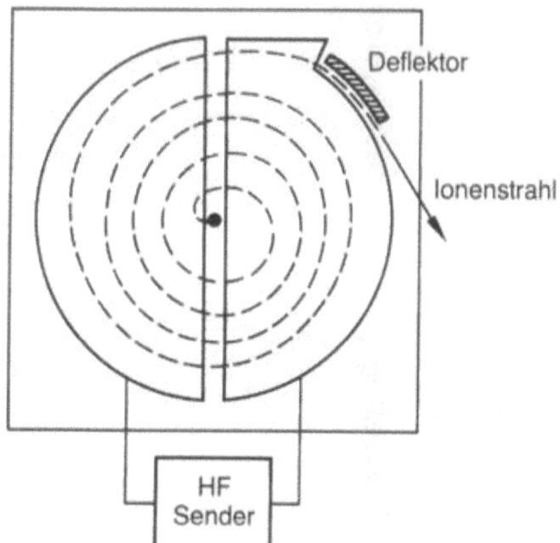

Abb. 1.3. Schema eines Zyklotronbe-
schleunigers

stimmt, daß das Feld zwischen den „Dee's" genau im Rhythmus der Umlauf-
frequenz der Ionen wechselt. Die Ionen durchlaufen so mit zunehmender
Energie eine Spiralbahn mit zunehmendem Radius, bis sie am Rand der
Vakuumkammer mittels eines kleinen Plattenkondensators (Deflektor) aus
dem Magnetfeld gelenkt werden und über ein Strahltransportsystem auf das
Target fokussiert werden. Im Falle von beschleunigten H^--Ionen kann die
Auslenkung auch durch Abstreifen der beiden Elektronen beim Durchgang
durch eine sehr dünne „Stripper"-Folie geschehen. Die umgeladenen Teilchen
werden dann durch ihre entgegengesetzt gekrümmte Bahn im Magnetfeld aus-
gelenkt. Das Target ist mit dem für die entsprechende Kernreaktion benötigten Targetgas (z. B. mit Neongas für die $^{20}Ne(d,\alpha)^{18}F$-Reaktion zur Fluor-
18-Erzeugung) unter hohem Druck (einige bar) gefüllt und mit einer dünnen
Metallfolie gegen das Beschleunigervakuum abgeschlossen. Das Target und
die Folie müssen gekühlt werden, um die bei der Abbremsung des Ionen-
strahls erzeugte Wärme abzuführen. Nach der Bestrahlung werden die erzeug-

Abb. 1.4. Zyklotronbeschleuniger mit Strahlführungssystem und Targetwechselanlage

ten radioaktiven Atomkerne über eine Rohrleitung zur weiteren Synthese in eine „heiße" Zelle im Chemielabor, bzw. zur direkten Applikation zum Patienten geleitet. Abb. 1.4 zeigt die kompakte gesamte Beschleunigeranlage eines „Baby-Zyklotrons" inklusive Targetwechselanlage.

1.4 PET-Meßverfahren

1.4.1 Prinzip

Abbildung 1.5 zeigt das Meßprinzip der PET. Die Grundeinheit eines PET besteht aus zwei Detektoren, die in Koinzidenz geschaltet sind. Bewegt man solch einen Koinzidenzzweig in einer Schichtebene in einer Richtung und registriert die Koinzidenzzählrate als Funktion der Position des Koinzidenzzweiges, so erhält man eine Projektion der Aktivitätsverteilung in der Schicht auf die Bewegungsrichtung. Aus einer Reihe von Projektionen, die bei vielen verschiedenen Winkeln gemessen wurden, läßt sich mit den Bildrekonstruk-

----

Abb. 1.5. **a** Meßprinzip eines Positronen-Emissions-Tomographen. *Oben:* Bewegt man einen Koinzidenzzweig in einer Schichtebene und registriert die Zählrate als Funktion seiner Position, so erhält man eine Projektion der Aktivitätsverteilung in der Schichtebene auf die Bewegungsrichtung. *Unten:* Die ringförmige Detektoranordnung erlaubt die gleichzeitige Messung von Projektionen unter verschiedenen Winkeln. **b** Bild eines modernen Ganzkörpertomographen (Scanditronix Werkphoto)

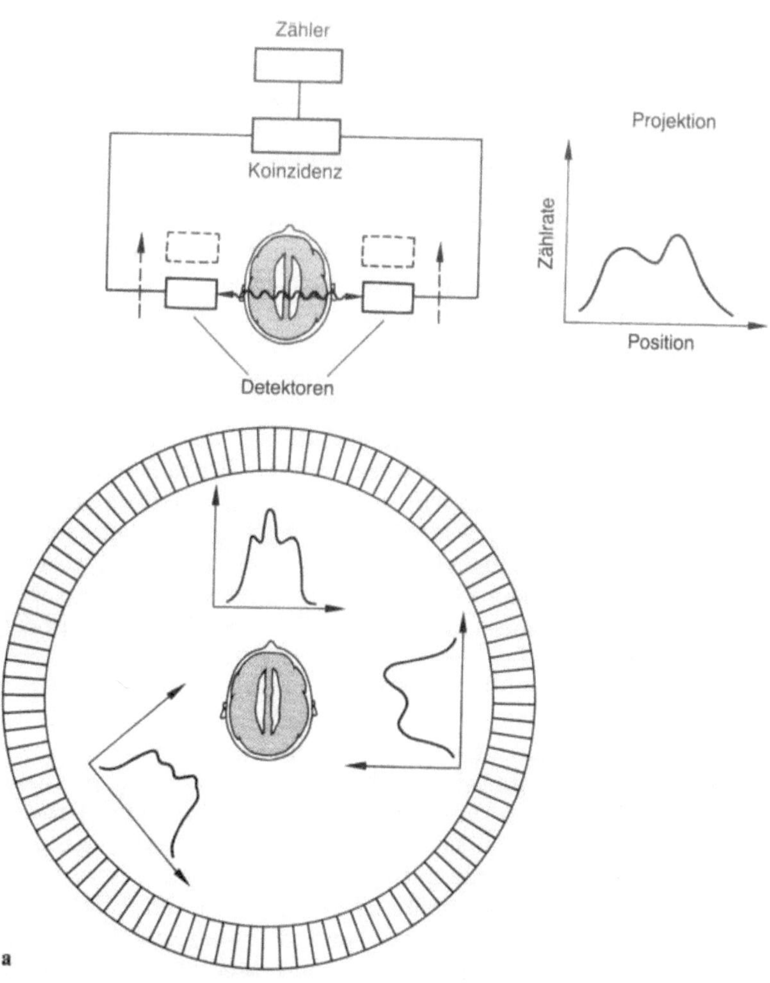
Zähler
Koinzidenz
Detektoren
Projektion
Zählrate
Position
a

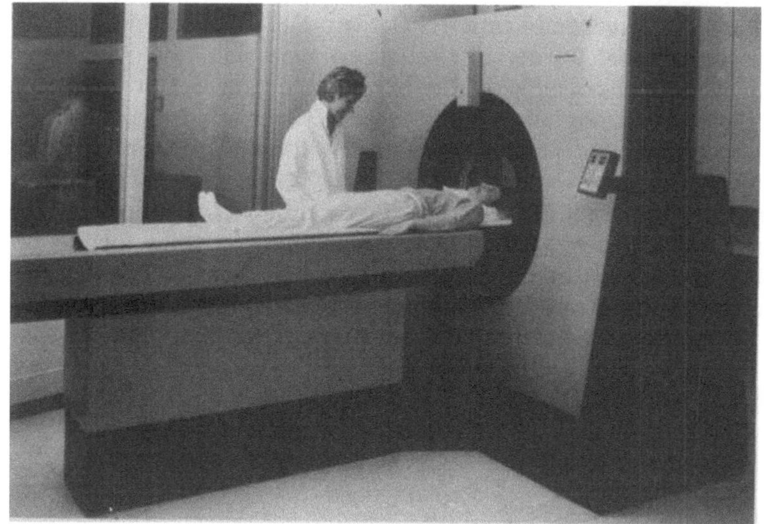
b

tionsmethoden der Computertomographie die Aktivitätsverteilung in der Schicht berechnen. In einem Tomographen sind viele kleine Detektoren ringförmig um den Patienten angeordnet. Meistens werden mehrere Ringsysteme zusammengefaßt, um ausgedehntere Objekte, wie z. B. das Gehirn, gleichzeitig in mehreren Schichtebenen in einem Meßablauf erfassen zu können. In solch einer Anordnung ist dann jeder Detektor fächerartig mit einer Reihe von gegenüberliegenden Detektoren im gleichen und in benachbarten Ringen in Koinzidenz geschaltet. Für die Bildrekonstruktion werden alle parallelen Koinzidenzzweige aus verschiedenen Fächern zu einer Projektion zusammengefaßt. Bei N Detektoren in einem Ring, die mit jeweils K gegenüberliegenden Detektoren im selben Ring in Koinzidenz geschaltet sind, erhält man N Projektionen mit jeweils $K/2$ Meßpunkten, wobei der Winkel zwischen benachbarten Projektionsrichtungen $360°/N$ beträgt.

Eine punktförmige Positronenquelle, die in der Mitte zwischen zwei gegenüberliegenden rechteckigen Detektoren der Breite B senkrecht zu deren Verbindungslinie bewegt wird, wird durch eine dreiecksförmige Bildfunktion mit einer Halbwertsbreite (*FWHM*) von $B/2$ abgebildet. Dies stellt ein Maß für die räumliche Auflösung eines PET-Systems dar. Die Detektorenbreite läßt sich aus verschiedenen Gründen nicht beliebig verkleinern, so daß die Größe der Detektoren meistens die erreichbare räumliche Auflösung eines Tomographen bestimmt.

Um ein artefaktfreies Bild zu erhalten, muß die durch das Abtasttheorem geforderte Bedingung, daß das Abtastintervall kleiner oder gleich der Hälfte des kleinsten im Bild aufzulösenden Abstandes sein muß, erfüllt sein. Damit muß das erforderliche Abtastintervall kleiner als $B/4$ sein. Bei den meisten Tomographen wird diese Forderung durch mechanische Bewegung des Detektorsystems erfüllt. Üblicherweise bewegt sich dabei der gesamte Detektorring mit seinem Mittelpunkt auf einem Kreisumfang, dessen Durchmesser etwas größer als die Detektorbreite ist („wobble motion"). Diese Bewegung wird in mehrere Intervalle unterteilt und die Meßereignisse entsprechend zugeordnet. Da bei räumlich äquidistanten Meßintervallen aufgrund der Wobble-Bewegung die Meßzeiten verschieden sind, müssen die registrierten Zählraten entsprechend korrigiert werden. Die „Wobble"-Bewegung muß mit ausreichend hoher Wiederholfrequenz erfolgen, damit die Aktivitätsverteilung während eines Bewegungszyklus als stationär angesehen werden kann. Die räumliche Auflösung eines bildgebenden Systems läßt sich anstatt durch die Halbwertsbreite der Bildfunktion einer Punktquelle genauer durch die Modulationsübertragungsfunktion (*MTF*) spezifizieren. Die *MTF* gibt an, mit welcher relativen Amplitude die einzelnen räumlichen Frequenzen vom Objekt zum Bild übertragen werden. Diese Darstellung ist völlig analog zu den Frequenzübertragungsfunktionen (Frequenzgang), wie sie bei der Qualitätsangabe von akustischen oder optischen Systemen üblich sind. Die *MTF* ist gegeben als die Fouriertransformierte der Bildfunktion einer Punktquelle $B(x)$:

$$MTF(v) = \int B(x)\cos(2\pi v x)\,dx / \int B(x)\,dx.$$

$B(x)$ ist die Zählrate als Funktion des Abstandes x von der Punktquelle, und v ist die Ortsfrequenz mit der Dimension räumliche Periode/Länge.

1.4.2 Bildrekonstruktion

Das eigentliche mathematische Problem der Bildrekonstruktion, nämlich die Rekonstruktion von Objekten aus gemessenen Projektionen, war bereits 1917 von Radon gelöst worden und hat in vielen Bereichen Anwendung gefunden (Radon 1917). Für die PET können praktisch dieselben Rekonstruktionsalgorithmen wie bei der Röntgen-Computer-Tomographie angewandt werden. Ohne näher auf den mathematischen Formalismus einzugehen, soll das z.Z. gebräuchlichste Verfahren, die sogenannte *gefilterte Rückprojektion* kurz skizziert werden. Aus den unter vielen Winkeln gemessenen Profilen der Aktivitätsverteilung kann man ein Bild rekonstruieren, indem man jeden Meßpunkt in den Profilen gleichmäßig über die Bildebene zurückprojiziert, wobei die Intensität der Rückprojektionslinie proportional zur gemessenen Zählrate des Meßpunktes ist. Würde man die gemessenen Projektionen der Aktivitätsverteilung direkt in die Bildebene zurückprojizieren, so erhielte man nicht die korrekte Verteilung. Bei einem punktförmigen Objekt ergäbe sich ein Rückprojektionsbild, das zwar an der ursprünglichen Stelle des Punktes ein Maximum hat, da sich dort alle zurückprojizierten Linien schneiden, aber außerhalb des Punktes fiele die Verteilung nicht abrupt, sondern mit dem radialen Abstand r von dem Punkt wie die Funktion $1/r$ ab. Die so gewonnene, mit $1/r$ gefaltete Objektverteilung müßte anschließend noch entfaltet werden. Es zeigt sich, daß man dieses Verfahren stark vereinfachen kann, indem man vorher die gemessenen Projektionen mit einer geeigneten Filterfunktion faltet, so daß bei der Rückprojektion der gefilterten Projektionen die Verschmierung mit $1/r$ verhindert wird. Durch die Faltung mit der Filterfunktion entstehen an den Flanken der Profile negative Werte, die bei der Rückprojektion bewirken, daß sich die Daten außerhalb des Objektpunktes gegenseitig aufheben. Die Addition und Subtraktion von vielen Zahlen gleicher Größenordnung kann dabei zu großen statistischen Fehlern im rekonstruierten Bild führen. Die Filterfunktionen gewichten i.a. höhere Frequenzen stärker, was dazu führt, daß das bei hohen Ortsfrequenzen vorherrschende Rauschen noch mehr verstärkt wird. Da wegen der begrenzten Detektorauflösung die *MTF* bei hohen Ortsfrequenzen sehr klein wird, ist es häufig besser, ab einer bestimmten Grenzfrequenz die Frequenz-Gewichtsfunktion auf Null zu setzen. Dies führt zu Bildern mit etwas schlechterer Auflösung, aber wesentlich geringerem statistischem Rauschen. Von Phelps und Mitarbeitern (1982) wurde vorgeschlagen, durch Verwendung kleinerer Detektoren die Signalamplituden bei höheren Frequenzen in der *MTF* zu verstärken (signal amplification technique), was bei Verwendung der gleichen Filterfunktion (gleiche Abschneidefrequenz) zu höherer Auflösung bei verbessertem Signal-zu-Untergrund-Verhältnis führt.

1.4.3 Tomograph

Der ideale Tomograph für die PET sollte eine Ortsauflösung von 2 mm oder besser haben und die Durchführung von Messungen in Sekundenabständen erlauben. Viele Ringe von eng gepackten Detektoren hoher Dichte sollten eine hohe Nachweiswahrscheinlichkeit und viele parallele Detektorkanäle eine niedrige Totzeit bei hoher Zählrate ermöglichen. Gute Energieauflösung und Zeitauflösung der Kristalle ist wesentlich, um gestreute Photonen zu eliminieren und um zufällige Koinzidenzen zu reduzieren. Die Detektorringe müssen gut gegen Untergrundstrahlung abgeschirmt sein und sollten kippbar sein, um die Schnittführung individuell anpassen zu können.

a) Mechanischer Aufbau

Der Einsatz als Ganzkörper-Tomograph oder als spezieller Hirn-Tomograph bestimmt den Durchmesser der Detektorringe. Während für das Gehirn ein wirksames Gesichtsfeld von 25–30 cm ausreicht, muß die Patientenöffnung für Ganzkörperuntersuchungen ca. 50 cm betragen. Um eine möglichst konstante Auflösung im Gesichtsfeld und ausreichende Abschirmung der Detektoren bei möglichst hohen Zählraten zu erreichen, wird der Ringdurchmesser meist ungefähr doppelt so groß wie der Gesichtsfelddurchmesser gewählt. Zwischen den Detektorringen sind Bleiabschirmungen angebracht, die sich bis zum Rand der Patientenöffnung erstrecken. Dadurch wird die Schichtdicke definiert und der Anteil der gestreuten und zufälligen Koinzidenzereignisse reduziert. Mehrere Detektorringe erhöhen die Gesamtnachweiswahrscheinlichkeit und ermöglichen bei n Ringen die gleichzeitige Messung von $(2n-1)$ Schichtbildern. Wenn man sich mit einer rekonstruierten Ortsauflösung in der Größe der Detektorkristallbreite begnügt, kann man auf eine Erhöhung der Abtastdichte verzichten, und die Ringe können dann stationär betrieben werden. Dies ermöglicht sehr kurze Meßzeiten und die Ansteuerung der Datenerfassung über externe gate-Signale (z. B. vom Herzrhythmus). Meistens wird jedoch die maximal mögliche Auflösung in der Größenordnung der halben Detektorbreite angestrebt, was eine Bewegung der Detektorringe erforderlich macht. Die Detektorringe sind überwiegend modular aufgebaut, wobei mehrere Detektoren inklusive der dazugehörigen Photomultiplier in leicht austauschbaren Kassetten montiert sind. Um die Schnittführung individuell an nicht axial orientierte Organe wie z. B. das Herz leicht anpassen zu können, ist bei moderneren Tomographen die gesamte Gantry dreh- und kippbar ausgeführt. Die Patientenliege ist meist aus einem Material mit geringer Absorption (Graphit) gefertigt. Sie soll eine bequeme Lagerung des Patienten mit einer präzisen und kontrollierten Positionierung erlauben. Meist wird die Lage des Patienten mit Hilfe eines festen Justierlaserstrahls außerhalb der Gantry eingestellt und anschließend die Liege in die Mitte der Detektorringe hineingefahren. Es werden verschiedene Fixieranordnungen angewandt, die eine Verlagerung des Patienten während der Untersuchung verhindern sollen.

b) Detektoren

Der Nachweis der 511 keV Photonen in einem PET geschieht meistens mit Szintillationskristallen. Die Photonen treten durch Photoeffekt oder Comptoneffekt mit den Kristallatomen in Wechselwirkung und übertragen dabei ihre Energie ganz oder teilweise auf Elektronen. Bei deren Abbremsung werden Lichtblitze im Kristall ausgelöst, die in einem Photomultiplier (Sekundärelektronenvervielfacher), der in gutem optischem Kontakt mit dem Kristall steht, zu einem elektrischen Impuls verstärkt werden. Die ersten Tomographen benutzten NaJ(Tl)-Kristalle als Szintillationsdetektoren, die nun durchwegs von BGO-Kristallen (Wismutgermanat $Bi_4Ge_3O_{12}$) abgelöst wurden, vor allem wegen der höheren Nachweiswahrscheinlichkeit. Außerdem sind sie nicht hygroskopisch, müssen deshalb nicht luftdicht gekoppelt werden und können damit sehr dicht gepackt werden. Diese Kristalle werden nun von mehreren Herstellern in reproduzierbarer Qualität kommerziell angeboten und haben auch in anderen Gebieten, wo γ-Detektoren mit hoher Nachweiswahrscheinlichkeit benötigt werden (z.B. in der Hochenergiephysik) breite Anwendung gefunden. Ihre Eigenschaften zusammen mit denen von NaJ(Tl)- und BaF_2-Kristallen sind in Tabelle 1.2 aufgeführt. Die extrem schnelle Lichtkomponente des BaF_2-Kristalls zusammen mit seiner hohen Nachweiswahrscheinlichkeit ermöglichen seinen Einsatz in der Time-of-Flight PET. Andere Kristalle wie GSO [Gadolinium-Ortho-Silikate $Gd_2 SiO_5(Ce)$] oder CsF (sehr hygroskopisch) wurden ebenfalls bei PET eingesetzt. Bei GSO-Kristallen ist der Preis wegen der schwierigen Herstellung wesentlich höher als für BGO.

Die Detektoren sollten möglichst klein sein, um eine gute Ortsauflösung zu erreichen. Falls jeder Detektor mit einem individuellen Photomultiplier gekoppelt ist, wird die erreichbare Auflösung durch die zur Zeit technisch möglichen kleinsten Dimensionen der Photomultiplier begrenzt. Verschiedene Anordnungen für eine bessere Ortskodierung der nachgewiesenen Ereignisse wurden vorgeschlagen und zum Teil realisiert. Mehrere kleine Kristalle werden an einen Photomultiplier gekoppelt, der die Zeitinformation für die Koinzidenzbedingung liefert, die Kristallidentifikation kann durch individuell an jeden einzelnen Kristall gekoppelte Silizium-Photodioden erfolgen oder durch verschiedenes Zeitverhalten der Lichtimpulse, wenn unterschiedliche Kristalltypen (z.B. BGO und GSO) verwendet werden. Photomultiplier mit mehreren unterteilten Photokathoden werden zur Zeit entwickelt und auf ihre Eignung für PET untersucht. Ein sehr hohes Kristall-zu-Photomultiplier-Verhältnis von 8 zu 1 und damit ein kostengünstiges System wurde bei der „Blockdetektor"-Anordnung erreicht, der das Prinzip der Anger-Kamera zugrundeliegt.

Tabelle 1.2. Eigenschaften der Detektoren

Material	NaJ(Tl)	BGO ($Bi_4Ge_3O_{12}$)	Ba F_2
Dichte (g/cm^3)	3,67	7,13	4,89
effektive Ordnungszahl	50	74	54
Szintillations-Abklingzeit (nsec)	230	300	0,8/620
Lichtausbeute (Photon/MeV)	40000	4800	2000/6500
Wellenlänge der maxim. Lichtemission (nm)	410	480	225/310
Brechungsindex	1,78	2,15	1,57/1,55
Energieauflösung bei 511 keV (% *FWHM*)	8	16	13
Zeitauflösung (nsec, *FWHM*)	1–5	2–10	<0,5
Hygroskopisch	ja	nein	sehr gering
Linearer Abschwächungskoeffizient bei 511 keV (cm^{-1})	0,34	0,92	0,47

Die beiden größten Tomographenhersteller CTI und Scanditronix produzieren zur Zeit ihre neuesten Tomographen nach diesem Schema. Ein Block von 4×8 bzw. 4×4 BGO Kristallen wird über einen geeignet geformten Lichtleiter an 4 Photomultiplier bzw. 2 Photomultiplier mit Doppelkathoden gekoppelt. Aus den relativen Signalhöhen der einzelnen Photomultiplier kann dann der einzelne Kristall in dem das Photon absorbiert wurde, identifiziert werden. Diese Blockdetektoren lassen sich modular zu 4- bzw. 8-Ring-Systemen zusammenstellen, die die gleichzeitige Erfassung von 7 bzw. 15 Schichtbildern erlauben. Es werden sowohl Ganzkörper- als auch spezielle Hirntomographen nach diesem Prinzip angeboten, die eine Auflösung von ca. 5 mm Halbwertsbreite bei einer Linienquelle erreichen. Es kann erwartet werden, daß in den nächsten Jahren durch technische Weiterentwicklungen die erzielbare Auflösung noch verbessert werden wird. Mit einem kürzlich entwickelten Tomographen, der aus einem Ring mit 600 dicht gepackten BGO-Kristallen besteht, wurde bereits eine Ortsauflösung besser als 3 mm erreicht (Turko et al. 1987). Allerdings läßt sich dieser Prototyp nicht einfach auf ein Mehrringsystem erweitern. Tabelle 1.3 zeigt charakteristische Daten eines zur Zeit typischen, von mehreren Firmen kommerziell angebotenen Ganzkörpertomographen. Der Einsatz von Proportional-Draht-Kammern als ortsempfindliche Detektoren mit ausgezeichneter innerer Ortsauflösung wird ebenfalls erprobt (Jeavons et al. 1983). Allerdings ist deren Nachweiswahrscheinlichkeit im Vergleich mit

Tabelle 1.3. Typische Daten eines Ganzkörpertomographen

Ringdurchmesser	100 cm
Gesichtsfeld	
axial	5–15 cm
transaxial	55–65 cm Durchmesser
Anzahl der Ringe	4 oder 8
Anzahl der Schnittbilder	7 oder 15
Schichtdicke	6–10 mm
Detektormaterial	BGO
Anzahl der Detektoren pro Ring	512
Kristallabmessungen	6 mm × 12 mm × 30 mm
Detektorbewegung (wobble)	maximal 1/sec
Kippung und Drehung der Ringe	±30°
Koinzidenzauflösezeit	12 nsec
Energiediskrimination	300–700 keV
Rekonstruierte Bildmatrix	256 × 256 pixel
Auflösung (mm *FWHM*)	
transversal	4–5 mm
axial	6–10 mm
Zählrate pro sec für 20 cm Durchmesser	
Zylinderphantom	
Direkte Schicht	5000–6000 Ereignisse/(μCi/cm^3)
Kreuzschicht	8000–10000 Ereignisse/(μCi/cm^3)
Datenaquisition	Histogramm-Modus 1–4 sec
und kürzeste Meßzeit	List-Modus 0.01 sec
Transmissionsmessung und	rotierende (Ge-68)-Stabquelle
Detektornormalisierung	
On-line Rechner	z. B. Micro VAX II mit array processor

Festkörperdetektoren sehr gering. Dies bedeutet für den Einsatz bei PET eine gravierende Einschränkung, da die Gesamteffizienz eines Tomographen quadratisch von der Nachweiswahrscheinlichkeit der Einzeldetektoren abhängt.

c) Datenerfassung

Für jedes Koinzidenzereignis müssen die Adressen der beiden koinzidenten Detektoren sowie eventuell zusätzliche Information wie „Wobble"-Bewegung des Ringes, Zeitmarken oder ein externes gate-Signal abgespeichert werden. Beim Histogramm-Modus werden diese Informationen meist bereits in der Tomographen-Elektronik in die Speicheradresse der entsprechenden Position innerhalb der zugehörigen Projektion übersetzt und im angeschlossenen Rechner die Speicherinhalte inkrementiert. Beim List-Modus werden diese Informationen direkt hintereinander auf eine Magnetplatte abgespeichert und können später in beliebigen Zeitscheiben zu Histogrammen sortiert werden. Zusätzlich werden die Einzelzählraten aller Detektoren abgespeichert, um die Anzahl der zufälligen Koinzidenzereignisse berechnen zu können, oder diese werden direkt durch verzögerte Koinzidenz miterfaßt und sofort subtrahiert oder analog zu echten Koinzidenzereignissen abgespeichert.

1.4.4 Quantifizierung

PET erlaubt die absolute quantitative Messung der Aktivitätskonzentration im Körper. Dies ist ein entscheidender meßtechnischer Vorteil gegenüber der Emissionstomographie mit γ-Strahlern (SPECT: single photon emission computed tomography) und liegt darin begründet, daß bei PET die Ausbeute eines Koinzidenzzweiges tiefenunabhängig ist.

Verschiedene Größen bestimmen die Genauigkeit der Aktivitätsbestimmung, ihr Einfluß muß deshalb eingehend untersucht werden, damit entsprechende Korrekturen angebracht werden können, bzw. die Resultate der PET korrekt interpretiert werden.

a) Auflösung

Zwei physikalische Prozesse begrenzen die räumliche Auflösung bei der PET. Beim Positronenzerfall wird ein Teil der Zerfallsenergie auf das Positron übertragen, damit durchläuft dieses eine gewisse Wegstrecke bevor es soweit abgebremst ist, daß es mit einem Elektron reagieren und in zwei Vernichtungsphotonen zerstrahlen kann. Bei der Zerstrahlung ist das Elektron-Positron-Paar nicht völlig in Ruhe, sondern hat noch eine zufällig verteilte Restenergie von ca. 10 Elektronenvolt. Dies hat zur Folge, daß der Emissionswinkel der beiden Vernichtungsquanten nicht exakt 180° beträgt, sondern mit einer fast gaußförmigen Verteilung mit einer Halbwertsbreite von ca. 0,3 Grad um 180° streut. Bei einem Detektordurchmesser von 100 cm führt dies zu einer Ortsunsicherheit von 1,4 mm in der Mitte des Ringes.

Der Effekt der Positronenreichweite hängt von der Zerfallsenergie des radioaktiven Isotops (s. Tabelle 1.1) und von der Dichte des abbremsenden

Gewebes ab. Da die wahrscheinlichste Positronenenergie wesentlich geringer (ca. 1/3) als die maximal auftretende Energie ist und die Positronen nicht auf einem geradlinigen Weg abgebremst werden, wird die Auflösung bezüglich der Halbwertsbreite nur wenig beeinflußt. Als grobe Faustregel kann ca. 1 mm Auflösungsverschlechterung pro MeV maximale Positronenenergie geschätzt werden. Eine wesentlich stärkere Beeinträchtigung tritt bei der 1/10 Breite des Maximums durch den langreichweitigen Ausläufer der Positronenenergieverteilung auf. Im Prinzip könnten durch eine Entfaltungsrechnung die Positronenreichweite-Effekte korrigiert werden, was bei der gegenwärtigen Systemauflösung der Tomographen jedoch noch nicht als notwendig erachtet wird.

Die physikalische Grenze der mit PET erreichbaren räumlichen Auflösung liegt damit bei 2-3 mm, während die technisch zur Zeit realisierte Auflösung kommerzieller Tomographen bei ca. 5 mm liegt. Es gibt im Körper eine Reihe von Organstrukturen, die in dieser Größe liegen oder noch kleiner sind. Bei allen Strukturen, die kleiner als ungefähr die doppelte Halbwertsbreite der Systemauflösung sind, kann es zu Fehlern in der gemessenen Radioaktivitätskonzentration kommen (partial volume effect). Mit entsprechend konstruierten Phantomen können die Korrekturfaktoren experimentell bestimmt werden. Abbildung 1.6 zeigt experimentell für zylindrische Objekte verschiedenen Durchmessers gemessene Korrekturfaktoren (Meßpunkte) zusammen mit für eine Systemauflösung von 8 mm theoretisch berechneten Kurven. Die durchgezogene Kurve mit den vollen Punkten bezieht sich auf den maximalen Pixelwert in der jeweiligen Struktur. Bei der gestrichelten Kurve mit den offenen Kreisen wurde der Mittelwert über die ursprüngliche Zylinderfläche genommen. Man sieht, daß auch bei großen Objekten die quantitativen Werte durch Randeffekte der räumlichen Auflösung beeinflußt werden. Falls die Objekte in der axialen Richtung kleiner als die Schichtdicke sind, erniedrigen

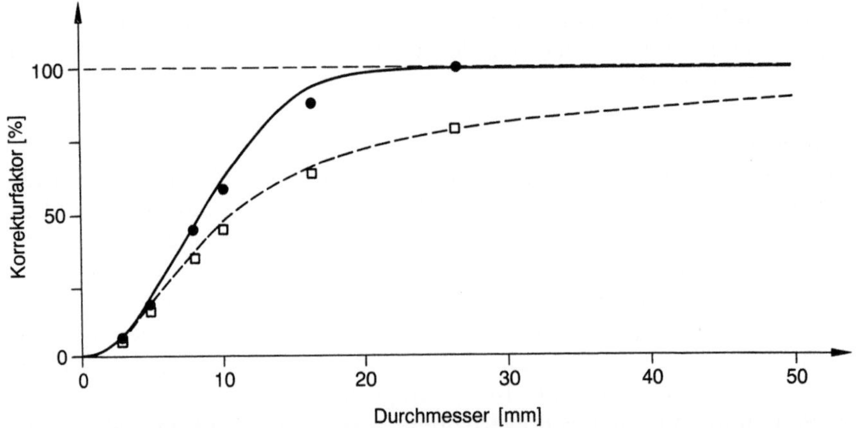

Abb. 1.6. Korrekturfaktor (in %) für zylindrische Objekte als Funktion des Durchmessers. Die durchgezogene Kurve wurde mit einer Systemauflösung von 8 mm für den maximalen Pixelwert innerhalb der jeweiligen Struktur berechnet. Die gestrichelte Kurve bezieht sich auf den Mittelwert über die Zylinderquerschnittsfläche. Die Punkte und Kreise sind gemessene Korrekturfaktoren. (Nach Litton et al. 1984, mit Genehmigung)

Tabelle 1.4. Korrekturfaktoren für einige neuroanatomische Strukturen. (Nach Litton et al. 1984)

Struktur	Volumen cm^3	Korrekturfaktor	
		maxim. Pixelwert	Mittelw. über die Fläche
Amygdala	0,4	0,15	0,15
Caudatum	5,2	0,87	0,60
Vermis	1,2	0,45	0,35
Corpus callosum	11,6	0,98	0,75
Hippocampus	1,7	0,50	0,40
Capsula interna	2,7	0,70	0,50
Corp. genic. lat.	0,1	0,20	0,20
Corpus mammillare	0,06	0,05	0,05
Putamen	5,1	0,85	0,60
Nucleus ruber	0,2	0,20	0,15
Substantia nigra	0,7	0,30	0,25

sich die Korrekturfaktoren noch weiter. Außerdem kann der Überlapp der Struktur mit der Meßschicht unvollständig sein, was insbesondere bei nicht-überlappenden Schichten eines Tomographen zu großen Ungenauigkeiten bei kleinen Objektstrukturen führen kann. Häufig sind in der Praxis die Formen verschiedener Organe sehr unregelmäßig und aus dem PET-Bild nur unzureichend bestimmbar. Die Heranziehung zusätzlicher Information aus CT- oder NMR-Aufnahmen ist dann eine notwendige Voraussetzung, um zu versuchen, mit Hilfe experimentell bestimmter Korrekturfaktoren die Meßwerte zu korrigieren. In vielen Fällen ist dieses Problem nur sehr beschränkt zu lösen, und man sollte dies bei der Interpretation der Daten im Kopf behalten. In Tabelle 1.4 sind für eine Reihe von Strukturen im menschlichen Gehirn Korrekturfaktoren bei einer Systemauflösung von 8 mm zusammengestellt. Im allgemeinen sind in der Literatur publizierte Werte für metabolische Rate, Durchblutung etc. nicht auf die beschränkte Auflösung des Tomographen korrigiert, so daß zum Vergleich der Daten aus verschiedenen Labors die Spezifikationen des jeweiligen Meßsystems zu berücksichtigen sind.

b) Ungleichmäßige Auflösung

Im allgemeinen ist die Auflösung am besten im Zentrum eines Ringes und verschlechtert sich mit zunehmendem Abstand von der Mitte. Dies wird bestimmt durch das Verhältnis von Detektorringdurchmesser zu Gesichtsfelddurchmesser. Um die Nachweiswahrscheinlichkeit zu erhöhen und die Kosten zu reduzieren, nimmt man häufig diese nichtuniforme Auflösung als Kompromiß in Kauf. Eine weitere Anisotropie tritt in den Kreuzschichten von Koinzidenzen aus benachbarten Ringen auf; da die beiden Koinzidenzdetektoren nicht auf einer gemeinsamen Achse liegen, werden die Bildfunktionen einer Linienquelle zum Rand des Gesichtsfeldes hin breiter und asymmetrisch. Auch in den direkten Schichten treten zum Rand des Gesichtsfeldes hin wegen des schiefen Auftreffens der Photonen auf den Detektor Anisotropien auf, die ein kreisförmiges Objekt oval abbilden. Diese Unregelmäßigkeiten der Auflösung führen zu Fehlern in der Absolutquantifizierung, sie können durch einen größeren Detektorringdurchmesser reduziert werden.

c) Schichtdicke

Die Schichtdicke hängt bei direkten Schichten von der Kristallbreite in axialer Richtung und von den Variationen des Raumwinkels zwischen verschiedenen Koinzidenzzweigen ab. Bei den Kreuzschichten haben auch die Zwischenabschirmung zwischen den Ringen und der Ringabstand einen Einfluß. Meistens wird die gemessene Halbwertsbreite bei axialer Verschiebung einer zur Bildebene parallelen dünnen Aktivitätsschicht als Schichtdicke angegeben. Mit zunehmendem radialem Abstand von der Achse variiert neben der Halbwertsbreite auch die Form der Bildfunktion, wobei die Halbwertsbreite für Kreuzschichten im allgemeinen stärker zunimmt (Abb. 1.7).

d) Einfluß der Patientenbewegung auf die Auflösung

Bei PET-Untersuchungen tritt immer das Problem der Beeinträchtigung der Auflösung durch Patientenbewegungen auf. Durch eine bequeme Patientenliege und geeignete Fixiereinrichtungen können diese weitgehend bei Hirnmessungen reduziert werden, jedoch können bei Ganzkörpermessungen Bewegungen durch Atmen und Herzschlag nie völlig vermieden werden. Diese Probleme treten bei Untersuchungen am Thorax bei der eigentlichen Messung und auch bei der experimentellen Bestimmung der Abschwächungskorrektur durch eine Transmissionsmessung (s. weiter unten) auf. Durch hinreichend lange Meßzeiten wird über die sich bewegenden Organe gemittelt. Die Bewegung des Herzens kann im Prinzip eliminiert werden, indem nur

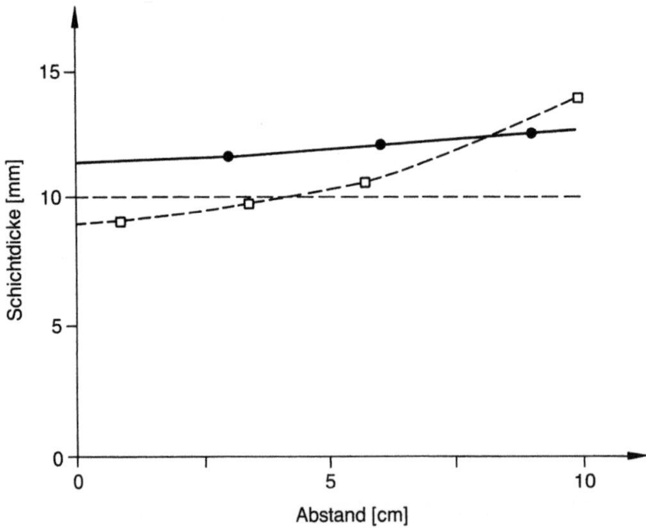

Abb. 1.7. Variation der Schichtdicke mit radialem Abstand vom Ringmittelpunkt. Die durchgezogene Kurve ist für direkte Schichten, die gestrichelte Kurve für Kreuzschichten. (Nach Bergström et al. 1982, mit Genehmigung)

während einer bestimmten kurzen Phase des Herzzyklus Daten akkumuliert werden bzw. die Daten den einzelnen Phasen der Herzbewegung zugeordnet werden (cardiac gating). Dabei wird der Tomograph im stationären Zustand ohne „Wobble"-Bewegung betrieben, um Artefakte zu vermeiden.

1.4.5 Korrekturen

Die gesamte gemessene Koinzidenzzählrate eines Detektorzweiges N_{tot} ist gegeben durch die Summe der echten Koinzidenzereignisse N_{Ko}, der zufälligen Koinzidenzen N_{zk} und der Streukoinzidenzereignisse N_{sk}. $N_{tot} = N_{Ko} + N_{zk} + N_{sk}$, d.h. um N_{Ko} zu erhalten, müssen N_{zk} und N_{sk} bestimmt werden. Weitere Korrekturen betreffen die Abschwächung der Photonen im untersuchten Objekt und Zählverluste durch Totzeit des Systems. Außerdem müssen die unterschiedlichen Nachweiswahrscheinlichkeiten der einzelnen Detektorzweige kalibriert werden.

a) Zufällige Koinzidenzen

Zufällige Koinzidenzen treten auf, wenn Photonen von zwei verschiedenen Positronenvernichtungsereignissen in zwei Detektoren innerhalb der Koinzidenzauflösezeit nachgewiesen werden. Die Koinzidenzauflösezeit kann nicht beliebig kurz gemacht werden, so daß immer zufällige Koinzidenzen vorhanden sind. Allein der Laufzeitunterschied von zwei am Rand des Gesichtsfeldes eines Ganzkörper-PET entstandenen Vernichtungsquanten kann 3 Nanosekunden betragen, hinzu kommen Zeitunterschiede im Detektorsystem und in der nachfolgenden Elektronik, so daß z.B. für PET mit BGO-Detektoren die Koinzidenzauflösezeit üblicherweise 10–20 Nanosekunden beträgt. Die Rate der zufälligen Koinzidenzen N_{zk} kann für jedes Detektorpaar (i, j) aus den Einzelzählraten N_i, N_j berechnet werden zu $N_{zk} = 2\tau N_i \cdot N_j$, wobei 2τ die Koinzidenzauflösezeit des Detektorzweiges bedeutet. Die zufälligen Koinzidenzereignisse können auch direkt gemessen werden, indem in einem zweiten Zeitzweig die Detektorsignale um eine Zeit $\gg 2\tau$ verzögert werden, so daß nur zufällige Koinzidenzereignisse registriert werden, die dann sofort oder später subtrahiert werden können. Bei anderen Systemen werden für jeden Detektor die Einzelzählraten N_i registriert und die zufälligen Koinzidenzen nach obiger Formel berechnet. Dies erfordert die genaue Kenntnis und Konstanz der Koinzidenzauflösezeit für jeden Detektorzweig.

b) Streukoinzidenzen

Streukoinzidenzen treten auf, wenn eines oder beide Vernichtungsphotonen auf ihrem Weg durch den Körper durch Comptoneffekt gestreut und als gleichzeitiges Ereignis in einem Detektorzweig registriert werden. Die Wahrscheinlichkeit, daß ein Photon auf seinem Weg aus dem Körper gestreut wird, ist sehr groß. Innerhalb von 7 cm im Gewebe erleidet jedes zweite Vernichtungsphoton eine Wechselwirkung mit den Atomelektronen, wobei die Streuprozesse den überwiegenden Anteil haben. Die Comptonstreuung für Vernichtungsphotonen ist stark nach vorwärts gerichtet, so daß sich die Energie der meisten gestreuten Photonen nur wenig von der ursprünglichen Energie der Vernichtungsstrahlung unterscheidet. Wenn die Energie der gestreuten Photonen oberhalb der Energiediskriminatorschwelle liegt, die meist aus Effizienzgründen relativ tief bei 200–300 keV gesetzt wird, können sie nicht von echten Ereignissen unterschieden werden. Da sie beim Streuprozeß ihre Richtung geändert haben, werden sie im Bild falsch zugeordnet. Die Streukoinzidenzereignisse können nicht wie die zufälligen Koinzidenzen während der Messung miterfaßt werden. Ihr Anteil kann nur im beschränkten Maße durch die Geometrie des Tomographen wie größeren Detektorringdurchmesser und zusätzliche Abschirmung zwischen den Ringen oder durch eine höhere Energiediskriminatorschwelle reduziert werden, da dadurch die Nachweiswahrscheinlichkeit des Tomographen stark beeinträchtigt wird. Deshalb muß im allgemeinen ein gewisser Anteil von Streustrahlung in Kauf genommen werden, und nachträglich durch eine Streukorrektur rechnerisch subtrahiert werden, besonders bei Hirntomographen, die eine sehr kompakte Geometrie haben. Die Streuverteilung einer Punktquelle in einem streuenden Medium kann im gesamten Gesichtsfeld des Tomographen experimentell bestimmt werden, und durch Entfaltung der gemessenen Aktivitätsprojektionen mit diesen Streuverteilungen kann der Streuanteil berechnet und von den Daten subtrahiert werden (Bergström et al. 1983). Dieses sehr rechenaufwendige Verfahren erlaubt es, den Streuanteil, der typischerweise ca. 15–25% der Zählrate beträgt, auf ca. 1% zu reduzieren. Andere Korrekturverfahren extrapolieren die auf zufällige Koinzidenzen korrigierte Zählrate von außerhalb des Gesichtsfeldes, die damit den dortigen Streuanteil darstellt, nach innen. Diese Näherung korrigiert gut den Streuanteil von ringförmigen Aktivitätsverteilungen, bei homogener Aktivitätsverteilung wird jedoch der Streuanteil in der Mitte stark unterschätzt. Wenn man eine analytische Kurve, die die Streuverteilung eines homogenen Phantoms darstellt, an den Streuanteil am Rand anpaßt und subtrahiert, erhält man dagegen z. B. bei ^{68}Ga-EDTA-Studien des Gehirns, wo sich der Hauptteil der Aktivität im extracranialen Weichgewebe akkumuliert, negative Aktivitätswerte im Hirngewebe.

c) Abschwächung

Die Korrekturen für die Abschwächung der Vernichtungsphotonen im Körper sind wegen der Halbwertsdicke von Gewebe von ca. 7 cm sehr groß. Der große Vorteil der PET im Vergleich zur Einzel-Photon-Emissions-Tomographie (SPECT) besteht darin, daß die Korrekturfaktoren wegen der 180° Richtungskorrelation der beiden Vernichtungsphotonen sehr exakt bestimmt werden können. Beträgt die Dicke des absorbierenden Gewebes zwischen den beiden Detektoren eines Koinzidenzzweiges D und legt das eine Vernichtungsphoton die Wegstrecke X_1 und das andere die Wegstrecke X_2 im Gewebe zurück, so ist $X_1 + X_2 = D$. Da bei konstantem linearem Abschwächungskoeffizienten μ die Wahrscheinlichkeit, daß beide Vernichtungsphotonen ohne Wechselwirkung im Körper die beiden Koinzidenzdetektoren erreichen, gegeben ist durch

$$W_{12} = \mathrm{e}^{-\mu X_1}\, \mathrm{e}^{-\mu X_2} = \mathrm{e}^{-\mu D},$$

ist die Abschwächung unabhängig vom Ort der Positronenvernichtung und hängt nur von der Gesamtlänge des abschwächenden Mediums zwischen den beiden Detektoren ab; sie kann, wenn diese bekannt ist, direkt berechnet werden. Aus obiger Formel folgt außerdem, daß die Abschwächung dieselbe bleibt, wenn sich der Ort der Positronenvernichtung außerhalb des Objektes, aber noch zwischen den beiden Detektoren befindet. Damit kann die Abschwächungskorrektur mit Hilfe einer Transmissionsmessung experimentell bestimmt werden, indem man einen mit Aktivität gefüllten Ring zwischen Objekt und Detektorringen anbringt und das Verhältnis der Zählraten mit und ohne Objekt für jeden Detektorzweig mißt.

Die Berechnung der Abschwächungskorrektur setzt voraus, daß die Abschwächungslängen für alle Detektorzweige bekannt sind, und daß der Abschwächungskoeffizient als konstant angenommen werden kann. Die Abschwächungslängen eines gemessenen Körperquerschnittes können, wenn keine Transmissionsmessung durchgeführt wird, entweder aus dem ohne Abschwächungskorrektur rekonstruierten Bild oder direkt aus den erfaßten Projektionen ermittelt werden, wobei die Kriterien für die Definition des Randes der Aktivitätsverteilung verschieden festgelegt werden können und jeweils durch Phantommessungen getestet werden müssen. Schwierigkeiten können auftreten, wenn sich der benutzte Tracer zum Zeitpunkt der Messung überwiegend in inneren Organstrukturen angereichert hat, und die Aktivitätskonzentration im Körperrandgewebe sich nicht deutlich vom Untergrund abhebt. In solchen Fällen kann die Körperkontur entweder durch eine einfache geometrische Form, z. B. beim Gehirn durch eine Ellipse, angenähert werden, oder es kann die Information aus einer Röntgen CT- oder MR-Untersuchung herangezogen werden, wobei sorgfältig auf identische Schnittführung zu achten ist.

Der Abschwächungskoeffizient ist praktisch in keiner Körperschicht exakt konstant, vor allem zwischen Knochen, Luft und Gewebe treten beträchtliche Unterschiede auf, die besonders an den Grenzschichten lokal zu Fehlern führen, während sich die Variationen über ausgedehntere Bereiche zum Teil wegmitteln. Beim Gehirn kann die stärkere Abschwächung in der Schädelkalotte häufig durch eine Vergrößerung der Abschwächungslänge pauschal berücksichtigt werden. Bei Schichten durch den Thorax ist es praktisch unmöglich, die Abschwächungskorrekturen aus den Abschwächungslängen zu berechnen, da die Abschwächungskoeffizienten zwischen Lunge und umgebendem Gewebe stark variieren, so daß hier eine Transmissionsmessung durchgeführt werden muß. Der Vorteil einer Transmissionsmessung besteht darin, daß der absolute Abschwächungsfaktor für jeden Detektorzweig quantitativ ermittelt wird. Die Nachteile sind, daß zusätzlich zur eigentlichen Untersuchung eine weitere Messung durchgeführt werden muß, bei der sich die relative Lage des Patienten nicht verändern darf. Die Transmissionsmessung fügt außerdem zusätzliches statistisches Rauschen zum eigentlichen Bild hinzu. Ein weiteres Problem entsteht durch unterschiedliche Anteile von Streuereignissen bei den beiden Transmissionsmessungen mit und ohne Patient, was zu einer Unterschätzung der Abschwächungskorrektur führt. Diese Fehlerquelle kann durch eine rotierende, stabförmige Transmissionsquelle an Stelle eines mit Aktivität gefüllten Ringes stark reduziert werden. Da die jeweilige Position der Quelle bekannt ist, kann die Datenerfassung so gesteuert werden, daß nur die Koinzidenzkombinationen, die echte Ereignisse beinhalten, d. h. wenn die Stabquelle mit den beiden Koinzidenzdetektoren kollinear ist, registriert werden. Moderne Tomographen haben die Vorrichtungen für Transmissionsmessungen teilweise bereits eingebaut.

Meistens muß im Einzelfall entschieden werden, welche Methode für die Abschwächungskorrektur angewandt werden soll. Von Huang et al. (1981) wurde eine Kombination beider Methoden vorgeschlagen, bei der in einer kurzen Transmissionsmessung die Form und Lage der Strukturen mit unterschiedlichen Abschwächungskoeffizienten festgelegt wird und mit dieser Information und Durchschnittswerten für die Abschwächungskoeffizienten die Korrektur berechnet wird. Im Prinzip könnten Abschwächungskorrekturen auch aus CT-Messungen mit möglichst identischer Schnittführung berechnet werden. Dabei müssen die CT-Werte in die Absorptionswerte für 511 keV Photonen umgerechnet werden, und die CT-Auflösung muß der PET-Auflösung angepaßt werden.

d) Totzeit-Korrektur

Totzeitverluste zeigen sich als Abweichungen vom linearen Zusammenhang zwischen gemessener Zählrate bzw. rekonstruierter Aktivität und der Aktivität im untersuchten Phantom (Abb. 1.8).

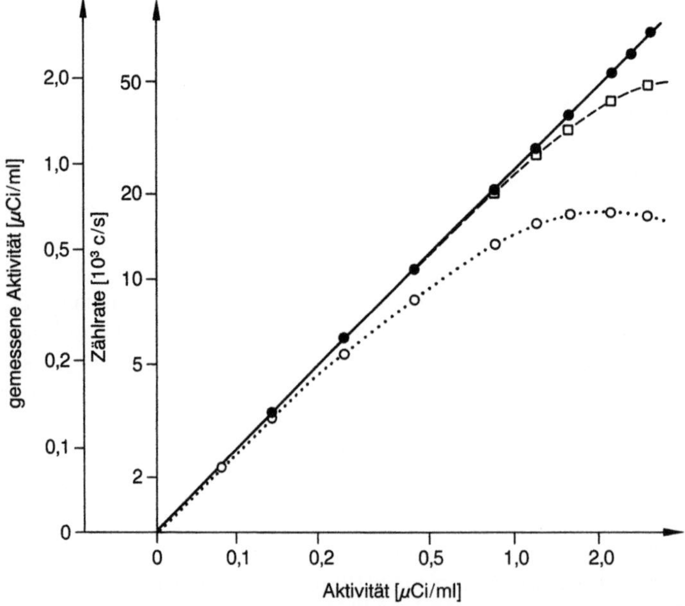

Abb. 1.8. Beziehung zwischen gemessener Zählrate und Aktivität in einem 20 cm Durchmesser Zylinderphantom. Die gepunktete Kurve stellt die gesamte unkorrigierte Zählrate dar, die gestrichelte Kurve beinhaltet Korrekturen für zufällige Koinzidenzen, die durchgezogene Kurve ist zusätzlich auf Totzeit korrigiert

Dies kann mit einem mit hoher Aktivität gefüllten Phantom untersucht werden, das mehrmals, während die Aktivität abklingt, im PET gemessen wird. Zu den Totzeitverlusten tragen die Totzeit des Detektors, die Mehrfach-Koinzidenzrate und die Systemtotzeit bei. Die Detektortotzeit kommt hauptsächlich durch die Lichtabklingzeitkonstante im Szintillationskristall zustande und bestimmt die Totzeit des Schwellen-Diskriminators. Selbst die relativ langsamen BGO-Kristalle erreichen bei den üblicherweise in medizinischen Untersuchungen verabreichten Aktivitäten maximal eine Totzeit von wenigen Prozent, die sich aus der Einzelzählrate des Detektors und der Totzeit des Diskriminators berechnen läßt. Mehrfach-Koinzidenz-Ereignisse treten auf, wenn innerhalb der Koinzidenzverarbeitungszeit mehr als zwei Ereignisse registriert werden. Da dann nicht entschieden werden kann, welche Ereignisse zusammengehören, werden sie verworfen. Üblicherweise ist nicht für jedes Detektorpaar eine separate Koinzidenzeinheit vorhanden, sondern die Zeitsignale vieler Einzeldetektoren werden auf eine Koinzidenzschaltung gegeben, und nur falls zwei innerhalb der Koinzidenzauflösezeit gleichzeitige Signale festgestellt werden, werden die Adreß-Signale der beiden beteiligten Detektoren erfaßt. Die Totzeit für Mehrfach-Koinzidenzen hängt damit von der Anzahl der Detektoren pro Koinzidenzeinheit und der Schnelligkeit des Systems ab. Meistens werden mehrere separate Koinzidenzeinheiten in einem Tomographen benutzt, ebenso können durch Einsatz von parallelen Datenwegen zur Abspeicherung der echten Koinzidenzereignisse weitere Totzeitbeiträge minimiert werden. In den meisten Rekonstruktionsprogrammen sind Korrekturformeln für Totzeit-Korrekturen inkorporiert, die dem jeweiligen System angepaßt sind und auch bei hohen Zählraten eine absolute Quantifizierung gewährleisten. Bei sehr hohen Zählraten werden jedoch häufig Bildartefakte sichtbar, die z. B. von dem großen Anteil von subtrahierten zufälligen Koinzidenzen herrühren.

e) Kalibrierung
Unterschiede in der Lichtausbeute in den einzelnen Detektorkristallen, in der Lichtkopplung an den Photomultiplier, in der Empfindlichkeit der Photokathode der Photomultiplier und andere Effekte führen dazu, daß die einzelnen Detektorkanäle verschiedene Ansprechwahrscheinlichkeiten haben, die auch durch sorgfältiges elektronisches Abgleichen nicht völlig beseitigt werden können. Deshalb müssen die Nachweiswahrscheinlichkeiten der einzelnen Detektorzweige durch Kalibrierungsmessung aufeinander normiert werden. Um den Streuanteil gering zu halten, werden die Normierungsmessungen mit ähnlichen Quellen wie die Transmissionsmessungen durchgeführt, z. B. mit einem ringförmigen Phantom, das, um eventuelle Inhomogenitäten auszugleichen, rotiert, oder mit einer rotierenden Stabquelle. Um Totzeitprobleme zu vermeiden, sollte die Zählrate nicht zu hoch sein, zum anderen muß eine hinreichende Anzahl von Ereignissen akkumuliert werden, um statistische Ungenauigkeiten zu vermeiden. Nach Korrektur für zufällige Koinzidenzen und Streustrahlung ergibt sich die Nachweiswahrscheinlichkeit für eine bestimmte Detektorkombination durch Division der gemessenen Zählrate durch den theoretischen Sollwert entsprechend der Lage des Detektorkanals in der Pro-

jektion der Phantomaktivitätsverteilung. Die so festgelegten Korrekturfaktoren der einzelnen Koinzidenzzweige werden zusammen mit eventuellen geometrischen Faktoren, die z.B. die Variation des Detektorraumwinkels in Abhängigkeit vom Abstand vom Ringmittelpunkt berücksichtigen, im Rekonstruktionsprogramm zur Normierung der gemessenen Zählrate benutzt. Die Gesamtkalibrierung des Systems geschieht durch eine Messung mit einem homogenen Phantom bekannter Aktivitätskonzentration, wodurch für jede Schicht der Kalibrierungsfaktor zwischen rekonstruierter Pixelzählrate und gemessener Aktivitätskonzentration in Becquerel/cm^3 festgelegt werden kann.

Für quantitative physiologische Messungen wird i.a. die mittels PET gemessene Aktivitätskonzentration in einem Organ mit der Tracerkonzentration im arteriellen Blut in Beziehung gesetzt. Diese wird meist mit einem gut abgeschirmten NaJ-Bohrlochdetektor gemessen, dessen Nachweiswahrscheinlichkeit durch Proben aus dem im PET untersuchten Phantom geeicht werden muß. Nur dieser relative Kalibrierungsfaktor wird i.a. für die weitere Analyse gebraucht, eine genaue Absolutkalibrierung ist deshalb nicht unbedingt notwendig.

1.4.6 Statistische Genauigkeit

Die statistische Genauigkeit, d.h. das Signal/Rausch-Verhältnis (S/R) in einem PET-Bild, hängt nicht nur von der Anzahl der Ereignisse pro aufgelöstem Pixel, sondern auch von der Gesamtzahl der Pixel ab. Unter bestimmten Annahmen kann es nach folgender Formel abgeschätzt werden (Budinger 1982):

$$\frac{S}{R} = \frac{\text{Mittelwert}}{\text{Standardabweichung}} = k\,\frac{(\text{Ereignisse/Pixel})^{1/2}}{(\text{Anzahl der Pixel})^{1/4}},$$

wobei k ein Faktor für den Rekonstruktionsfilter ist, der bei 1 liegt.

Wäre nur ein Pixel vorhanden, so erhielte man den üblichen Zusammenhang mit der Quadratwurzel der Gesamtzählrate. Da durch das Rekonstruktionsverfahren bei PET die Ereignisse in den einzelnen Pixeln nicht mehr unabhängig von anderen Pixeln sind, hängt das S/R auch von der Anzahl der Pixel im rekonstruierten Bild ab. Für ein Bild mit 10^6 Ereignissen und 5000 Pixeln erhält man ein S/R = 1,7 mit einer Standardabweichung von 59%. Das S/R verändert sich mit der Wurzel aus der Zahl der Ereignisse. Da die Auflösung umgekehrt proportional zur Wurzel aus der Anzahl der Pixel ist, folgt aus obiger Gleichung, daß bei festem S/R gilt:

$$\text{Zählrate} \sim (\text{Auflösung})^{-3},$$

d.h., eine Verbesserung der Auflösung um den Faktor 2 erfordert die 8-fache Zählrate bei konstantem S/R. In Tabelle 1.5 sind als Beispiel für verschiedene Auflösungen und statistische Fehler die benötigten Gesamtzählraten aufgeführt. Eine Steigerung der Gesamtzählrate läßt sich meist nicht ohne Einfluß

Tabelle 1.5. Zählraten und statistische Fehler. (Nach Phelps et al. 1979)

Statistischer Fehler ($\pm$ 1 Standardabweichung in %)	Notwendige Zählraten bei verschiedener Auflösung			
	0,5 cm	1 cm	2 cm	3 cm
$\pm$ 5%	$1,7 \times 10^8$	$2,1 \times 10^7$	$2,6 \times 10^6$	$7,7 \times 10^5$
$\pm$ 10%	$4,5 \times 10^7$	$5,6 \times 10^6$	$7,0 \times 10^5$	$2,1 \times 10^5$
$\pm$ 15%	$1,9 \times 10^7$	$2,4 \times 10^6$	$3,0 \times 10^5$	$8,9 \times 10^4$

auf andere Systemparameter erreichen, die wiederum das S/R beeinträchtigen können. Dazu gehören z. B. die Anteile von Streuereignissen und zufälligen Koinzidenzen, die stark von der Geometrie des Tomographen abhängen.

1.4.7 Flugzeit-PET (TOF-PET)

Das Prinzip der Flugzeit-PET oder Time of Flight-PET (TOF-PET) besteht darin, zusätzlich zur Koinzidenzinformation der konventionellen PET auch den Unterschied in der Flugzeit der beiden Vernichtungsphotonen vom Ort der Positronenstrahlung zu den beiden Koinzidenzdetektoren mitzuerfassen. Diese Zeitdifferenz Δt kann über die Beziehung $\Delta t = 2\Delta x/c$ in den Unterschied der durchlaufenen Wegstrecke $2\Delta x$ umgerechnet werden, wobei Δx den Abstand des Zerfallsortes vom Mittelpunkt zwischen den Detektoren und c die Lichtgeschwindigkeit bedeutet. Eine Zeitdifferenz von $\Delta t = 1$ Nanosekunde entspricht damit einer Verschiebung des Zerfallsereignisses um $\Delta x = 15$ cm aus der Mitte. Zur Zeit kann in einem TOF-PET eine Zeitauflösung von 0,3 Nanosekunden (Halbwertsbreite) erreicht werden, was einer Ortsauflösung von 4,5 cm entspricht und damit ca. eine Größenordnung unter dem liegt, was mit einem modernen herkömmlichen PET-System ohne TOF erreichbar ist. Der Sinn von TOF-PET liegt jedoch nicht in einer Verbesserung der Auflösung, sondern die zusätzliche Ortsinformation kann benutzt werden, um die statistischen Eigenschaften der PET-Bilder zu verbessern und Fehler bei den Bildrekonstruktionsverfahren zu reduzieren. Bei der herkömmlichen Bildrekonstruktion werden die Koinzidenzereignisse in den gemessenen Projektionen auf die volle Bildfläche zurückprojiziert. Die TOF-Information erlaubt es, die Rückprojektion auf den durch die Flugzeitdifferenz gemessenen Teilbereich zu beschränken. Dies führt zu einer Verbesserung des Signal/Rausch-Verhältnisses, da sich die effektive Anzahl der Pixel erniedrigt. Bei einer sonst identischen Anordnung erhält man durch die zusätzliche TOF-Information eine Verbesserung des Signal/Rausch-Verhältnisses S/R für TOF gegenüber herkömmlicher PET (Budinger 1982) die gegeben ist durch

$$\frac{\text{S/R TOF}}{\text{S/R PET}} = \sqrt{\frac{D}{\Delta X}};$$

dabei ist D der Objektdurchmesser und ΔX die TOF-Ortsauflösung. Das bedeutet z. B. für eine Hirnmessung mit $D = 18$ cm und $\Delta X = 4,5$ cm eine Verbesserung des Signal-Rausch-Verhältnisses um einen Faktor 2 oder einen effektiven Gewinn in der Sensitivität um einen Faktor 4, da das Signal/ Rausch-Verhältnis proportional der Wurzel der Gesamtzählrate ist. Der effektive Gewinn in der Sensitivität G eines TOF-PET kann geschrieben werden als $G = 2 D/c \cdot \Delta t$. Die relative Sensitivität nimmt damit mit dem Objektdurchmesser zu.

Bei diesen Betrachtungen wurde der TOF-Gewinn völlig isoliert betrachtet, es gibt jedoch einige praktisch bedeutsame Faktoren, die dies einschränken. Ein effektives TOF-System benötigt ein möglichst schnelles Zeitverhalten der Detektoren. BGO-Kristalle können aufgrund der langsamen Lichtabklingzeit dafür nicht verwendet werden. Es wurden deshalb CsF- oder BaF_2-Kristalle benutzt, wobei CsF stark hygroskopisch ist und damit BaF_2-Kristalle als besser geeignet erscheinen. Sowohl CsF- wie BaF_2-Kristalle haben eine geringere Nachweiswahrscheinlichkeit als BGO, so daß ein Teil des TOF-Gewinns dadurch wieder aufgehoben wird. Da die sehr schnelle Lichtkomponente des BaF_2-Kristalls im Ultraviolettbereich liegt, müssen die Photomultiplier außerdem ein Eintrittsfenster aus Quarzglas haben.

In manchen Fällen, wie z. B. bei Untersuchungen am Herzen, ist die gemessene Radioaktivitätsverteilung bereits von selbst auf einen kleineren Bereich beschränkt, so daß der TOF-Gewinn gar nicht voll zum Tragen kommt.

Die Verwendung der TOF-Information weist jedoch einige wesentliche Vorteile auf:

1. Ein TOF-System kann wegen der kurzen Lichtsammelzeiten der verwendeten Kristalle sehr hohe Zählraten verkraften, ohne in Schwierigkeiten durch Pile-up-Effekte zu kommen, und erlaubt damit sehr schnelle dynamische Studien mit ^{15}O und ^{82}Rb.
2. Die Zahl der zufälligen Koinzidenzen wird stark vermindert. Dies erlaubt auch, Transmissionsmessungen für die Abschwächungskorrekturen in kürzerer Meßzeit durchzuführen.
3. Die ungefähre Lokalisierung der Zerfallsereignisse in einem TOF-System führt zu einem effektiven Gewinn in der Sensitivität, der allerdings gegenwärtig durch die geringere Nachweiswahrscheinlichkeit und das bisher erreichte räumliche Auflösungsvermögen zum großen Teil wieder aufgehoben wird.

Die Entwicklung von schnellen Detektoren mit höherer Nachweiswahrscheinlichkeit kann hier zu weiteren Verbesserungen führen.

Die gegenwärtig betriebenen TOF-PET-Systeme haben eine räumliche Auflösung von ca. 5–7 mm erreicht.

1.5 Praktische Durchführung von PET-Untersuchungen

PET-Untersuchungen erfordern einen beträchtlichen personellen und materiellen Aufwand. Deshalb sollte sichergestellt werden, daß die Untersuchung erfolgreich durchgeführt und daß die physiologische Information so umfassend und präzise wie möglich aus den Meßdaten erhalten werden kann. Hierzu gehören laufende Qualitätskontrollen aller benutzten Apparaturen, reproduzierbar durchführbare Meßprotokolle und Datenanalysen, sowie die Erfassung und Registrierung aller für das Meßergebnis relevanten Daten. Die dabei erforderlichen Maßnahmen sollen am Beispiel einer FDG-Stoffwechseluntersuchung skizziert werden:

Vor dem Beginn der Untersuchungen sollte täglich mit einem Phantom eine Kalibrierungsmessung durchgeführt werden, um die einwandfreie Funktion des Tomographen sicherzustellen und durch gleichzeitige Messung von Proben aus dem Phantom im später für die Blutproben benutzten Probenwechsler der Kalibrierfaktor bestimmt werden. Auch alle anderen bei den Untersuchungen benutzten Laborinstrumente wie z. B. Blutgasanalysator, Glukosemeßgerät, Pipetten etc. sollten geeicht und die Werte auf Abweichungen von früheren Ergebnissen kontrolliert werden.

Der Patient sollte rechtzeitig über die Untersuchungsprozedur informiert und mit dem Untersuchungsraum und dem Tomographen vertraut gemacht werden, denn zum einen ist die Kooperationsbereitschaft des Patienten wichtig, zum anderen können Aufregung oder Angst vor der Untersuchung zu veränderten Stoffwechselwerten führen. Der Allgemeinzustand des Patienten, seine Medikation etc., sollte mitprotokolliert werden. Bei einer FDG-Untersuchung ist es wichtig, daß während der Untersuchung der Blutglukosespiegel konstant bleibt, deshalb sollten die Patienten ihre letzte Mahlzeit einige Stunden vor der Untersuchung eingenommen haben.

Falls die Blutproben nicht arteriell abgenommen werden, sondern durch Erhitzen der Hand arterialisiertes venöses Blut benutzt wird, muß damit frühzeitig vor Injektion begonnen werden, um eine ausreichende Durchwärmung sicherzustellen. Sämtliche für die Auswertung wichtigen Zeiten wie Injektionszeitpunkt, Entnahmezeiten der Blutproben, Meßzeit im Tomographen müssen genau registriert werden und mit der Rechneruhr synchronisiert sein.

Die Positionierung des Patienten im Tomographen sollte sorgfältig und in einer für den Patienten angenehmen Lagerung durchgeführt werden. Falls keine Fixiervorrichtung verwendet wird, sollte die Position des Patienten dokumentiert werden (z. B. mit Polaroidphoto oder Videorecorder), um sie bei späteren Wiederholungsmessungen reproduzieren zu können.

Während der Untersuchungen sollten nach Möglichkeit immer identische Umgebungsbedingungen herrschen: z. B. abgedunkelter Untersuchungsraum, geringe Geräuschkulisse, um nicht durch unbeabsichtigte Stimulierungen die Stoffwechselraten zu verändern.

Nach der Messung sollten die Daten sofort gesichert und abgespeichert werden. Irgendwelche Besonderheiten während des Untersuchungsablaufes sollten protokolliert werden. Auch der Patient sollte befragt werden, wie er die Untersuchung empfunden hatte.

Die weitere Datenanalyse, wie modellmäßige Berechnung der Stoffwechselraten und deren regionale Werte in anatomisch abgegrenzten Arealen, sollte möglichst nach einem standardisierten Verfahren durchgeführt werden, damit Vergleichswerte aus Normalkollektiven herangezogen werden können. Hierzu sollte auch die verfügbare Information aus anderen bildgebenden Verfahren wie CT oder MRT mitbenutzt werden.

1.6 Ausstattung eines PET-Labors

Abbildung 1.9 zeigt die Grundrißskizze eines PET-Labors zur Veranschaulichung des notwendigen Raumbedarfs von ca. 65 m². Räumlichkeiten für die Radiochemie und den Beschleuniger zur Isotopenproduktion müssen noch hinzugefügt werden, falls die markierten Verbindungen nicht außerhalb produziert werden. Der minimale Personalbedarf zur Aufrechterhaltung eines regelmäßigen täglichen Routinebetriebs beläuft sich auf ca. 7 Personen, die sich zusammensetzen aus zwei Ärzten, einem Physiker, einem Ingenieur, zwei medizinisch-technischen Assistenten und einem Pfleger. Die mögliche Anzahl der durchführbaren Patientenuntersuchungen pro Tag läßt sich nur sehr pauschal angeben, da je nach Untersuchung die Dauer einer einzelnen Studie zwischen wenigen Minuten für eine Durchblutungsmessung bis zu mehreren Stunden für eine Rezeptorstudie variiert. Häufig will man auch in der klinischen Anwendung der PET beim selben Patienten eine Reihe von relevanten Parametern nacheinander untersuchen wie z.B. Durchblutung, Sauerstoff- und Glucosestoffwechsel. Aufgrund der sehr aufwendigen Vorbereitung und Nachbereitung der einzelnen Studien erscheint eine durchschnittliche Zahl von fünf Patienten pro Tag als die obere Grenze für die Kapazität eines PET-Labors ohne Schichtbetrieb.

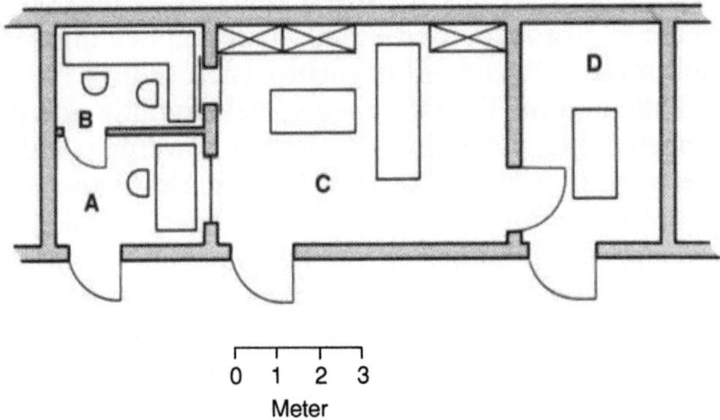

A Konsol-Raum
B Probenwechsler-Labor
C PET-Untersuchung
D Patientenvorbereitung

Abb. 1.9. Schematischer Grundriß eines PET-Labors

1.7 Verbreitung der PET-Methode

Der relativ große finanzielle und personelle Aufwand, der zur Installation und zum Betrieb eines PET-Zentrums nötig ist, hat zu einer bisher nur geringen Verbreitung von PET-Labors geführt.

Die derzeit (Stand Anfang 1988) weltweit in Betrieb bzw. im Aufbau befindlichen 70 PET-Zentren konzentrieren sich im wesentlichen auf Nordamerika (27), Japan (11) und Europa (28); die regionale Verteilung in Europa ist in Abb. 1.10 gezeigt. Häufig kristallisierten sich die PET-Labors aus einem

Abb. 1.10. Regionale Verteilung von PET-Labors in Europa

Zyklotron-Labor heraus, in dem Radiotracermethoden für die medizinische Anwendung entwickelt wurden und in dem die Forschungsaspekte dieser neuen Methode dominierten. Zur Zeit ist jedoch in zunehmendem Maße die Gründung von rein für die klinische Anwendung dedizierten PET-Labors, die direkt in einem Krankenhaus untergebracht sind, zu beobachten. Man kann sich vorstellen, daß in Zukunft einige wenige mit Radiochemie ausgerüstete Zyklotron-Labors eine Reihe von klinischen PET-Labors in ihrer näheren und weiterer Umgebung mit markierten Verbindungen versorgen, so daß die Kosten stark reduziert werden können. Es stehen zur Zeit eine Reihe von mit ^{18}F-markierten Verbindungen wie CH_3F (Durchblutung), FDG (Glucosestoffwechsel), Fluoräthylspiperon (Dopaminrezeptoren), etc. zur Verfügung, die einen umfassenden klinischen Einsatz der PET ermöglichen und die in ausreichenden Mengen produziert werden können, um sie ohne Schwierigkeiten mit normalen Transportmitteln über mehrere hundert km zur Anwendung zu transportieren.

1.8 Strahlenbelastung

Die bei einer PET-Untersuchung von Patienten absorbierte Strahlendosis hängt von der Energieverteilung der emittierten Positronen, der Verteilung und der effektiven Halbwertszeit der Radionuklide im Körper ab. Für ein spezielles Organ hängt die Dosis nicht nur von der Verteilung im Organ selbst, sondern auch von der Verteilung in benachbarten Organen durch die Absorption der von dort emittierten Photonen ab. Zur Berechnung der absorbierten Dosis wurden i. a. die direkt mit PET in einzelnen Organen gemessenen Akkumulationswerte, Verteilungswerte aus Tierexperimenten sowie die Berechnungsgleichungen und Dosisdaten des MIRD (Medical International Radiation Dose)-Komitees herangezogen. Tabelle 1.6 zeigt für Verbindungen mit Isotopen unterschiedlicher physikalischer Halbwertszeiten die Strahlendosen für einzelne Organe als Beispiele verschiedener PET-Untersuchungen. Den

Tabelle 1.6. Strahlendosis in mrad bei verschiedenen PET-Untersuchungen

Studie	^{18}FDG	$C^{15}O$	$C^{15}O_2$	$^{15}O_2$
Verabreichte Aktivität	185 MBq	37 MBq/l für 20 min		
Hirn	400	30	230	140
Herz	800	290	260	220
Leber	375	180	220	160
Milz	800	520	230	320
Nieren	425	260	230	190
Lunge	390	930	380	1200
Ovarien	265	300	190	190
Testes	340	60	220	100
Ganzkörper	195	110	130	100

Werten für ^{18}F-FDG (Jones et al. 1982) liegt eine Stoffwechseluntersuchung mit 1 Stunde Dauer, den ^{15}O-Tabellen (Bigler et al. 1983) eine konstante Inhalation von radioaktivem Gas über jeweils 20 min mit einer Rate von 37 MBq/l (1 mCi/l) zugrunde. Für die meisten Untersuchungen werden die höchsten Strahlendosen in den Ausscheidungsorganen, wie z. B. der Lunge bei gasförmiger Aktivität oder der Niere und Blase bei flüssigen Stoffen erreicht. Die Ganzkörperdosen sind wesentlich niedriger. Bei einer Röntgen-CT-Untersuchung betragen die Dosen zum Vergleich 1000–5000 mrad.

2 Modelle zur Quantifizierung von PET-Messungen

PET ermöglicht, quantitativ radioaktiv markierte Moleküle im lebenden Organismus von außen zu verfolgen. Um aus den gemessenen Aktivitätsverteilungen und ihrem zeitlichen Verlauf die interessierenden Größen wie z. B. regionale Durchblutung, Stoffwechselrate oder Rezeptordichte zu extrahieren, ist es im allgemeinen notwendig, die komplizierten physiologischen und biochemischen Vorgänge modellmäßig so zu vereinfachen, daß sie durch einfache, lösbare mathematische Gleichungen beschrieben werden können. Dabei darf das Modell nur so viele unbekannte Parameter haben, wie durch die Meßdaten und eventuell zusätzlich vorliegende Information eindeutig bestimmt werden können. Dies ist zwar trivial und selbstverständlich, hat jedoch die Konsequenz, daß es nur sehr wenige praktisch anwendbare Modelle in der PET gibt, die hinreichend validiert werden konnten.

2.1 Kompartmentmodelle

Aus der Vielzahl sehr verschiedener möglicher mathematischer Modelle haben die linearen Kompartmentmodelle die größte Anwendung bei der Analyse von PET-Daten gefunden. Ein Kompartmentmodell besteht aus einer Anzahl von Kompartments oder Bereichen, zwischen denen sich die markierte Verbindung gemäß den die Kinetik beschreibenden Konstanten (rate constants) verteilt. Es wird angenommen, daß innerhalb eines Kompartments die markierte Verbindung gleichmäßig verteilt ist. Es wird weiterhin angenommen, daß die pro Zeiteinheit von einem Kompartment zu einem benachbarten Kompartment transportierte Tracermenge proportional zur im Kompartment befindlichen Gesamtmenge ist und durch eine Transport-Konstante oder *rate constant k* mit der Dimension 1/Zeit beschrieben werden kann. Man stellt das Modell schematisch dar durch eine Anzahl von durchnumerierten Rechtecken, die durch Pfeile mit danebengeschriebenen Transportkonstanten k verbunden sind. Für die Kennzeichnung der Konstanten k werden unterschiedliche Indizierungen benutzt. Häufig werden Doppelindizes verwendet, die formal angeben, welche Kompartments miteinander verbunden sind. Dabei ist jeweils nachzuprüfen, ob mit k_{ij} der Transport von Kompartment i nach Kompartment j oder umgekehrt gemeint ist. Beide Bezeichnungsweisen sind zu finden und können zu Verwirrung führen. Eine andere Notation, die den chemischen Reaktionsgleichungen entlehnt ist, bezeichnet den Hintransport mit positivem Index (k_j) und den Rücktransport mit negativem Index (k_{-j}). Eine weitere Bezeichnungsweise, die am häufigsten bei den in der PET verwendeten Modellen und auch hier benutzt wird, numeriert die einzelnen Konstanten einfach der Reihe nach durch, da diese Modelle im allgemeinen nur aus wenigen Kompartments bestehen.

Die große Beliebtheit von Kompartmentmodellen bei der Quantifizierung von PET-Daten liegt vor allem an deren Einfachheit. Die Zerlegung der komplexen Stoffwechselvorgänge in einige wesentliche, nacheinander abfolgende Schritte ist unserem Vorstellungsdenken angepaßt. Die formale mathematische Beschreibung in Form linearer Differentialgleichungssysteme läßt sich einfach lösen, und die wenigen Modellparameter können durch Anpassung an die PET-Meßkurven ohne großen Rechenaufwand bestimmt werden. Vor einer erfolgreichen Anwendung eines Modells muß jedoch eine Reihe von Anforderungen erfüllt sein, die hier nur zusammengestellt werden und bei der jeweiligen Beschreibung der wichtigsten PET-Modelle eingehender behandelt werden.

Die wichtigsten Gesichtspunkte sind: Tracerauswahl, Aufstellen eines möglichst einfachen Modells, Quantifizierung und Validierung des Modells, praktische Anwendung des Modells.

Die *Tracerauswahl* wird von dem zu messenden Prozeß und den chemischen Synthesemöglichkeiten mit einem Positronenstrahler der benötigten Lebensdauer bestimmt. Der Verlauf der markierten Verbindung im Organismus soll möglichst nur mit dem zu messenden Prozeß in Beziehung stehen. Deshalb ist es erwünscht, daß:

- Nebenprozesse durch Markierung an geeigneten spezifischen Stellen des Moleküls oder durch Markierung von analogen Molekülen ausgeschlossen werden;
- am markierten Molekül keine ungewünschten chemischen Veränderungen auftreten, z. B. keine unerwünschten markierten Stoffwechselprodukte entstehen, die nur zum Untergrund beitragen;
- die markierten Moleküle sich schnell aus dem Blut und dem Gewebe herauslösen und sich nur an den gewünschten Stellen anreichern, damit das Signal-zu-Untergrund-Verhältnis (S/R) möglichst hoch wird.

Meistens sind nicht alle diese Gesichtspunkte gleichzeitig optimierbar, sondern es müssen Kompromisse, die durch die jeweiligen sonstigen Randbedingungen bestimmt werden, gefunden werden. Weitere Gesichtspunkte betreffen die Schnelligkeit und die Ausbeute der chemischen Synthese, die erreichbare spezifische Aktivität und die Strahlenbelastung.

Der erste Schritt bei der *Aufstellung eines Modells* ist eine genaue Strukturierung der ablaufenden biochemischen und physiologischen Einzelprozesse unter Einbeziehung aller vorliegenden Informationen. Um die mathematische Behandelbarkeit zu gewährleisten, ist man auch hier zu Kompromissen gezwungen, die z. B. ein Kompartmentmodell nahelegen. Man erhält so zunächst ein konzeptionelles Modell, das die physiologischen und biochemischen Abläufe als in verschiedene Kompartments unterteilt ablaufende Einzelschritte darstellt. Dieses Modell muß dann eingehend überprüft und validiert werden. Es muß verifiziert werden, daß die Modellparameter konsistent mit bekannten physiologischen Werten sind. Häufig muß das Modell weiter vereinfacht werden, da aus den Meßdaten im allgemeinen nur sehr wenige Parameter eindeutig bestimmt werden können. Die Anzahl der Kompartments kann z. B. reduziert werden, indem man Informationen über bekannte Transport- und Reaktionsraten benutzt und schnell ablaufende Vorgänge, die fast sofort ins Gleichgewicht kommen, in ein Kompartment zusammenfaßt, während die langsamer ablaufenden Einzelschritte, die für die Rate des Gesamtprozesses limitierend wirken, auf einzelne Kompartments verteilt bleiben. Eine weitere Möglichkeit besteht darin, für Parameter, die nicht sehr variieren oder aus anderen Messungen bekannt sind, feste Werte einzusetzen. Im allgemeinen ändert sich bei der Reduktion der Zahl der Modellparameter auch deren physikalische Bedeutung, was man bei der Interpretation der Modellgrößen dann berücksichtigen muß. Häufig hat man nicht genügend Informationen, um die Reduktion der Modellparameter zu begründen. Man ist dann gezwungen, Annahmen zu machen, die man jedoch bei der Interpretation immer im Kopf behalten sollte.

Die *Validierung eines Modells* geschieht durch Überprüfen, ob die Meßdaten durch die Modellparameter beschrieben werden können und ob sie auch die Parameter eindeutig festlegen. Praktisch führt man dies durch Anpassen („fitten") des zeitlichen Verlaufs der dynamischen Tracerkurve an die Modellgleichungen durch. Mitunter beschreibt das reduzierte Modell nur einen beschränkten Zeitabschnitt des gesamten zeitlichen Verlaufs, bzw. werden manche Parameter nur durch gewisse Zeitabschnitte der vollen Kurve festgelegt. Die Abweichung der Modellkurve von den Meßdaten schränkt damit den Gültigkeitsbereich des jeweiligen Modells ein. Zum anderen muß überprüft werden, ob die durch die Anpassung gewonnenen Parameter mit bekannten physiologischen Werten übereinstimmen. Die direkte biochemische Validierung erfordert mitunter die Verabreichung der markierten Substanz in physiologisch bereits schädlich wirkenden Mengen oder die Entnahme von Blut- und Gewebeproben, die am lebenden Menschen nicht durchführbar sind. Man ist dann auf Tierversuche angewiesen, deren Ergebnisse häufig nur beschränkt auf den Menschen übertragbar sind. Der gesamte Validierungsprozeß ist im allgemeinen ein sehr aufwendiges und langwieriges Verfahren, das meist mehrmals durchlaufen wird und so zu einer schrittweisen Optimierung des Modells führt.

Für die *praktische Anwendung* müssen vor dem klinischen Einsatz zunächst die Normalwerte für die Modellparameter bestimmt werden. Pathologische Veränderungen im Gewebe führen dann häufig zu weiteren Einschränkungen und Modifikationen des Modells. Insbesondere werden durch PET Randbedingungen festgelegt, die sich von in vitro oder autoradiographischen Anwendungen eines Modells stark unterscheiden.

Die Lebensdauer des zur Markierung gewählten Positronenstrahlers muß an das Zeitverhalten des zu untersuchenden physiologischen Prozesses angepaßt sein. Für langsam ablaufende Vorgänge, die über Stunden verfolgt werden sollen, muß ein langlebiges Radionuklid (z. B. ^{18}F oder ^{75}Br, ^{76}Br) benutzt werden, um auch bei den späten Messungen noch ausreichende Meßstatistik zu gewährleisten. Sehr schnelle Vorgänge können am besten mit sehr kurzlebigen Nukliden (z. B. ^{15}O, ^{82}Rb) erfaßt werden, da wegen des schnellen Zerfalls hohe Aktivitäten ohne große Strahlenbelastung verabreicht und die Messungen in kurzen Meßabständen wiederholt werden können.

Für die PET ist damit ein Zeitfenster festgelegt, das nach oben durch die Halbwertszeit des Radionuklids und nach unten durch die für eine Bildrekonstruktion mit einem bestimmten Signal-zu-Untergrund-Verhältnis erforderliche Zählrate bzw. Meßzeit beschränkt ist. Dieses Zeitfenster erstreckt sich im allgemeinen über den Bereich einiger Stunden hin bis zu wenigen Sekunden.

Eine weitere Randbedingung wird durch das beschränkte räumliche Auflösungsvermögen der PET festgelegt. Die gegenwärtig kommerziell erhältlichen Tomographen garantieren eine Auflösung in der Gegend von 5 mm bei einer Schichtdicke von ca. 6–10 mm. Die physikalische Grenze der PET-Methode liegt bei 2–3 mm, abhängig vom verwendeten Isotop und untersuchten Gewebe. Zum Beispiel beträgt die Schichtdicke der grauen Hirnsubstanz in der menschlichen Hirnrinde 4 mm, d.h. die mit PET gemessene Aktivitätskonzentration ist ein Mittelwert zwischen grauer und weißer Hirnsubstanz. Die ermittelten Modellparameter sind aber i.a. nicht die exakten Mittelwerte der mit verschiedener Kinetik ablaufenden physiologischen Prozesse. Dies muß bei der Interpretation der Parameter berücksichtigt werden.

2.2 Modelle

2.2.1 Das Deoxyglucose-Modell von Sokoloff

Das Deoxyglucose- oder DG-Modell wurde von Sokoloff et al. (1977) entwikkelt, um in den funktionellen Einheiten des zentralen Nervensystems von lebenden, unbetäubten Tieren den Glucoseverbrauch zu messen. Die ursprüngliche Anwendung geschah mit ^{14}C-markierter Deoxyglucose und autoradiographischen Methoden, kann jedoch bei Markierung mit einem Positronenstrahler analog bei PET angewandt werden. Obwohl man den Glucoseverbrauch messen will, wird anstelle von Glucose ein Glucoseanalog DG, bei dem die Hydroxylgruppe am zweiten Kohlenstoffatom durch ein Wasserstoffatom ersetzt ist, radioaktiv markiert. Durch Substitution dieses Wasserstoffs mit Fluor-18 erhält man (^{18}F)-2-Fluor-Deoxy-D-Glucose (FDG) für den Einsatz bei der PET. DG und FDG wurden in biochemischen Untersuchungen verwendet, um die Phosphorylierungsreaktion vom übrigen Glykolyse-Stoffwechsel zu trennen. Diese Eigenschaft wird auch bei der DG-Methode benutzt, um den zu untersuchenden Prozeß auf eine wohldefinierte Reaktion, die vom Enzym Hexokinase katalysierte Phosphorylierung der Hexose, den ersten Schritt im biochemischen Ablauf des Glucoseverbrauchs, zu reduzieren. Bei der Markierung des natürlichen Substrates kann ein spezifischer Reaktionsschritt nicht isoliert werden, und die modellmäßige Beschreibung der Kinetik des Prozesses wird wesentlich komplizierter. Dies wird offensichtlich, wenn man markierte Glucose betrachtet. Die markierten Produkte des Glucose-Metabolismus wie CO_2, Wasser oder Laktat, verlassen zu schnell das

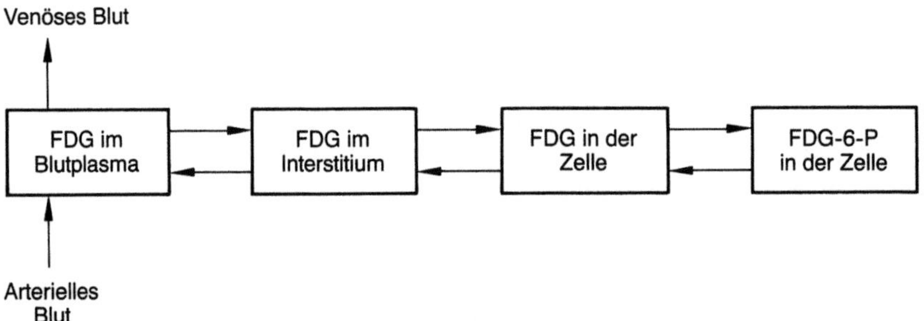

Abb. 2.1. Konzeptionelles Kompartmentmodell für den FDG-Stoffwechsel

Gewebe über das venöse Blut. Zusätzlich werden von anderen Organen im Körper markierte Zwischenprodukte erzeugt, die relativ zur markierten Glucose in großen Mengen im Blut auftauchen und vom Gewebe durch völlig verschiedene Prozesse aufgenommen und umgesetzt werden. Dies führt dazu, daß zur gemessenen Aktivitätskonzentration viele verschiedene Prozesse beitragen, und die Bestimmung des Glucoseverbrauchs aus den kinetischen Meßdaten schwierig und kompliziert wird.

Die einzelnen bei der FDG ablaufenden Schritte lassen sich dagegen einfach in Kompartments aufteilen (Abb. 2.1). Die markierte Verbindung wird normalerweise in eine Vene injiziert und wird beim Durchgang durch die Herzkammer gut im Blut vermischt. Mit dem arteriellen Blut wird der Tracer zum Gewebe transportiert und aus der Kapillare wird über die Kapillarwand ein Teil ins Gewebe extrahiert, gleichzeitig gelangt in umgekehrter Richtung auch Tracer aus dem Gewebe in die Kapillare und wird zusammen mit dem nicht extrahierten Anteil durch das venöse Blut ausgewaschen. Im Gewebe wird FDG durch das Enzym Hexokinase zu FDG-6-Phosphat (FDG-6-P) phosphoryliert. Da Hexokinase nur im Zytoplasma der Zelle vorkommt, muß FDG vorher noch die Zellmembran überqueren. Im Gegensatz zu Glucose-6-Phosphat, das weiter metabolisiert wird, kann FDG-6-P nicht zu Fruktose umgewandelt werden. Außerdem ist FDG-6-P kein Substrat für die Glykogen-Synthese oder den Pentosephosphatzyklus und verläßt die Zelle nicht mehr, außer durch sehr langsame Hydrolyse zurück zu freier FDG, die dann ins Blutplasma zurücktransportiert oder erneut phosphoryliert wird.

Diese insgesamt vier Kompartments und sieben Transport-Parameter kann man nun weiter reduzieren. Der Transport von Glucose oder FDG über die Zellmembran ins Hirngewebe läuft sehr viel schneller ab, als der Transport über die Kapillar-Membran und die Phosphorylierungsreaktion. Es ist daher das interstitiäre Kompartment praktisch immer im Gleichgewicht mit dem zellulären Kompartment und beide können durch ein gemeinsames Kompartment angenähert werden. Wenn die Meßzeit auf unter eine Stunde beschränkt bleibt, kann angenommen werden, daß FDG-6-P, wenn es einmal gebildet ist, in der Zelle bleibt und die Rückreaktion zu FDG vernachlässigt werden kann. Weiterhin ist die Extraktion von FDG über die Kapillarmembran relativ gering, so daß die Konzentration von FDG im Blutplasma entlang der Kapil-

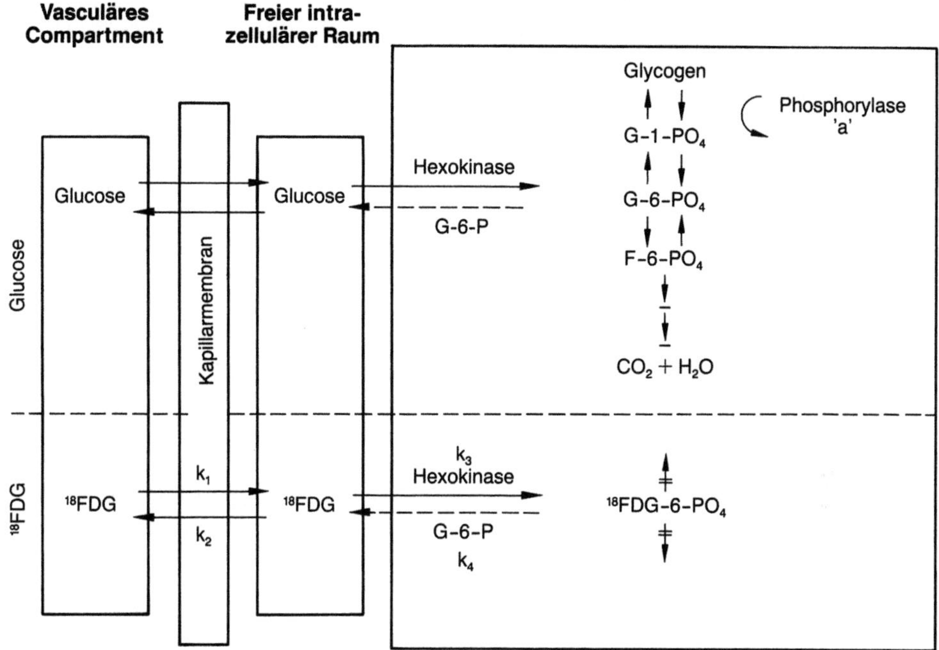

Abb. 2.2. Drei-Kompartmentmodell zur Berechnung des Glucosestoffwechsels mit der ^{18}FDG-Methode. (Nach Sokoloff et al. 1977)

laren praktisch konstant bleibt und damit der Transport ins Gewebe praktisch unabhängig von der Durchblutung wird. Mit diesen Vereinfachungen erhält man das ursprünglich von Sokoloff aufgestellte FDG-Modell (Abb. 2.2). Die ^{18}F-Radioaktivität im Gewebe (C_i^*), die man mit PET mißt, kann durch die folgende Gleichung (2.1) beschrieben werden:

$$C_i^*(t) = K_1 \left[\frac{k_3}{k_2 + k_3} \int_0^t C_p^*(t')\, dt' + \frac{k_2}{k_2 + k_3} \exp\left[-(k_2 + k_3)\, t \right] \right.$$

$$\left. \cdot \int_0^t C_p^*(t') \exp\left[(k_2 + k_3)\, t' \right] dt' \right] + V_B C_p^*(t), \qquad (2.1)$$

wobei $C_p^*(t)$ die FDG-Aktivität im Blutplasma darstellt. Der letzte Term $V_B\, C_p^*(t)$ berücksichtigt die FDG-Aktivität im vaskulären Anteil des Gewebes, wobei angenommen wird, daß die FDG-Konzentration im Gesamtblut gleich der im Blutplasma ist. Für späte Zeiten nach Injektion ist dieser Term vernachlässigbar und wurde bei dem ursprünglich von Sokoloff für die autoradiographische Anwendung aufgestellten Modell nicht berücksichtigt. Bei dynamischen PET-Messungen ist nach einer Bolusinjektion von FDG dieser Term jedoch während der ersten Minuten in der Zeitaktivitätskurve deutlich beobachtbar und seine Vernachlässigung würde zu systematisch falschen Werten für die kinetischen Konstanten führen. Als zusätzlicher Parameter kann V_B aus der Anpassung an die kinetischen Daten zusammen mit den kinetischen Konstanten K_1, k_2 und k_3 bestimmt werden und erlaubt so eine direkte Bestimmung des regionalen Blutvolumens aus den dynamischen FDG-Messungen. Da K_1 hier die Dimension ml/(g min) hat, wird es zur Unterscheidung von den anderen kinetischen Konstanten groß geschrieben.

Die regionale Stoffwechselrate von Glucose (*MRGl*) im Gewebe kann aus den kinetischen Konstanten berechnet werden als

$$MRGl = \frac{C_p\,(K_1\,k_3)}{LC\,(k_2 + k_3)}. \tag{2.2}$$

Dabei bedeutet C_p die Plasmakonzentration von Glucose und *LC* eine experimentell bestimmte Konstante (*LC* = „lumped constant"), die die Unterschiede in den Transport- und Phosphorylierungsraten zwischen Glucose und FDG korrigiert.

Die dynamische Methode zur Bestimmung von *MRGl* erfordert die Erfassung der Aktivitätsanreicherung im Gewebe als Funktion der Zeit mit aufeinander folgenden PET-Messungen. Anschließend werden die kinetischen Konstanten durch Anpassung an die Gleichung (2.1) entweder in einzelnen Regionen (ROI = region of interest) oder Pixel für Pixel für jeden einzelnen Bildpunkt bestimmt und daraus nach Gleichung (2.2) die *MRGl* berechnet. Dieses Verfahren liefert zwar zuverlässige Werte für die Parameter, erfordert jedoch einen beträchtlichen Meß- und Rechenaufwand und wird für eine Routineanwendung dadurch unpraktikabel. Außerdem erfordert es, daß sich der Patient während der gesamten Meßzeit ruhig verhält und daß die Konstruktion des Tomographen es erlaubt, in sämtlichen interessierenden Bereichen gleichzeitig die Aktivität zu messen.

Aus diesen Gründen wird bei den meisten FDG-Untersuchungen statt der dynamischen eine statische Meßmethode angewandt, die eine direkte Erweiterung der autoradiographischen Technik von Sokoloff zur Messung der *MRGl* in Tieren ist. Die von Sokoloff aufgestellte Gleichung zur Berechnung der *MRGl* ist in Abb. 2.3 dargestellt, und kann folgendermaßen vereinfacht zusammengefaßt werden (Phelps et al. 1979):

$$MRGl = \frac{C_p}{LC} \cdot \frac{C(^{18}F) - C(FDG)}{A_b}. \tag{2.3}$$

Das von Injektion bis zum Zeitpunkt der Messung im Gewebe entstandene markierte Stoffwechselprodukt, d.h. die Konzentration von FDG-6-P im Gewebe, ergibt sich aus der gesamten im Gewebe gemessenen Fluoraktivität $C(^{18}F)$, die direkt im PET bestimmt wird, und der Konzentration von freiem FDG im Gewebe $C(FDG)$, die aus dem zeitlichen Verlauf der Plasmakonzentration bis zum Meßzeitpunkt mit Hilfe der Modellkonstanten berechnet wird. A_b repräsentiert die Gesamtmenge von FDG, die ins Gewebe abgegeben wurde, und ergibt sich aus dem Integral der Plasma-FDG-Konzentration bis

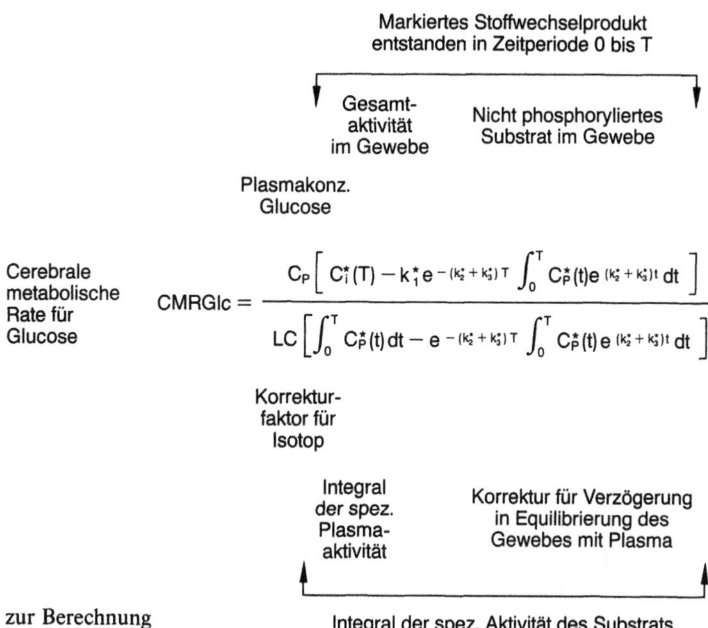

$$CMRGlc = \frac{C_P \left[C_i^*(T) - k_1^* e^{-(k_2^* + k_3^*)T} \int_0^T C_P^*(t) e^{(k_2^* + k_3^*)t} \, dt \right]}{LC \left[\int_0^T C_P^*(t) \, dt - e^{-(k_2^* + k_3^*)T} \int_0^T C_P^*(t) e^{(k_2^* + k_3^*)t} \, dt \right]}$$

Abb. 2.3. Gleichung zur Berechnung der metabolischen Rate für Glucose

zum Meßzeitpunkt, vermindert um einen Korrekturterm für die Verzögerung in der Gewebeäquilibrierung, der sich ebenfalls aus der Plasmakurve und den Modellkonstanten berechnen läßt. Durch Multiplikation mit der Plasmakonzentration von Glucose C_p erhielte man die Rate der Glucosephosphorylierung, wenn sich FDG wie Glucose verhielte. Da der Transport und die Phosphorylierung von FDG und Glucose verschieden sind, muß mit der experimentell bestimmbaren Konstante *LC* korrigiert werden.

Im Gegensatz zur dynamischen Methode erfordert die statische oder autoradiographische Methode nur eine einzige Messung der ^{18}F-Gewebeaktivität mit PET, die üblicherweise 40–60 min nach Injektion durchgeführt wird. Bis zum Meßzeitpunkt müssen arterielle Blutproben (meist wird durch Erwärmung einer Hand arterialisiertes venöses Blut verwendet) zur Bestimmung der FDG- und Glucosekonzentration im Plasma entnommen werden. Für die Modellkonstanten k_i und *LC* werden Durchschnittswerte, die an Normalpersonen experimentell ermittelt wurden, eingesetzt. Insbesondere im pathologischen Gewebe können durch starke Abweichungen von den Normalwerten Fehler auftreten. Durch dynamische PET-Messungen können die typischen Werte für die kinetischen Konstanten in pathologisch verändertem Gewebe bestimmt werden. Außerdem kann durch Modifikation der Gleichung zur Berechnung von *MRGl* die Abhängigkeit von den Modellkonstanten für einzelne Stoffwechselstörungen minimalisiert werden (Wienhard et al. 1985). Die Variation der *LC* kann durch zusätzliche vergleichende Messungen mit ^{11}C-markierter Methylglukose experimentell bestimmt werden (Gjedde et al. 1985). Es wurden nur geringe regionale Veränderungen gefunden, so daß die

Tabelle 2.1. FDG-Modellkonstanten (min^{-1}) und *MRGl* (µmol/100 g min) in normalen und pathologischen Hirnarealen

	K_1	k_2	k_3	*MRGl*
Normal				
weiße Hirnsubstanz	0,057	0,123	0,041	17,3
Cerebellum	0,091	0,142	0,046	28,6
Cortex	0,083	0,136	0,069	35,8
Thalamus	0,089	0,133	0,064	36,8
Nucl. caudatus	0,088	0,138	0,082	40,9
Pathologisch				
Infarkt	0,065	0,131	0,037	17,3
Alzheimer	0,066	0,132	0,047	20,8
Tumor (aktiv)	0,075	0,135	0,102	49,2
Tumor (inaktiv)	0,060	0,140	0,035	18,1

Annahme eines konstanten Wertes (von Phelps et al. (1979b) zu $LC = 0.42$ bestimmt) gerechtfertigt erscheint. In pathologisch verändertem Gewebe mit extrem niedrigem Stoffwechsel (z. B. infarziertem Gewebe) kann LC allerdings sehr hohe Werte ($LC > 1$) annehmen (Gjedde et al. 1985), was insgesamt bei der Berechnung der Stoffwechselraten zu noch stärker erniedrigten Werten führt. Tabelle 2.1 zeigt die Normalwerte für die kinetischen Modellkonstanten und *MRGl* sowie regionale und pathologische Veränderungen.

Die statische FDG-Methode stellt eine einfache und zuverlässige Technik zur Messung von *MRGl* dar, die sich ohne großen Meß- und Rechenaufwand auch bei Patienten routinemäßig praktisch anwenden läßt. Während der Zeit zwischen Injektion und PET-Messung lassen sich einfach Stimulationen anwenden, um deren Einfluß z. B. auf den Hirnstoffwechsel zu erforschen. Da die Methode ab etwa 30 min nach Injektion praktisch unabhängig von den exakten Werten für die Modellkonstanten wird, solange diese im Normalbereich liegen, können auch verschiedene Schichten eines Organs zeitlich nacheinander gemessen werden, wenn die Konstruktion des Tomographen dies notwendig macht. Es zeigt sich jedoch, daß ab etwa einer Stunde die Dephosphorylierungsreaktion nicht mehr vernachlässigt werden kann und durch die kinetische Konstante k_4 mit typischen Werten, die bei ca. 10% der von k_3 liegen, berücksichtigt werden muß (Phelps et al. 1979b). Die unter Berücksichtigung von k_4 modifizierten Gleichungen lauten:

$$C_i^*(t) = \frac{K_1}{\alpha_2 - \alpha_1}[(k_3 + k_4 - \alpha_1)e^{-\alpha_1 t} + (\alpha_2 - k_3 - k_4)e^{-\alpha_2 t}] \otimes C_p^*(t). \qquad (2.4)$$

Das Zeichen $\otimes$ bedeutet die Konvolutionsoperation, z. B.

$$f(t) \otimes g(t) = \int_0^t f(t')g(t - t')dt', \text{ für } \alpha_1 \text{ und } \alpha_2 \text{ gelten:}$$

$$\alpha_1 = (k_2 + k_3 + k_4 - \sqrt{(k_2 + k_3 + k_4)^2 - 4k_2k_4})/2 \qquad (2.5)$$

$$\alpha_2 = (k_2 + k_3 + k_4 + \sqrt{(k_2 + k_3 + k_4)^2 - 4k_2k_4})/2. \qquad (2.6)$$

Die metabolische Rate berechnet sich wie nach (2.2) zu

$$MRGl = \frac{C_p}{LC} \frac{K_1 k_3}{(k_2 + k_3)}.$$

Der Ausdruck zur Berechnung von $MRGl$ aus einer statischen Messung lautet unter Einbeziehung von k_4

$$MRGl = \frac{C_p}{LC} \frac{C_i{}^*(T) - \dfrac{K_1}{\alpha_2 - \alpha_1} \cdot [(k_4 - \alpha_1)\mathrm{e}^{-\alpha_1 t} + (\alpha_2 - k_4)\mathrm{e}^{-\alpha_2 t}] \otimes C_p{}^*(t)}{\dfrac{k_2 + k_3}{\alpha_2 - \alpha_1}(\mathrm{e}^{-\alpha_1 t} - \mathrm{e}^{-\alpha_2 t}) \otimes C_p{}^*(t)}. \tag{2.7}$$

Die Entscheidung, ob die Dephosphorylierungsreaktion berücksichtigt werden muß oder zu vernachlässigen ist ($k_4 = 0$), kann im allgemeinen aus dem Vergleich der dynamischen Meßdaten mit der Anpassung (Fit) an die Modellgleichung getroffen werden. Lassen sich die Daten mit dem reduzierten Modell nur schlecht beschreiben, d.h. treten große systematische Abweichungen auf, so muß das Modell erweitert werden. Eine zu berücksichtigende Rückreaktion von FDG-6-P zu FDG zeigt sich z.B. dadurch, daß bei Meßzeiten größer als eine Stunde die Meßdaten unterhalb der theoretischen Kurve liegen.

2.2.2 Graphische Methode

Eine sehr einfache Technik der Datenanalyse kann angewandt werden, wenn bei einer Tracer-Akkumulationskurve ein unidirektionaler Transport vorliegt, d.h. wenn zwischen zwei benachbarten Kompartments der Transport des Tracers nur in einer Richtung geschieht wie z.B. im FDG-Modell während der ersten Stunde nach Injektion, wenn $k_4 = 0$ gesetzt werden kann. Trägt man nämlich wie in Abb. 2.4 statt der gemessenen ^{18}F-Aktivität im Gewebe $C_i{}^*(t)$ gegen die Zeit t, das Verhältnis Gewebeaktivität zu Plasmaaktivität $C_i{}^*(t)/C_p{}^*(t)$ gegen das normierte Plasmaaktivitätsintegral

$$\theta(t) = \int_0^t C_p{}^*(t')\mathrm{d}t' / C_p{}^*(t) \tag{2.8}$$

auf, so erhält man eine Kurve, die sich einer Geraden annähert (Patlak et al. 1983). Für große Zeiten nach Injektion, wenn die Plasmakonzentration $C_p{}^*(t)$ als konstant gegenüber der starken Zeitabhängigkeit des Exponentialfaktors angesehen werden kann, läßt sich Gleichung (2.1) umformen in

$$\frac{C_i{}^*(t)}{C_p{}^*(t)} = \frac{K_1 \cdot k_3}{k_2 + k_3} \frac{\displaystyle\int_0^t C_p{}^*(t')\mathrm{d}t'}{C_p{}^*(t)} + \frac{K_1 \cdot k_2}{(k_2 + k_3)^2}. \tag{2.9}$$

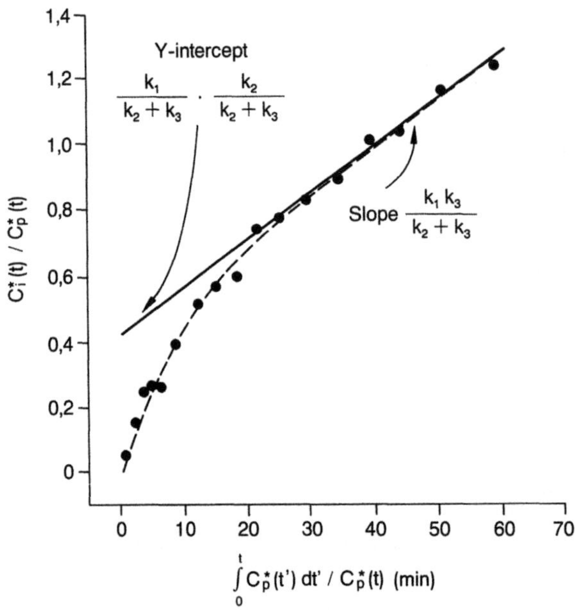

Abb. 2.4. Auftragung der ^{18}F-Aktivitäten nach Patlak zur graphischen Bestimmung von MRGl

Dies stellt bei der angegebenen Auftragungsweise die Gleichung einer Geraden dar, wobei die Steigung $K_1 k_3/(k_2+k_3)$ direkt die Akkumulationsrate angibt. Diese graphische Methode erlaubt eine einfache Bestimmung der *MRGl* aus den dynamischen Meßkurven ohne aufwendige Rechenprogramme zur Bestimmung der Modellkonstanten und stellt generell einen schnellen Test dar, um zu überprüfen, in welchem Zeitintervall eine Rückreaktion vernachlässigt werden kann.

2.2.3 ^{11}C-DG-Modell

Die Bestimmung der metabolischen Rate mit ^{11}C markierter Deoxyglukose erfolgt mit demselben Modell wie für FDG, jedoch mit veränderten Werten für die Modellkonstanten und die „lumped constant" (Reivich et al. 1982). Die Halbwertszeit von 20 min von ^{11}C erlaubt wiederholte Messungen bei einem Patienten innerhalb von zwei Stunden. Damit sind Messungen vor und nach physiologischer Stimulation oder therapeutischer Intervention in einem Zeitraum möglich, in dem spontane Veränderungen noch gering sind. Die Strahlenbelastung ist mit ^{11}C-DG praktisch identisch zu ^{18}FDG-Untersuchungen, da die kürzere Halbwertszeit durch die für gleiche Zählstatistik höhere injizierte Dosis in etwa aufgewogen wird.

2.2.4 ^{11}C-Glucose-Modell

Die direkte Markierung von Glucose mit ^{11}C vermeidet die Annahme einer regional konstanten lumped constant und erlaubt im Prinzip, neben der Bestimmung der metabolischen Rate auch wichtige andere physiologische Parameter zu erfassen, wie z.B. den Transport von Glucose über die Blut-Hirn-Schranke oder die freie Glucosekonzentration im Gewebe. Die Methode wird jedoch technisch erschwert durch das Auftreten markierter Stoffwechselprodukte, die das Gewebe wieder verlassen.

Das Drei-Kompartmentmodell von Abb. 2.2, bestehend aus ^{11}C-Glucose im Plasma $C_p{}^*$, ^{11}C-Glucose im Gewebe $C_E{}^*$ und ^{11}C-markierter Stoffwechselprodukte im Gewebe $C_M{}^*$, muß noch um einen zusätzlichen Term $C_C{}^*$ erweitert werden, der den zeitlichen Verlauf der aus dem Gewebe abgegebenen markierten Stoffwechselprodukte, hauptsächlich in der Form von ^{11}C-CO$_2$, beschreibt. Nur wenn man die Messung auf ein kurzes Zeitintervall nach Bolusinjektion des Tracers beschränkt, kann $C_C{}^*$ vernachlässigt werden. Die metabolische Rate ist jedoch dann nur mit sehr großen Unsicherheiten aus den Meßdaten berechenbar.

Nimmt man an, daß der Verlust der markierten Metaboliten aus dem Gewebe proportional zu der insgesamt im Gewebe vorhandenen Menge an Metaboliten ist, d.h. $\dot{C}_C{}^*(t) = k_5 \cdot C_M{}^*(t)$, und versucht k_5 aus Anpassung an den zeitlichen Verlauf der gemessenen gesamten Gewebeaktivität zu bestimmen, so würde diese Methode bereits die gute a priori Kenntnis von $K_1 - k_3$ voraussetzen, um den unbekannten Verlust an markierten Metaboliten mit hinreichender Genauigkeit bestimmen zu können.

Bei einer von Blomqvist et al. (1985) entwickelten Methode wird $C_C{}^*(T)$ aus der arteriovenösen Differenz von ^{11}C-CO$_2$, $\Delta_{AV}C_C{}^*(t)$ und der mittleren Hirndurchblutung f für das gesamte Hirngewebe berechnet gemäß

$$C_C{}^*(T) = f \int_0^T \Delta_{AV}C_C{}^*(t)\mathrm{d}t$$

und damit die gemessene Gewebeaktivität $C_{Sum}{}^*(T)$ korrigiert. Die metabolische Rate berechnet sich dann zu

$$MRGl = \{C_{Sum}{}^*(T) - C_B{}^*(T) + C_C{}^*(T)$$
$$- [k_2/(k_2 + k_3)]C_E{}^*(T)\}C_p / \int_0^T C_p{}^*(t)\mathrm{d}t. \tag{2.10}$$

$C_B{}^*(T)$ ist der Beitrag der Tracerkonzentration im Blut, C_p ist die Plasmaglucosekonzentration. Abbildung 2.5 zeigt ein Beispiel einer Messung mit den theoretischen Anpassungskurven des Modells. Die mit dieser Methode ermittelten Werte für MRGl sind mit denen der FDG-Methode vergleichbar. An die Stelle der Unsicherheiten durch Variationen der „lumped constant" vor allem in pathologischem Gewebe bei der FDG-Methode treten beim Glucose-Modell Probleme mit einer global gültigen „Egressfunktion", die den Verlust

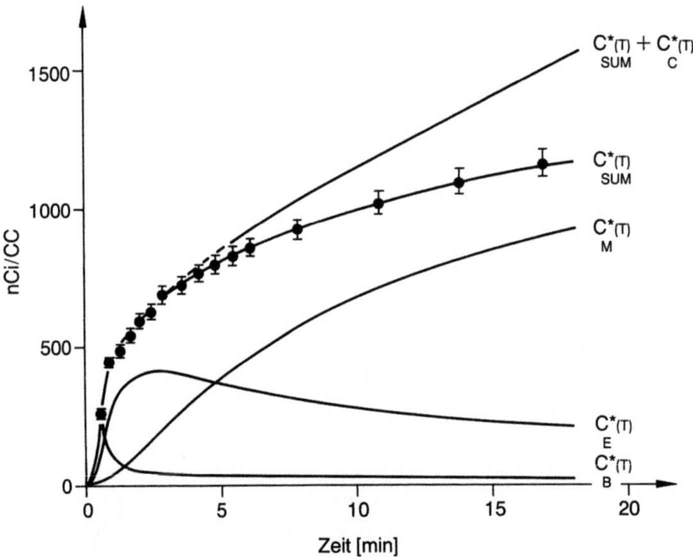

Abb. 2.5. Gemessene ^{11}C-Aktivität im Gehirn nach Injektion von ^{11}C-markierter Glukose. Die Punkte stellen die mit PET gemessenen Daten dar. Die durchgezogenen Kurven wurden durch Fit mit den Modellgleichungen erhalten. (Aus Blomqvist et al. 1985, mit Genehmigung)

der markierten Metaboliten aus dem Gewebe beschreiben soll. Deshalb und wohl auch wegen des höheren meßtechnischen Aufwandes hat das Glucose-Modell im Gegensatz zum FDG-Modell bisher keine weitverbreitete Anwendung gefunden.

2.3 Glucosetransport und Messung der Variabilität der Lumped Constant

Im DG-Modell wird der Glucosestoffwechsel durch den Transport des Glucoseanalogs DG in die Zelle und dessen anschließende Phosphorylierung beschrieben. Die radioaktive Markierung von einem nicht metabolisierbaren Glucoseanalog wie z.B. 3-O-(^{11}C)methyl-D-Glucose (CMG) erlaubt es, den Transportschritt des Glucosestoffwechsels isoliert zu untersuchen. Das Modell reduziert sich dann auf die zwei Transportkonstanten K_1 und k_2, wobei K_1 durch das Produkt von Durchblutung f mal unidirektionaler Extraktionsfraktion E gegeben ist:

$$K_1 = f \cdot E.$$

E ist der Anteil des Tracers, der beim Durchgang durch die Kapillare vom Blut über die Kapillarwand ins Gewebe extrahiert wird und hängt von der Oberfläche S, der Permeabilität P der Kapillare und der Durchblutung f ab.

Für ein von Renkin (Renkin 1959) und Crone (Crone 1964) aufgestelltes Modell kann der Zusammenhang durch

$$E = 1 - \exp(-PS/f) \tag{2.11}$$

beschrieben werden.

Dieses Modell macht die Annahme, daß die Kapillaren starre Zylinder mit festem Durchmesser und identischer Länge sind und daß die Durchblutung sich durch die Geschwindigkeit ändert und nicht durch Vasodilatation oder durch die Anzahl der offenen Kapillaren. Das Oberflächen-Permeabilitäts-Produkt oder PS-Produkt hängt vom Transportmechanismus des Tracers über die Kapillarmembrane ab. Man unterscheidet zwischen aktivem (mit Energiebedarf) und passivem (ohne Energiebedarf) Transport. Passiver Transport läuft in Richtung eines Konzentrationsgradienten entweder als erleichterter Transport oder als passive Diffusion. Bei passiver Diffusion wird die Permeabilität durch den Diffusionskoeffizienten beschrieben. Bei erleichtertem Transport werden die Moleküle von einem Trägermolekül über die Membran transportiert. Dieser Vorgang kann ähnlich wie eine enzymkatalysierte Reaktion mit Michaelis-Menten-Konstanten durch eine maximale Transportrate T_m und eine Halb-Sättigungs-Konzentration K_m beschrieben werden:

$$PS = \frac{T_m}{K_m + C_A}, \tag{2.12}$$

wobei C_A die Plasmakonzentration des über die Kapillarmembran transportierten Substrates A bedeutet.

Für einen radioaktiv markierten Tracer A*, der mit demselben Trägermolekül über die Membran mit den Konstanten T_m^* und K_m^* transportiert wird, dessen Konzentration jedoch sehr viel kleiner als die von A ist, d.h. $C_A^* \ll C_A$, kann das PS-Produkt zu

$$(PS)^* = \frac{T_m^* \, K_m/K_m^*}{K_m + C_A} \tag{2.13}$$

vereinfacht werden.

In dieser Gleichung hängt das PS-Produkt des Tracers nur von der Konzentration des natürlichen Substrates A, jedoch nicht von der Konzentration des Tracers A* ab. Damit ist eine Beschreibung dieser wie enzymkatalysierte Reaktionen ablaufenden Tracer-Transportvorgänge mit linearen Kompartment-Modellen möglich. Aus den gemessenen Reaktionsraten der Tracersubstanz können dann die des natürlichen Substrates berechnet werden. Die Deoxyglucose-Methode ist hierfür ein Beispiel, wobei die Lumped Constant den Kalibrierungsfaktor zwischen der mit dem markierten Glucoseanalog gemessenen Rate und der Reaktionsrate der natürlichen Glucose darstellt, dessen Wert durch die Verhältnisse der Michaelis-Menten-Konstanten für den Transport und die Phosphorylierung von DG und Glucose bestimmt wird. Nimmt man an, daß der Transport über die Kapillarmembran symmetrisch ist, dann gilt

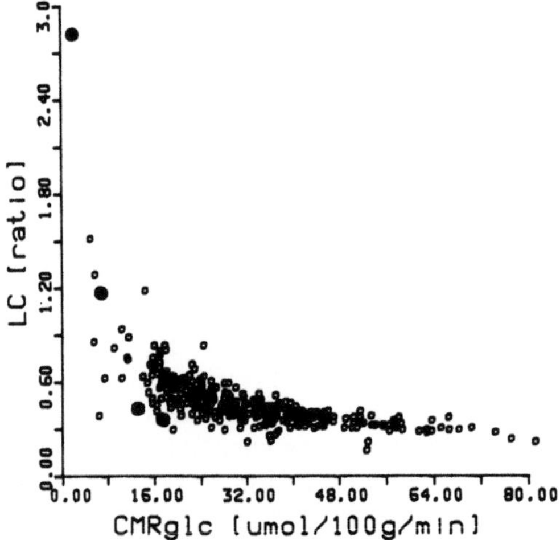

Abb. 2.6. Regionale Werte der lumped constant *(LC)* aufgetragen gegen die metabolische Rate in 365 normalen und 4 infarzierten Hirnarealen. Die Werte für infarziertes Gewebe sind mit ausgefüllten Kreisen dargestellt. (Aus Gjedde et al. 1985, mit Genehmigung)

$$\frac{K_1}{k_2} = \frac{V_d \cdot (K_m + C_b)}{K_m + C_p}, \tag{2.14}$$

wobei V_d das Verteilungsvolumen von Glucose im Gehirn bedeutet und gleich dem Wasservolumen im Gehirn angenommen wird ($V_d = 0.77$ ml/g). C_b und C_p sind die Glucosekonzentrationen im Gehirn bzw. im Blutplasma. Wiederholungsuntersuchungen mit CMG bei unterschiedlichen Plasma-Glucose-Konzentrationen ermöglichen somit die in vivo Messung der Michaelis-Menten-Konstante K_m und deren maximalen Transportrate T_m für den Glucosetransport über die Blut-Hirn-Schranke (Feinendegen et al. 1986).

Aus Gleichung (2.14) folgt, daß das K_1/k_2-Verhältnis für alle Glucoseanaloge identisch ist. Damit läßt sich aus einer Kombination der regionalen Verteilung von markierter Methylglucose mit der regionalen FDG-Aufnahme die regionale Variabilität der Lumped Constant abschätzen (Gjedde et al. 1985). Die Lumped Constant zeigt keine signifikante Variationen im normalen Gewebe. Jedoch wurden in pathologischem Gewebe, besonders ausgeprägt in infarzierten und tumorösen Arealen mit stark erniedrigtem Stoffwechsel, große Veränderungen der Lumped Constant gefunden (Abb. 2.6).

2.4 Messung der Durchblutung

Die Durchblutung kann sowohl durch statische als auch durch dynamische PET-Messungen bestimmt werden. Allen Methoden liegt die Anwendung des Fickschen Prinzips zugrunde, das besagt, daß die Änderungsrate einer chemisch inerten Tracersubstanz im Gewebe dQ_i/dt gegeben ist durch die Differenz der durch das arterielle Blut angelieferten und der durch das venöse Blut abtransportierten Tracermenge. Dies kann folgendermaßen als Gleichung geschrieben werden:

$$\frac{dQ_i}{dt} = F \cdot (C_A - C_V),\tag{2.15}$$

wobei C_A und C_V die Tracerkonzentrationen im arteriellen bzw. venösen Blut (z. B. mit den Einheiten MBq/ml) sind, und F die Menge Blut bedeutet, die pro Zeiteinheit angeliefert wird. F hat daher z. B. die Einheit ml/min. Meist wird die Durchblutung auf die Masse des Gewebes bezogen. Man erhält so

$$\frac{dC_i}{dt} = f \cdot (C_A - C_V),\tag{2.16}$$

wobei C_i die Konzentration des Tracers im Gewebe ist (z. B. mit der Einheit MBq/g) und f die Durchblutung pro Gewebemasse z. B. in den Einheiten ml/(min $\cdot$ g) bedeutet. Es muß nicht zwischen arterieller und venöser Durchblutung unterschieden werden, da beide im Gleichgewichtszustand identisch sind. Bei einem frei diffusiblen Tracer steht die Konzentration im Gewebe im Gleichgewicht mit der Konzentration im venösen Blut und deren Verhältnis V wird als Gewebe/Blut-Verteilungskoeffizient $C_i = V\, C_V$ bezeichnet. V berücksichtigt die Löslichkeit des Tracers im Gewebe relativ zu der im Blut.

Durch Einsetzen in Gleichung (2.16) erhält man

$$\frac{dC_i}{dt} = \frac{f}{V}(VC_A - C_i)\tag{2.17}$$

und daraus durch Integration

$$C_i(t) = C_i(0)\,e^{-k \cdot t} + f e^{-kt} \int_0^t C_A(t')\,e^{k \cdot t'}\,dt',\tag{2.18}$$

wobei $k = f/V$ die sogenannte Auswaschkonstante darstellt. Gleichung (2.18) stellt die allgemeine Gleichung für alle Verläufe der arteriellen Konzentrationskurve dar.

Bei den Auswaschmethoden stellt der zweite Term auf der rechten Seite der Gleichung die Korrektur für die Rezirkulation des Tracers dar. Falls (nach einer Sättigungsperiode) die arterielle Konzentration C_A sofort auf Null zurückgeht, was bei der Injektion eines inerten radioaktiven Gases in die Carotis angenähert der Fall ist, dann vereinfacht sich (2.18) zu

$$C_i(t) = C_i(0)\,e^{-kt}.\tag{2.19}$$

Die Auswaschkonstante k kann dann einfach aus der Auswaschkurve berechnet werden mit der sogenannten „Height over area" (Peak durch Fläche)-Methode als

$$k = C_i(0) / \int_0^\infty C_i(t')\,dt'.\tag{2.20}$$

Unter der Annahme eines bekannten und regional konstanten Verteilungskoeffizienten V ergibt sich daraus die Durchblutung $f = V \cdot k$.

Die Bolusinjektion eines frei diffusiblen Tracers in die Carotis und Messung der Auswaschkurve mit PET stellt vom Modell her die einfachste Methode zur Messung der Durchblutung dar. Sie wird jedoch wegen ihrer Invasivität zur Zeit praktisch bei PET nicht angewandt.

Die untraumatische systemische Zuführung des Tracers über Inhalation oder intravenöse Injektion macht das Modell komplizierter und erfordert die Messung der arteriellen Tracerkonzentration. Gleichung (2.18) reduziert sich

$$C_i(t) = V k \, e^{-kt} \int_0^t C_A(t') e^{kt'} \, dt'$$

oder

$$C_i(t) = f e^{-kt} \otimes C_A(t). \tag{2.21}$$

Gleichung (2.21) wurde zur autoradiographischen Messung der Durchblutung bei Tierexperimenten benutzt. Da man mit PET im Gegensatz zur Autoradiographie nicht momentane Aktivitätskonzentrationen messen kann, sondern immer die über die Meßzeit integrierten Konzentrationswerte erfaßt, muß (2.21) über das Meßzeitintervall $I = t_2 - t_1$ integriert werden:

$$C_i(I) = \int_{t_1}^{t_2} f C_A(t) \otimes e^{-kt} \, dt. \tag{2.22}$$

Diese in vivo autoradiographische Methode wurde von Raichle et al. (1983) mit ^{15}O-markiertem Wasser als diffusiblem Tracer angewandt. Aus einer ca. 40 sek dauernden PET-Messung nach intravenöser $H_2^{15}O$-Bolusinjektion (oder $C^{15}O_2$-Bolusinhalation, das in der Lunge sofort zu markiertem Wasser umgewandelt wird) und gleichzeitiger Erfassung der arteriellen Aktivitätskonzentration mit Hilfe von Blutproben kann unter der Annahme eines konstanten Verteilungskoeffizienten die regionale Durchblutung bestimmt werden. Für eine quantitative Auswertung von lediglich relativen Durchblutungswerten kann auf die arterielle Blutentnahme verzichtet werden. Wegen der sehr raschen Wiederholbarkeit der Untersuchung innerhalb von wenigen Minuten bei niedriger Strahlenbelastung ist diese Methode für physiologische Untersuchungen mit Stimulation besonders geeignet.

Durch dynamische Aufzeichnung des Aktivitätsverlaufes kann neben der Durchblutung auch der regionale Verteilungskoeffizient bestimmt werden, und es können damit Fehler aufgrund von Variationen des Verteilungskoeffizienten zwischen verschiedenen Personen und vor allem zwischen normalem und pathologisch verändertem Gewebe vermieden werden. Dies erfordert wie bei der Analyse dynamischer FDG-Studien die arterielle Blutkurve, die Rekonstruktion sämtlicher Bilder der gesamten dynamischen Meßsequenzen von ca. 5 min Dauer und die Anpassung der Zeit-Aktivitätskurven (möglichst für jedes Bildpixel) an die Modellgleichung (2.21), um die beiden Parameter Durchblutung f und Auswaschkonstante k, bzw. Verteilungskoeffizient

$V = f/k$ bestimmen zu können. Dies bedeutet einen nicht unerheblichen Rechenaufwand, der bei zwei anderen Verfahren, die von Huang et al. (1982) und Alpert et al. (1984) vorgeschlagen wurden, zum Teil reduziert werden kann. Beide Verfahren verknüpfen die Meßdaten mit zeitabhängigen Gewichtsfunktionen und berechnen aus den Zeitintegralen der gewichteten Aktivitätskurven im Gewebe und im Blut die regionale Durchblutung und den regionalen Verteilungskoeffizienten. Für die Details dieser Methoden wird auf die zitierte Originalliteratur verwiesen. Da die Integration eine lineare Operation ist, die mit dem Rekonstruktionsalgorithmus vertauschbar ist, können direkt die mit dem Tomographen gemessenen Projektionen gewichtet und integriert und aus den rekonstruierten Bildern der gewichteten Aktivitätsintegrale Funktionsbilder von f und V berechnet werden, was eine zusätzliche Vereinfachung der Messung und Berechnung bedeutet.

Aufgrund der hohen Extraktion der frei diffusiblen Tracer kann die arterielle Tracerkonzentration nicht aus durch Erwärmen der Hand arterialisiertem venösem Blut gewonnen werden. Um eine arterielle Blutentnahme zu vermeiden, wurde von Holden und Mitarbeitern (1981) eine Methode entwickelt, die auf der Annahme beruht, daß in der Lunge das Blut in den pulmonaren Kapillaren und in den Alveolen sofort und völlig im Gleichgewicht steht und daß die endexpiratorische Gaskonzentration die Tracerkonzentration in den Alveolen repräsentiert. Der zeitliche Verlauf der arteriellen Konzentration ist dann bis auf einen konstanten Faktor gleich den mit einer kontinuierlichen Kurve verbundenen endexpiratorischen Tracerkonzentrationen. Der Skalierungsfaktor kann aus der Anpassung der venösen Tracerkonzentration an ein Mehrkompartmentmodell gewonnen werden. Diese Untersuchungen wurden mit dem inerten frei diffusiblen Gas ^{18}F-Fluor-Methan (CH$_3$^{18}F) durchgeführt, das über ein trockenes Spirometer dem Patienten für 2–3 min zugeführt wird. Gleichzeitig mit dem zeitlichen Verlauf der Aktivitätsverteilung im Gewebe, die mit Hilfe von PET gemessen wird, werden die Aktivitätsverteilungen in der ausgeatmeten Luft und im venösen Blut für ca. 10–20 min miterfaßt. Aus dem zeitlichen Verlauf all dieser Daten wird dann für jeden Bildpunkt die regionale Durchblutung und der Wert des Verteilungskoeffizienten berechnet (Koeppe et al. 1985).

2.5 Gleichgewichtsmodell mit kontinuierlicher Tracerinhalation

Über eine Atemmaske wird dem Patienten kontinuierlich vom Zyklotron mit ^{15}O markiertes Kohlendioxid C^{15}O$_2$ zugeführt. Dies wird von dem in der Lunge vorhandenen Enzym Karboanhydrase in H$_2$^{15}O umgewandelt und gelangt so in den Kreislauf. Durch die kontinuierliche Inhalation der auf einem konstanten Wert gehaltenen zugeführten Aktivitätskonzentration und den raschen Zerfall des Isotops wird nach etwa 10 Minuten ein Gleichgewicht der Aktivitätsverteilungen im Blut und im Gewebe erreicht, wobei die Gewebeaktivität C_i von der Tracerzufuhr, also der lokalen Durchblutung f, der arteriellen Tracerkonzentration C_A und der Schnelligkeit des radioaktiven Zerfalls des Tracers abhängt. Der quantitative Zusammenhang zwischen diesen Größen wird durch die folgende Gleichung beschrieben (Jones et al. 1976):

$$C_i = \frac{f \cdot C_A}{\lambda + f/V} \quad \text{oder} \quad f = \frac{\lambda \cdot C_i \cdot V}{C_A \cdot V - C_i}, \tag{2.23}$$

wobei λ die physikalische Zerfallskonstante $(0{,}693/(2\ \text{min}) = 0{,}35\ \text{min}^{-1})$ von ^{15}O ist. V ist der Verteilungskoeffizient von Wasser, der üblicherweise gleich $1\ \text{ml/g}$ gesetzt wird. Die Messung der Gewebeaktivität C_i geschieht mit PET, C_A wird aus arteriellen Blutproben in einem kalibrierten Bohrlochkristall bestimmt. Mit Hilfe von Gleichung (2.23) kann das rekonstruierte Schnittbild der Aktivitätsverteilung direkt vom Computer in ein Schnittbild der Durchblutung umgerechnet werden. Diese Untersuchung ist damit sehr einfach durchzuführen und eignet sich besonders für Tomographen, die nicht mehrere Schichten gleichzeitig erfassen können. Die Messungen verschiedener Schnittbilder eines Organs können nacheinander erfolgen, sobald einmal der Gleichgewichtszustand erreicht ist. Die Tracerkonzentration im Gewebe nähert sich exponentiell dem Gleichgewichtszustand mit einer Halbwertszeit von $0{,}693/(\lambda + f/V)$, d.h. bei konstanter Blutaktivität C_A hat das Gewebe nach einer Zeit von $3/(\lambda + f/V)$ ca. 95% des Gleichgewichtswertes erreicht. Zusätzliche Zeit wird benötigt, bis C_A ins Gleichgewicht kommt, deshalb wird im allgemeinen etwa erst nach 10 min mit der Messung begonnen. Da die Halbwertszeit auch von der zu messenden Durchblutung abhängt, kann das Erreichen des Gleichgewichts in schlecht durchbluteten Arealen, z.B. in Infarkten, etwas länger dauern und eine zu früh durchgeführte Messung damit zu einer Unterschätzung der Durchblutung führen. Aus (2.23) ist ersichtlich, daß der Zusammenhang zwischen berechneter Durchblutung und gemessener Gewebeaktivität nicht linear ist. Dies führt zu einer mit höheren Durchblutungswerten (größer als $70\ \text{ml}/(100\ \text{g} \cdot \text{min})$) zunehmenden Empfindlichkeit der Methode auf Meßfehler der Gewebeaktivität. Diese Empfindlichkeit verringert sich mit abnehmender Halbwertszeit des Tracers, d.h. ein Isotop mit noch kürzerer Halbwertszeit als ^{15}O wäre von Vorteil.

2.6 Mikrosphären oder Gewebeanreicherungs-Modell mit ^{13}N-Ammoniak

Bei einem Tracer, der mit intravenöser Injektion zu 100% vom Gewebe extrahiert und vollständig im Gewebe zurückgehalten wird, kann ein sehr einfaches Modell zur Durchblutungsmessung mit folgender Gleichung aufgestellt werden:

$$f_i = F_p C_i / C_b. \tag{2.24}$$

Dabei bedeutet f_i die Durchblutung in der Geweberegion i mit der durch PET gemessenen Tracerkonzentration C_i in Bq/g. F_p ist die konstante Fließgeschwindigkeit in ml/min, mit der eine Pumpe Blut aus einer periphären Arterie abzieht, und C_b ist die gesamte Aktivität in Bq in der mit der Pumpe abgenommenen Blutprobe. Diese einfache Methode stellt die präziseste Technik zur in vivo Durchblutungsmessung dar. Sie läßt sich jedoch nur im Tierversuch anwenden, da die Anforderungen an den Tracer praktisch exakt nur von markierten Mikrosphären erfüllt werden, die in den Kapillaren stecken bleiben und sie damit verstopfen (Heyman et al. 1977).

Ein Tracer, der die Anforderungen des Modells näherungsweise erfüllt, nämlich annähernd 100% Extraktion und 100% Rückhaltung im Gewebe während der Messung und bei PET eingesetzt wurde, ist ^{13}N-markiertes Ammoniak (Phelps et al. 1981). Das Steckenbleiben der Mikrosphären in den Kapillaren wird dabei durch eine sehr schnelle metabolische Inkorporation von ^{13}N durch die Reaktion von Ammoniak mit Glutamat zu Glutamin ersetzt. Glutamin-Synthetase liegt in den Astrozyten von grauer und weißer Hirnsubstanz in gleicher Konzentration vor, mit den höchsten Werten in den astrozytischen perikapillären Endplatten, die in direktem Kontakt mit den Kapillaren stehen, so daß die ^{13}N-Konzentration im Gewebe die Verteilung der Kapillaren widerspiegelt. Allerdings wird ^{13}NH$_3$ nicht vollständig extrahiert und die Extraktionsrate ist abhängig von der Durchblutungshöhe, so daß eine absolute Quantifizierung nicht möglich ist und nur halbquantitative Werte der regionalen Durchblutung erhalten werden. Bei der Anwendung am Herzen sind aufgrund der vierfach höheren Kapillardichte die Verhältnisse etwas günstiger.

2.7 Durchblutungsmessung des Herzens mit ^{82}Rb

Durchblutungsmessungen am Herzen mit dem diffusiblen Tracer ^{82}Rb sind von besonderem Interesse, da dieses Isotop aus einem ^{82}Sr-^{82}Rb Nuklidgenerator gewonnen werden kann. Die Extraktion von Rb beim Durchgang durch die Herzkapillaren liegt bei über 50%, so daß die Verteilung von Rb im Herzmuskel qualitativ die Durchblutung wiedergibt. Die regionale Durchblutung f in ml/(min g) kann gemäß der Formel

$$f = \frac{A(T)}{E \cdot \int_0^T C_a(t)\,dt} \tag{2.25}$$

berechnet werden, wobei $A(T)$ die ^{82}Rb-Aktivität im Herzmuskel zur Zeit T in Bq/g, E die Extraktionsfraktion und $C_a(t)$ den Aktivitätskonzentrationsverlauf im arteriellen Blut in Bq/ml bedeutet. Wie bei allen diffusiblen Tracerstoffen, deren Extraktion E weniger als 100% beträgt, besteht das grundlegende Problem, daß die Extraktion deshalb durchblutungsabhängig ist und damit die absolute Quantifizierung der Durchblutungsmessung vor allem bei hohen Durchblutungswerten stark eingeschränkt ist.

2.8 Messung des Blutvolumens des Gehirns

Die Messung des regionalen Blutvolumens im Gehirn kann durch ein einfaches Gleichgewichtsmodell erfolgen. Nach kurzer Inhalation von entweder mit ^{11}C oder ^{15}O markiertem Kohlenmonoxid, das sehr stark an das Hämoglobin der roten Blutzellen bindet, wird innerhalb von wenigen Minuten eine Gleichverteilung des Tracers im gesamten Blut erreicht (Phelps et al. 1979a). Aus der mit PET gemessenen regionalen Aktivitätsverteilung im Gewebe C_i und der Tracerkonzentration im venösen Blut C_b kann das regionale Blutvolumen BV in ml/100 g errechnet werden:

$$BV = \int_{t_1}^{t_2} C_i(t)\,\mathrm{d}t\; 100 \Big/ \left(r\, d \int_{t_1}^{t_2} C_b(t)\,\mathrm{d}t \right). \tag{2.26}$$

r ist ein Korrekturfaktor, der berücksichtigt, daß der Hämatokrit in den Hirnkapillaren niedriger als in den großen peripheren Gefäßen ist und i.a. gleich 0,85 gesetzt wird. d ist die Dichte des Hirngewebes in g/ml. Eine andere Möglichkeit, das Blutvolumen zu messen, besteht in der schnellen dynamischen Messung der Zeitaktivitätskurven sofort nach Bolusinjektion eines Tracers. Zum Beispiel kann bei einer FDG-Messung nach schneller Bolusinjektion aus in schneller Zeitfolge (<20 sek) durchgeführten PET-Messungen des Aktivitätsverlaufes und aus der Blutkurve, wie in Gleichung (2.1) dargestellt, das regionale Blutvolumen mitbestimmt werden. Neben seiner Bedeutung als physiologischem Parameter ist die Kenntnis des regionalen Blutvolumens auch für eine genaue Bestimmung des regionalen Sauerstoffverbrauchs notwendig, um für den Anteil des intravasal an Hämoglobin gebundenen markierten Sauerstoffs zu korrigieren, der bei der Messung der Gewebeaktivität miterfaßt wird.

2.9 Messung des Sauerstoffverbrauchs des Gehirns

Mit ^{15}O markierter Sauerstoff, der bei der Inhalation über die Lunge ins Blut gelangt, wird an Hämoglobin gebunden und ins Gewebe transportiert. Dort wird er zur Oxidation verwendet und dabei zu frei diffusiblem Wasser umgewandelt, das wieder ins Blut gelangt und rezirkuliert. Unmetabolisierter Sauerstoff wird schließlich wieder ausgeatmet. Aufgrund dieser Eigenschaften von ^{15}O markiertem Sauerstoff wurde ein Gleichgewichtsmodell aufgestellt, das aus der Kombination der gemessenen Aktivitätsverteilung bei kontinuierlicher Inhalation von (^{15}O)-Sauerstoff mit der bereits beschriebenen Durchblutungsmessung mittels kontinuierlicher Inhalation von (^{15}O)-Kohlendioxid die Sauerstoffextraktion und den Sauerstoffverbrauch bestimmt (Jones et al. 1976). Das Blockbild (Abb. 2.7) zeigt das vereinfachte Schema der Kinetik des inhalierten radioaktiven Sauerstoffs in einem Zwei-Kompartmentmodell. Das eine Kompartment stellt (^{15}O)-Sauerstoff im vaskulären System, das andere

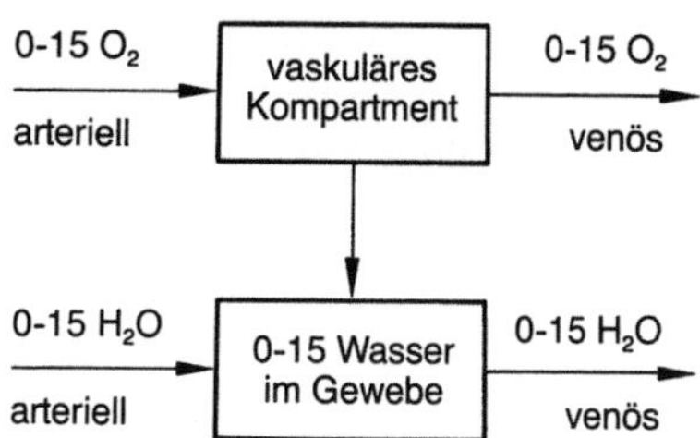

Abb.2.7. Kompartmentschema für das Gleichgewichtsmodell zur Messung der Sauerstoffextraktion

(^{15}O)-Wasser im Gewebe dar. Es wird dabei angenommen, daß die Umwandlung zu Wasser so schnell abläuft, daß die (^{15}O)-Sauerstoffkonzentration im Gewebe vernachlässigbar ist und auch keine Rückdiffusion von Sauerstoff aus dem Gewebe ins Blut stattfindet.

Im Gleichgewicht gilt dann folgende Beziehung für die ^{15}O-Radioaktivität im Gewebe C_O, die von der Durchblutung f, der Sauerstoffextraktion OER und dem radioaktiven Zerfall abhängt:

$$C_O = \frac{f \cdot C_{AO} \cdot (OER) + f \cdot C_{RW}}{f/V + \lambda}, \tag{2.27}$$

wobei C_{AO} und C_{RW} die (^{15}O)-Sauerstoff- und die rezirkulierende (^{15}O)-Wasserkonzentration im arteriellen Blut während des Gleichgewichtszustandes bedeuten, λ ist die physikalische Zerfallskonstante von ^{15}O und V der Verteilungskoeffizient von Wasser. Aus der Gleichgewichtsbedingung für die kontinuierliche (^{15}O)-Kohlendioxid-Inhalation erhält man eine Gleichung analog zu (2.23) für die Wasser-Radioaktivität im Gewebe C_W

$$C_W = \frac{f \cdot C_{A,W}}{f/V + \lambda}, \tag{2.28}$$

wobei $C_{A,W}$ die (^{15}O)-Wasseraktivität im arteriellen Blut bedeutet. Dividiert man beide Gleichungen durcheinander, so erhält man einen Ausdruck für OER, der von den Gleichgewichtsradioaktivitäten während der (^{15}O)-Sauerstoff und (^{15}O)-Kohlendioxid-Untersuchungen abhängt:

$$OER = \left(\frac{C_O}{C_W} \cdot C_{A,W} - C_{RW} \right) \Big/ C_{A,O}. \tag{2.29}$$

C_O und C_W werden durch PET gemessen, $C_{A,W}$ erhält man aus arteriellen Blutproben, die während der Durchblutungsmessung mit (^{15}O)-Kohlendioxid-Inhalation genommen werden. Zur Bestimmung von C_{RW} und $C_{A,O}$ wird das Verhältnis von Wasser im arteriellen Gesamtblut zu dem im Blutplasma aus der (^{15}O)-Kohlendioxidmessung herangezogen, das dasselbe ist wie bei der (^{15}O)-Sauerstoffmessung. C_{RW} und $C_{A,O}$ können dann aus der Radioaktivität im arteriellen Gesamtblut C_b und im Plasma C_p während der (^{15}O)-Sauerstoffinhalation berechnet werden nach

$$C_{RW} = A\, C_p \quad \text{und} \quad C_{A,O} = C_b - A \cdot C_p, \tag{2.30}$$

wobei A das Konzentrationsverhältnis C_b/C_p während der (^{15}O)-Kohlendioxidmessung bedeutet.

Schließlich kann der Sauerstoffverbrauch im Gehirn aus der Beziehung: Sauerstoffverbrauch = Durchblutung $\times$ OER $\times$ (Sauerstoffgehalt im Blut) berechnet werden.

Falls es notwendig erscheint, bei der Messung der (^{15}O)-Sauerstoffaktivität im Gewebe C_O den an das Hämoglobin im vaskulären Kompartment gebundenen Sauerstoff zu berücksichtigen, kann diese Korrektur durch Messung des Blutvolumens mit (^{15}O)-Kohlenmonoxid angebracht werden. Das bedeutet, daß insgesamt drei aufeinanderfolgende PET-Messungen mit Inhalation von (^{15}O)-Kohlenmonoxid, (^{15}O)-Kohlendioxid und (^{15}O)-Sauerstoff durchgeführt werden müssen. Daraus erhält man dann die Größen: Blutvolumen, Durchblutung, Sauerstoffextraktion und Sauerstoffverbrauch.

Das oben angeführte Zwei-Kompartmentmodell wurde auch für eine Nicht-Gleichgewichtsmethode mit Bolusinhalation von (^{15}O)-Sauerstoff zur Bestimmung von OER mittels einer einzigen, nur 40 sek dauernden PET-Messung modifiziert (Mintun et al. 1984). Die benötigten Durchblutungswerte können ebenfalls mit der in vivo autoradiographischen Methode in einer 40 sek-Messung nach Applikation einer intravenösen Bolusinjektion von (^{15}O)-Wasser gewonnen werden, so daß mit Einschluß der Messung des Blutvolumens die gesamten Messungen nur weniger als 30 min in Anspruch nehmen und damit eine weitaus geringere Belastung für den Patienten darstellen. Hinzu kommt, daß die Strahlenbelastung der Lunge und der Trachea viel niedriger als bei den wesentlich länger dauernden Gleichgewichtsmethoden ist.

2.10 Metabolismus des Herzens

Im Gegensatz zum Gehirn, das seinen Energiebedarf praktisch ausschließlich durch Oxidation von Glucose deckt, benutzt das Herz verschiedene Substrate, vor allem freie Fettsäuren (FFA). Eine Vielzahl von FFA oder FFA-Analogen wurden mit ^{11}C, ^{18}F oder anderen Positronen-Emittern markiert, und in vielen Labors werden zur Zeit intensive Forschungsarbeiten durchgeführt, um die Möglichkeiten der praktischen Anwendung bei PET zu untersuchen. Die meisten Untersuchungen haben sich auf $(1-^{11}C)$-Palmitinsäure (CPA) konzentriert, das als „natürliche" Verbindung besonders geeignet zur Untersuchung des Fettsäurestoffwechsels des Herzens erscheint. Wenn man CPA benutzt, um den gesamten Fettsäurestoffwechsel im Gewebe zu bestimmen, muß man zusätzlich die Extraktions- und Stoffwechselrate von CPA relativ zu den anderen Fettsäuren bestimmen, da zwar alle FFA dieselben Stoffwechselwege durchlaufen, jedoch mit unterschiedlichen Raten.

Die Markierung von CPA an der Position des ersten Kohlenstoffatoms bewirkt, daß nur (^{11}C)-Kohlendioxid als Oxidationsprodukt entsteht, das schnell aus dem Gewebe ausgewaschen wird und damit in der Kinetik von

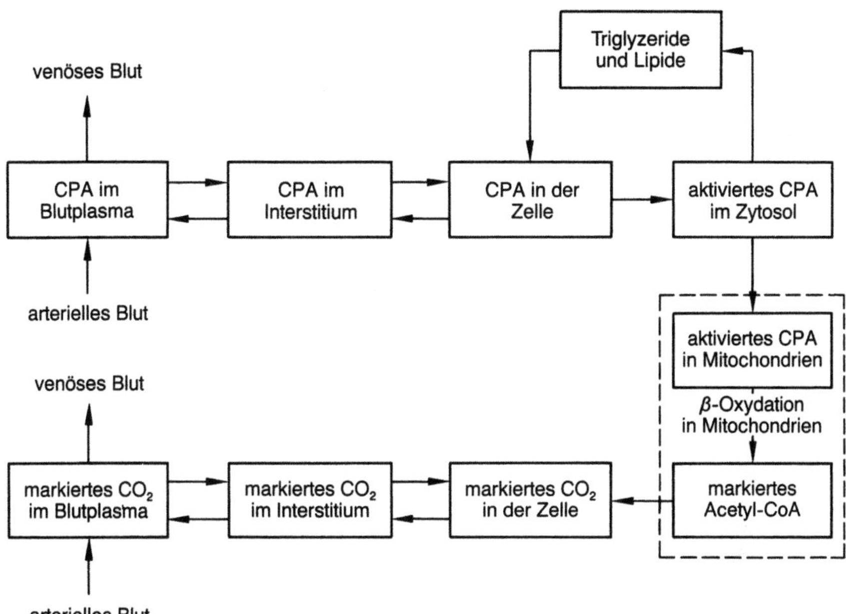

Abb. 2.8. Schematische Darstellung der einzelnen Stoffwechselschritte von $(1-^{11}C)$-Palmitinsäure CPA im Herzgewebe

den wesentlich langsameren Umsatzraten der durch Veresterung entstehenden Triglyzeriden und anderer Lipidmoleküle unterscheidbar ist. Die einzelnen Stoffwechselschritte von CPA im Herzgewebe sind in Abb. 2.8 skizziert. Nach dem Transport aus dem Plasma in die Zelle wird CPA zu CPA-Koenzym A (CPA-CoA) aktiviert. Diese Aktivierung ist irreversibel und das aktivierte CPA kann nicht durch die Zellwand zurück ins Blut gelangen. Ein Teil des aktivierten CPA wird zu markierten Triglyzeriden und anderen Lipiden verestert. Diese können sehr langsam wieder zu freier CPA zurückhydrolysiert werden. Der andere Teil des aktivierten CPA wird innerhalb der Mitochondrien beta-oxidiert. Am Beginn der Beta-Oxidation entsteht aus jedem CPA-Molekül ein markiertes Acetyl-CoA, da das radioaktive ^{11}C-Atom an der ersten Kohlenstoffposition sitzt. Das markierte Acetyl-CoA wird dann im Tricarbonsäure-Cyclus (TCC) zu (^{11}C)-Kohlendioxid oxidiert, das dann mit dem venösen Blut aus dem Gewebe ausgewaschen wird. Im Blut befindet sich auch rezirkulierendes (^{11}C)-Kohlendioxid und weitere markierte Metaboliten aus dem CPA-Stoffwechsel in anderen Körperorganen. Diese einzelnen Stoffwechselschritte von CPA können nun zu einem stark vereinfachten Kompartmentmodell zusammengefaßt werden (Abb. 2.9).

Es muß noch im einzelnen gezeigt werden, ob die dabei gemachten Annahmen wirklich zutreffen, z.B. ob die Beta-Oxidation von aktiviertem CPA viel schneller abläuft als der Transport von CPA-CoA über die Mitochondrien-Membran oder ob dies ein limitierender Schritt in der Umsatzrate ist, der eine weitere Kompartmentunterteilung notwendig machen würde.

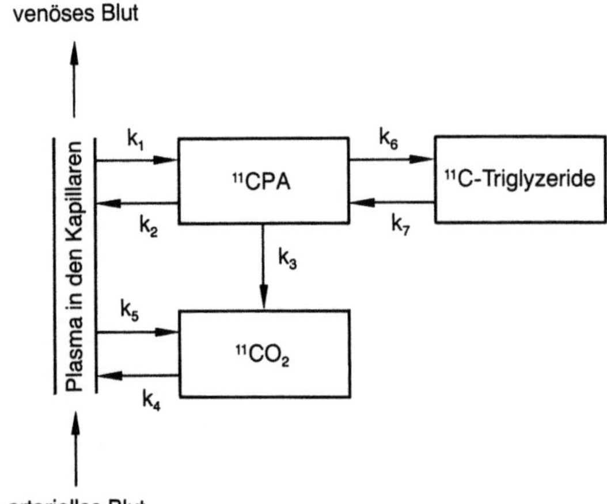

Abb. 2.9. Vereinfachtes Kompartmentmodell des CPA-Stoffwechsels

Solange diese Fragen noch nicht geklärt sind und eine grundlegende Validierung des CPA-Modells noch aussteht, bleibt nur eine mehr qualitative Analyse der PET-Studien zum Fettsäure-Metabolismus des Herzens (Schön et al. 1982).

Nach intravenöser Injektion von 500–750 MBq (^{11}C)-CPA wird eine Serie von Aktivitätsbildern mit PET gemessen. Die regionalen ^{11}C-Zeit-Aktivitätskurven lassen sich in eine schnelle und eine langsame Auswaschphase unterteilen, wobei der langsam abfallende Kurventeil als an neutrale Lipide gebundene ^{11}C-Aktivität identifiziert wird, während die relative Größe und die Halbwertszeit des schnell abfallenden Kurventeils als Indices für die Oxidation von CPA angesehen werden. Dabei ist zu berücksichtigen, daß der Abfall von der Oxidation von CPA zu (^{11}C)-Kohlendioxid und dessen Auswaschrate aus dem Herzen bestimmt wird. Beim Menschen dauert die schnelle Phase ca. 20–25 min an, so daß die langsame Phase häufig nur mit geringer Zählrate erfaßt wird und nur ungenau bestimmbar ist. Man begnügt sich dann damit, nur den schnell abfallenden ersten Teil der Kurve zu fitten, und schätzt seinen relativen Anteil. Es können somit auf eine semiquantitative Weise Veränderungen des Fettsäurestoffwechsels des Herzens bei Belastung und bei Erkrankungen erfaßt werden.

2.11 Proteinsynthese

Die Proteinsynthese ist – im Gegensatz zu Durchblutung, Blutvolumen, Sauerstoff- und Glucoseverbrauch – nur in geringem Maße vom funktionellen Zustand des Gewebes abhängig und steht wahrscheinlich mehr in Beziehung zu über längere Zeit einwirkenden Beeinflussungen der Hirntätigkeit wie z. B. Entwicklung und Plastizität, Reparaturprozesse nach Verletzungen und Krankheiten, Veränderungen, die durch Medikamente oder Hormone ausgelöst werden, sowie Lernen und Gedächtnis im Gehirn. Im Herzgewebe haben Proteine strukturelle, mechanische und metabolische Funktionen. Lokale Änderungen der Proteinsynthese können eventuell frühzeitig pathologische Prozesse wie z. B. degenerative und neoplastische Erkrankungen kenntlich machen.

Die zur Zeit angewandten und in Entwicklung stehenden Methoden messen nicht die Proteinsynthese in einem absoluten Sinn, sondern die Inkorporation von einigen ausgewählten radioaktiv markierten Aminosäuren in ein komplexes Gemisch von Proteinen. Nach dem Transport einer markierten Aminosäure vom Blutplasma in die Zelle, wird diese mittels der hochspezifischen Amino-azyl-Transfer-Ribonukleinsäure-Synthetase aktiviert, mit der zugehörigen t-RNA verknüpft und entsprechend der von der m-RNA übermittelten Kodierung zur Polypeptidkette zusammengefügt. Eine Schwierigkeit bei der modellmäßigen Erfassung und Quantifizierung der Rate des Einbaus einer Aminosäure in Polypeptide und Proteine ergibt sich daraus, daß die Aminosäuren auch Substrate für andere Stoffwechselvorgänge sind. Dies führt zu komplexen Modellen, die mathematisch nur unzureichend behandelbar sind und in vielen Stoffwechselschritten wegen mangelnder Kenntnis über die kinetischen Raten nicht quantifizierbar sind. Damit verliert eine Aminosäurentracertechnik ihre Spezifizität als Indikator für die Rate der Proteinsynthese. Man bemüht sich deshalb, Methoden zu entwickeln, die auf denselben biochemischen Prinzipien beruhen, wie sie dem zur Messung des Glucosestoffwechsels entwickelten Deoxyglukose-Modell zugrunde liegen. Die Methode sollte deshalb so ausgelegt sein, daß sich die Radioaktivität nach Möglichkeit in einem Reaktionsprodukt anreichert und radioaktiv markierte Metaboliten schnell aus dem Gewebe ausgewaschen werden, so daß sich die Rate der Proteinsynthese aus der gemessenen Gewebeaktivität bestimmen läßt. Der langsame Abbau der gebildeten Eiweißkörper kann die Aufstellung eines solchen Modells erleichtern.

Die Markierung von L-(^{11}C)-Leucin an der Karboxylgruppe kann hierzu als Beispiel dienen. Leucin ist eine essentielle Aminosäure, die in den meisten Proteinen vorkommt. Da bei dem zur Proteininkorporation alternativen Stoffwechselschritt L-Leucin reversibel zu α-Ketoisocapronsäure transaminiert wird, wird im nachfolgenden Schritt der oxidativen Dekarboxylierung in den Mitochondrien das radioaktive ^{11}C-Atom in (^{11}C)-Kohlendioxid übergeführt, das schnell vom Blut aus dem Gewebe und über die Lunge ausgeschieden wird. Durch die spezielle Markierung kann somit aus der gemessenen Gewebeaktivität mit Hilfe des Vier-Kompartmentmodells in Abb. 2.10 die Syntheserate von Leucin im Protein berechnet werden (Phelps et al. 1984). Eine Markierung mit ^{11}C an einer anderen Stelle könnte zu einer Verzweigung markierter ^{11}C-Bruchstücke über den Tricarbonsäure-Zyklus mit Inkorporation in andere Zellsubstanzen oder zu verzögerter Produktion von markiertem Kohlendioxid führen und damit die Berechnung der Proteinsyntheserate verfälschen.

Zur Validierung des Modells sind allerdings noch eine Reihe von Untersuchungen notwendig, die zum Großteil nur im Tierexperiment durchgeführt werden können, um zu klären, inwieweit die zugrundeliegenden Annahmen

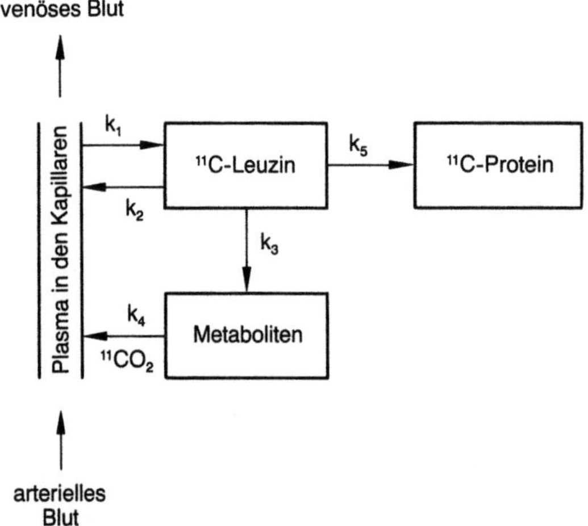

Abb. 2.10. Kompartmentmodell zur Beschreibung der Kinetik des Transports vom Blut ins Gewebe (k_1) und zurück (k_2), der Proteininkorporation (k_5), des Metabolismus (k_3) und des Auswaschens von $^{11}CO_2$ mit dem Blut aus dem Gewebe (k_4) nach intravenöser Injektion von in der Karboxylgruppe markiertem ^{11}C-Leuzin

zutreffen. Analoge Modelle können auch für in der Karboxylgruppe mit ^{11}C markiertes L-Phenylalanin und L-Methionin aufgestellt werden.

Bei der Markierung von L-Methionin an der Methylgruppe mit ^{11}C wird die Aktivität zum Teil von Methylakzeptoren aufgenommen und verbleibt an Neurorezeptoren oder verschiedene Stoffwechselprodukte gebunden im Gehirn. Unter der Annahme, daß dieser alternative Anteil am Methionin-Stoffwechsel gering ist und vernachlässigt werden kann, wurde von Bustany et al. (1983) das in Abb. 2.11 gezeigte Drei-Kompartmentmodell aufgestellt, dessen drei Transport-Konstanten (bidirektionaler Transport und Einbaurate) aus den gemessenen und auf Blutvolumenanteile korrigierten Zeitaktivitätskurven bestimmbar sind. Daraus lassen sich regional das Methioninangebot, die Halbwertszeit des freien Methionins und die Einbaurate in Proteine errechnen.

Eine weitere Möglichkeit besteht in der Markierung von Aminosäuren-Analogen. Hier erscheint vor allem das Para-fluorophenylalanin attraktiv, da es mit dem langlebigeren ^{18}F-Isotop markiert werden kann. Seine Eignung zur Darstellung der Proteinsynthese wird zur Zeit in Tierexperimenten und mit PET untersucht. Bei allen tracerkinetischen Methoden zur Messung der Pro-

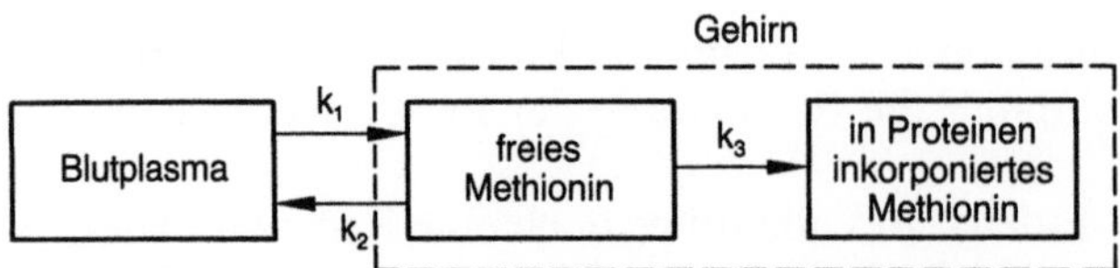

Abb. 2.11. Kompartmentmodell zur Messung der Proteinsynthese mit ^{11}C-L-Methionin

teinsynthese ist zu beachten, daß die für eine markierte Aminosäure gemessene Syntheserate von der Konzentration anderer kompetitiver Aminosäuren und auch von der Glucosekonzentration im Blut abhängen kann, so daß eine Querkorrelation mit dem Ernährungszustand des Patienten die Absolutquantifizierung beeinflussen kann.

2.12 Neurorezeptoren (Dopamin)

Durch die Markierung von Neurotransmittern oder an Neurorezeptoren bindender Pharmaka können mit PET in vivo einzelne Rezeptorsysteme dargestellt werden. Die bisher entwickelten Verfahren zur quantitativen Messung der Bindungskinetik und der Rezeptordichte sollen am Beispiel der für das dopaminerge System entwickelten Modelle aufgezeigt werden. Abb. 2.12 zeigt schematisch die Funktion einer Dopamin-Synapse. Es werden zwei Typen von Dopamin-Rezeptoren unterschieden, D_1 und D_2. Während über die Rolle des D_1-Rezeptors bei verschiedenen Krankheiten nur wenig bekannt ist, hat der D_2-Rezeptor eine hohe Affinität für Neuroleptika wie Phenothiazine und Butyrophenone. Man nimmt an, daß die antipsychotischen und extrapyramidalen motorischen Wirkungen dieser Drogen durch den D_2-Rezeptor bewirkt

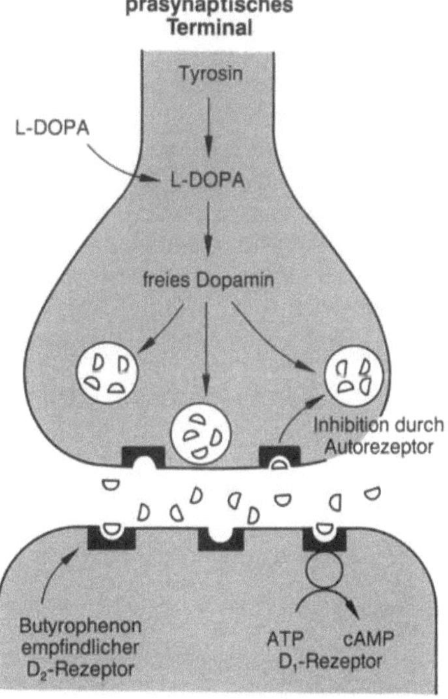

Abb. 2.12. Typische Dopamin-Synapse. Dopamin wird aus Tyrosin synthetisiert. Von außen zugeführtes L-DOPA (L-dihydroxyphenylalanin) gelangt über die Blut-Hirn Schranke und wird ebenfalls zu Dopamin umgewandelt. Dopamin wird in Vesikeln gespeichert, aus denen es bei Depolarisation der Zelle freigesetzt wird. Es reagiert mit einem postsynaptischen D_1-Rezeptor, der Adenyl Cyclase (AC) stimuliert. Ein zweiter Dopaminrezeptor (D_2), der eine hohe Affinität für Neuroleptika hat, steht nicht mit der Cyclase in Verbindung. Der dritte Dopaminrezeptor (Autorezeptor) befindet sich am präsynaptischen Terminal und regelt die Dopaminausschüttung

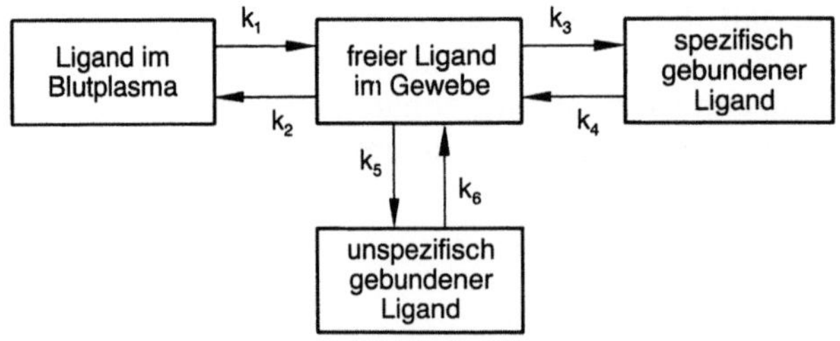

Abb. 2.13. Kompartmentmodell der Dopamin-Rezeptorbindung

werden. Außerdem existiert ein präsynaptischer Dopamin-Autorezeptor, der die Ausschüttung von Dopamin steuert. Die Wirkung von Dopaminagonisten auf diesen Autorezeptor vermindert die Dopaminausschüttung. Dopamin, verschiedene Alkaloide wie Apomorphin und Bromocryptin und die Neuroleptika wechselwirken stark mit diesen Autorezeptoren. Bei einer Reihe von neurologischen und psychiatrischen Erkrankungen wie Parkinsonsche Krankheit, Chorea Huntington, Schizophrenie und extrapyramidalen Störungen sind dopaminerge Neurone involviert. Es besteht daher ein großes Interesse, durch radioaktive Markierung von geeigneten Liganden das Dopamin Transmitter-Rezeptor-System in vivo am Menschen mit PET zu untersuchen.

Die spezifische und unspezifische Bindung der Liganden kann durch ein Vier-Kompartmentmodell (Abb. 2.13) beschrieben werden. Der über das arterielle Blut angelieferte Ligand wird durch passive Diffusion ins Gewebe transportiert. Da die Extraktion des Liganden vom Blut ins Gewebe i. a. gering ist, kann der Transport ins Gewebe als nicht stark durchblutungsabhängig angenommen werden. Der Ligand kann dann entweder an spezifische und an unspezifische Stellen binden oder wieder ins Blut zurückdiffundieren. Falls die Bindung und Dissoziation an den nichtspezifischen Stellen wesentlich schneller erfolgt als der Transport über die Kapillarmembran und die Bindung an die spezifischen Stellen, kann das Kompartment der unspezifischen Bindung mit dem des freien Liganden im Gewebe zusammengefaßt werden und man erhält ein Drei-Kompartmentmodell, das dem Sokoloff-FGD-Modell mit vier kinetischen Konstanten sehr ähnlich ist, und durch die folgenden Differentialgleichungen beschrieben werden kann (Huang et al. 1986):

$$\frac{dC_f}{dt} = K_1 C_p - (k_2 + k_3) C_f + k_4 C_b$$

$$\frac{dC_b}{dt} = k_3 C_f - k_4 C_b \tag{2.31}$$

$$k_3 = k_{on} \left(B_{max} - \frac{C_b}{A_s} \right) f_2$$

$$k_4 = k_{off}.$$

Die mit PET gemessene Aktivität $C_i(t)$ ist gegeben durch $C_i(t) = C_f(t) + C_b(t)$, dabei sind C_f und C_b die Aktivitätskonzentrationen des freien – inklusiv des unspezifisch gebundenen – und des spezifisch im Gewebe gebundenen Liganden, C_p ist die arterielle Konzentration des Liganden im Blutplasma, B_{max} ist die Rezeptordichte, k_{on} und k_{off} sind die Assoziations- und Dissoziationskonstanten von Liganden und Rezeptor, A_s ist die spezifische Aktivität des Liganden, f_2 ist der Bruchteil von C_f, der zur Bindung an spezifische Rezeptoren zur Verfügung steht. Wenn die spezifische Aktivität des Liganden sehr hoch ist und die gesamte verabreichte Dosis weit unter der Sättigungsgrenze der spezifischen Bindung liegt, also $C_b/A_s \ll B_{max}$ gilt, dann ist $k_3 \approx k_{on} B_{max} f_2$ und man erhält ein Differentialgleichungssystem erster Ordnung mit konstanten Koeffizienten, das völlig analog zu den Formeln (2.4–2.6) gelöst werden kann. Bei den dynamischen Methoden werden aus den Zeitaktivitätskurven und dem Zeitverlauf der Plasmaaktivität die kinetischen Modellkonstanten bestimmt. Dabei sind einige Punkte sicherzustellen:

1. Die Plasmaaktivität muß auf den im Blut mit der Meßzeit zunehmenden Anteil von markierten Metaboliten korrigiert werden. Dies kann entweder durch direkte Messung des Metabolitenanteils mittels HPLC geschehen oder durch eine Korrektur der Plasmaaktivitätskurve auf Werte, die ein konstantes Verhältnis von Aktivität im Cerebellum (unspezifische Ligandenbindung) zur Plasmaaktivität nach Erreichen des Gleichgewichtszustandes (steady-state) ergeben.
2. Die markierten Metaboliten im Blut dürfen nicht über die Blut-Hirn-Schranke gelangen, und im Hirn dürfen keine markierten Metaboliten entstehen. Dies kann meist nur in Tierversuchen überprüft werden.
3. Der Ligand muß in sehr hoher spezifischer Aktivität injiziert werden, da der errechnete Wert von k_3 bei hoher Affinität und geringer Rezeptordichte sehr stark von der gesamten verabreichten Menge an Liganden abhängt und damit leicht verfälscht werden kann.

Unter der Annahme, daß f_2 in verschiedenen Hirnregionen denselben Wert annimmt, kann der für das Cerebellum ermittelte Wert in Regionen mit spezifischer Bindung eingesetzt werden und somit das Produkt $k_{on}B_{max}$ bestimmt werden. Durch Division mit dem errechneten k_4 erhält man die kombinierte Größe B_{max}/K_D, die auch als Bindungspotential bezeichnet wird (Perlmutter et al. 1986), wobei $K_D = k_{off}/k_{on}$ die Gleichgewichtsdissoziationskonstante der Rezeptor-Liganden-Bindung darstellt. Eine separate Bestimmung von B_{max} und K_D ist nur über zusätzliche Messungen möglich.

Eine sehr einfache Prozedur zur Bestimmung von k_3 kann durch die Anwendung der bereits beim FDG-Modell besprochenen graphischen Methode durchgeführt werden, wenn einige vereinfachende Annahmen zutreffen:

1. Der Ligand bindet praktisch irreversibel an den Rezeptor, d.h. die Dissoziationsrate ist vernachlässigbar und damit $k_4 \approx 0$.
2. Der Ligand wird mit wesentlich geringerer Rate an den Rezeptor gebunden als die Rücktransportrate ins Plasma d.h. $k_3 \ll k_2$.
3. Der Transport vom Plasma ins Gewebe und zurück ist identisch in Hirnarealen mit spezifischer und unspezifischer Bindung.

Unter diesen Voraussetzungen läßt sich k_3 aus dem Verhältnis der Aktivitäten in einem Areal mit spezifischer Bindung A_{SB} (z.B. Striatum bei Dopamin

D_2-Rezeptoren) und einem mit unspezifischer Bindung (z. B. Cerebellum) A_{UB} bestimmen (Wong et al. 1984):

$$\frac{A_{SB}}{A_{UB}} = 1 + k_3\,\theta(t), \tag{2.32}$$

wobei $\theta(t)$ das in (2.8) definierte normierte Plasmaintegral darstellt. Abbildungen 2.14 und 2.15 zeigen ein Beispiel einer Patientenuntersuchung mit 3-N-(2-(^{18}F)-fluoroethyl)-Spiperon (FESP) aus dem eigenen Labor. Dargestellt sind in Abb. 2.14 die Anreicherungskurven im Striatum und Cerebellum als Funktion von θ zusammen mit dem Verhältnis der beiden Aktivitäten. Der daraus bestimmte Wert für k_3 ($k_3 = 0{,}035$ min^{-1}) stimmt nur schlecht mit dem

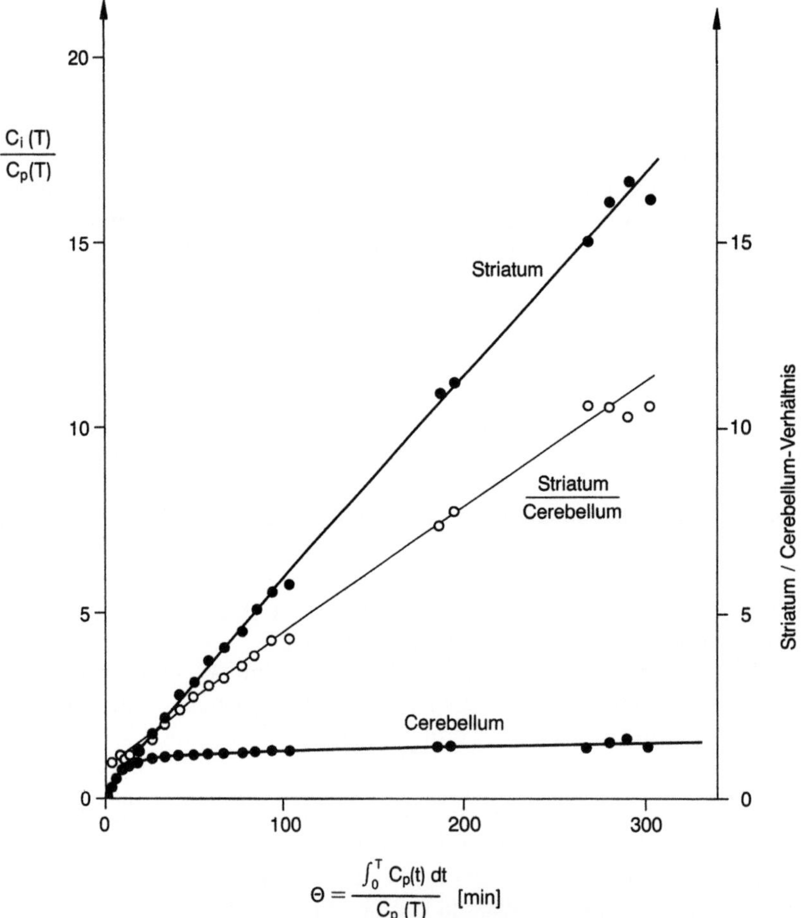

Abb. 2.14. Anreicherung von 3-N-(F-18)fluoroethylspiperon (FESP) in Striatum und Cerebellum einer jungen Normalperson. Das Striatum zu Cerebellum-Verhältnis zeigt drei Stunden nach Injektion mit Werten größer 10 die starke spezifische Bindung von FESP an die Dopaminrezeptoren im Striatum. Die durchgezogenen Kurven wurden aus der Anpassung mit dem Drei-Kompartmentmodell, Gleichung (2.31) berechnet (s. Tabelle 2.2)

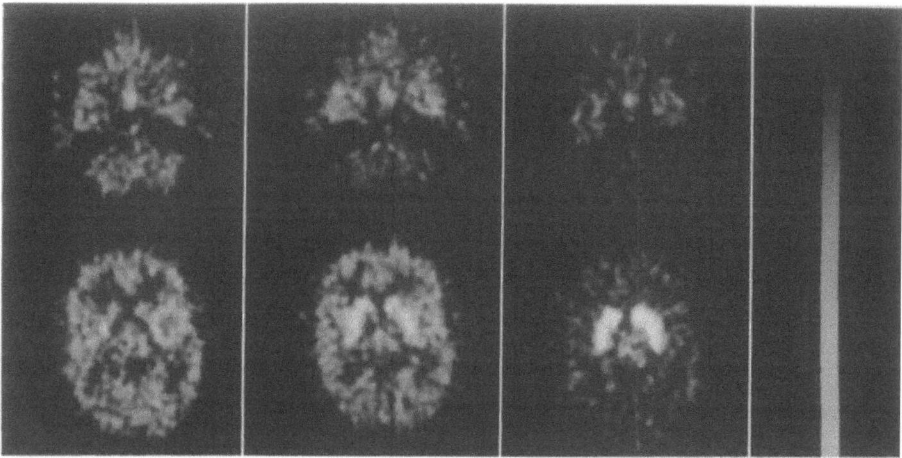

Abb. 2.15. PET-Bilder einer eigenen FESP-Studie. Gezeigt ist die akkumulierte Aktivität in zwei Gehirnschnittbildern nach 5 min (links), 60 min (Mitte) und 3 Stunden (rechts) nach Injektion. Die oben dargestellten Schichten enthalten das Kleinhirn und die Hypophyse, die unteren Schichten das Striatum. Nur die zu gleichen Zeiten gemessenen Schnittbilder sind aufeinander normiert

Tabelle 2.2. Modellkonstanten aus der Anpassung der Anreicherungskurven in Abb. 2.14 mit einem Drei-Kompartmentmodell

	K_1	k_2	k_3	k_4
			(min^{-1})	
Striatum	0,106	0,102	0,123	0,0008
Cerebellum	0,096	0,120	0,010	0,015

Wert überein, der durch Anpassung der kompletten dynamischen Kurve mit den Modellkonstanten des Gleichungssystems (2.31) gewonnen wurde ($k_3 = 0{,}123\ \text{min}^{-1}$). Wie aus Tabelle 2.2 ersichtlich, sind in diesem Fall die für die Anwendung der graphischen Methode notwendigen Voraussetzungen nicht erfüllt. Insbesondere das Nichtzutreffen der Annahme $k_2 \gg k_3$ führt zu den stark abweichenden Werten. Es muß daher für jeden Liganden sorgfältig geprüft werden, inwieweit die Modellannahmen zutreffen und welche Vereinfachungen akzeptabel sind. Die graphische Methode ist vor allem wegen ihrer Einfachheit in der Anwendung attraktiv. Nach einem Vorschlag von Patlak und Blasberg (1985) kann sie noch weiter simplifiziert werden, indem das normierte Plasmaintegral $\theta(t)$ durch das normierte Aktivitätsintegral in einem „inerten" Referenzgewebe (z. B. dem Cerebellum) substituiert wird, was die Abnahme von Blutproben und die Bestimmung der darin als unzersetzter markierter Ligand vorhandener Radioaktivität erübrigen würde. Allerdings muß hierfür sichergestellt werden, daß keine markierten Metaboliten über die Blut-Hirn-Schranke ins Gewebe gelangen. Zur Abschätzung von B_{max} kann die Änderung von k_3 in Abhängigkeit von der verabreichten Dosis an Liganden herangezogen werden (Coenen et al. 1988) (Abb. 2.16). Dabei ist zu beach-

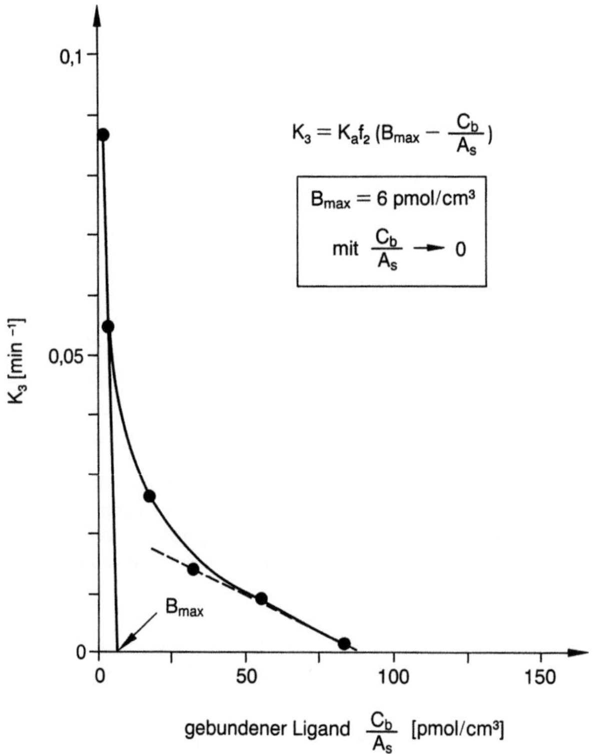

Abb. 2.16. Abhängigkeit der k_3-Werte von der spezifisch im Striatum gebundenen Ligandenkonzentration beim Affen. Durch lineare Extrapolation für $C_b/A_s \rightarrow 0$ kann die Rezeptordichte zu $B_{max} = 6\ pmol/cm^3$ abgeschätzt werden. (Coenen et al. 1988)

ten, daß die Lösung der Differentialgleichungen komplizierter wird, wenn eine gegen B_{max} nicht mehr zu vernachlässigende Zahl von Rezeptoren besetzt wird. Die Werte von k_3 können auch durch Gabe eines kompetitiven unmarkierten Liganden verändert werden (Wong et al. 1986a), der einen Teil der Rezeptoren blockiert, und daraus kann der Wert von B_{max} abgeleitet werden. Mit dieser Methode wurde eine starke Erhöhung der D_2 Dopamin-Rezeptordichte im Nucleus Caudatus von mit Medikamenten behandelten und unbehandelten Schizophreniepatienten gegenüber Normalpersonen gefunden (Wong et al. 1986b).

Bei Anwendung markierter Liganden, die nicht irreversibel an die Rezeptoren binden, so daß sich während der PET-Meßzeit ein Gleichgewichtszustand zwischen Bindung und Dissoziation des Liganden einstellt, kann in Analogie zu den aus der in vitro Technik üblichen Sättigungsexperimenten die Rezeptordichte B_{max} und die Dissoziationskonstante K_D bestimmt werden. Es werden mehrere PET-Untersuchungen mit verschiedenen Konzentrationen des Liganden im Gewebe durchgeführt. Nach Erreichen des Gleichgewichtszustandes wird die gemessene Aktivität im Cerebellum als repräsentativ für die „freie", d.h. nicht spezifisch gebundene, Ligandenkonzentration C_{frei} und ihre Differenz zu der im Striatum gemessenen Aktivität als spezifisch gebundene Konzentration C_{gebunden} genommen (Farde et al. 1986). Aus der Beziehung

$$C_{\text{gebunden}} = \frac{B_{\text{max}} \cdot C_{\text{frei}}}{K_{\text{D}} + C_{\text{frei}}} \tag{2.33}$$

werden Werte für $B_{\text{max}} = 14.4 \pm 1.9$ pmol/cm³ und $K_{\text{D}} = 3.8 \pm 0.6$ nM für die Dopamin D_2-Rezeptor-Bindung des mit ^{11}C markierten Liganden ^{11}C-Raclopride im Striatum von Normalpersonen gefunden. Bei unbehandelten Schizophrenen konnte mit dieser Methode jedoch keine Veränderung der D_2 Dopamin-Rezeptordichte nachgewiesen werden (Farde et al. 1987).

Allen aufgeführten Methoden, k_{on}, B_{max} und K_{D} einzeln zu bestimmen, ist gemeinsam, daß PET-Messungen mit Ligandenkonzentrationen durchgeführt werden müssen, die über eine Tracerkonzentration hinausgehen und pharmakologisch wirksam werden können. Dies kann bei sehr potenten Liganden zum Problem werden.

Durch Markierung von Transmittersubstanzen können die biochemischen Abläufe im präsynaptischen System untersucht werden. Im dopaminergen System können mit markiertem 6-(^{18}F)L-fluorodopa die Dopamin-Synthese, -Ausschüttung, -Wiederaufnahme und -Stoffwechsel untersucht werden. Obwohl ein validiertes Modell zur absoluten Quantifizierung dieser Prozesse noch aussteht, hat die klinische Anwendung bei der Parkinsonschen Krankheit eindeutige Befunde ergeben (Garnett et al. 1984): Es zeigt sich eine geringere Anreicherung von ^{18}F im Putamen, die besonders beim Hemi-Parkinson contralateral zur betroffenen Seite auffällig hervortritt, während die mit markiertem Spiperon dargestellte Rezeptordichte keine Anomalie zeigt. Die Möglichkeit, sowohl das Neurotransmitter- wie das Neurorezeptor-System mit PET am lebenden Menschen zu untersuchen, wird sicher unser Verständnis über die Funktion des menschlichen Gehirns erweitern. Dieses Gebiet ist noch in einem sehr frühen Stadium der Entwicklung, und die Darstellung der geeigneten markierten Tracer und die Erarbeitung anwendbarer Modelle wird noch viele Untersuchungen und Forschungsarbeit erfordern.

2.13 Bestimmung des pH-Wertes

Im normalen Hirngewebe wird ein genaues Säure-Basen-Gleichgewicht aufrecht erhalten und damit der pH-Wert in einem engen Bereich einreguliert. Intrazelluläre pH-Änderungen haben Einfluß auf den Zellstoffwechsel, den Zucker- und Laktat-Transport, sie modulieren die elektrischen Eigenschaften der Zellmembranen und verändern damit die Nervenleitung im Gehirn. Insbesondere bei Unterbrechung der Sauerstoffzufuhr im infarzierten Gewebe reichern sich saure Stoffwechselprodukte an, und die entstehende Laktatazidose trägt zur ischämischen Zellschädigung bei. Auch bei Tumoren, Entzündungen und ihrer Umgebung verändert sich der Gewebe-pH-Wert und beeinflußt die Durchblutung sowie die Verteilung und Wirksamkeit von Medikamenten. Der lokale pH-Wert kann das Wachstum von Tumorzellen beschleunigen oder verzögern und den Einfluß einer Therapie mit Medikamenten, Strahlen oder Hyperthermie modulieren. Die Kenntnis des pH-Wertes bei lokalisierten Hirnschädigungen ist daher für das Verständnis pathophysiologischer Mechanismen und für die Entwicklung im Herd wirksamer Medikamente erforderlich.

Die Methode, den lokalen Gewebe-pH-Wert mittels PET zu messen, indem man die Verteilung einer schwachen Säure oder Base als Indikator benutzt, beruht darauf, daß die Kapillarmembran für neutrale Moleküle viel durchlässiger ist als für Ionen. Wenn die Membran für die nichtionisierten Moleküle völlig durchlässig, aber für die Ionen völlig undurchlässig ist, wird im Gleichgewicht die Konzentration der nichtionisierten Moleküle überall gleich sein, die Konzentration der Ionen wird jedoch vom lokalen pH-Wert abhängen (Abb.2.17). Schwache Säuren werden sich stärker in mehr basischem Gewebe anreichern, und schwache Basen in einer mehr sauren Umgebung. Von den vielen möglichen Molekülen wurden bisher die schwachen Säuren CO_2 und DMO (5,5-Dimethyl-2,4-Oxazolidin-Dion), die mit ^{11}C markiert werden können, in breiterem Maße bei PET angewandt (Raichle et al. 1979, Rottenberg et al. 1984, Syrota et al. 1985). (^{11}C)-CO_2 kann leicht hergestellt und durch Inhalation verabreicht werden, die Verteilung im Blut und im Gewebe erreicht jedoch kein exaktes Gleichgewicht, da markiertes (^{11}C)-CO_2 laufend ausgeatmet wird. Weitere Komplikationen entstehen durch Inkorporation der Radioaktivität in andere Verbindungen, so daß eine einzige „Gleichgewichts"-PET-Messung nicht ausreicht und der lokale pH-Wert aus einer Serie von dynamischen Messungen bestimmt werden muß (Buxton et al. 1984). ^{11}C-DMO ist eine nicht metabolisierbare, ungiftige Verbindung, die nicht an Plasmaproteine bindet und in einem großen Konzentrationsbereich unverändert bleibt. Der Gleichgewichtszustand wird ungefähr innerhalb von drei Halbwertszeiten von ^{11}C erreicht, so daß 1 h nach Injektion von

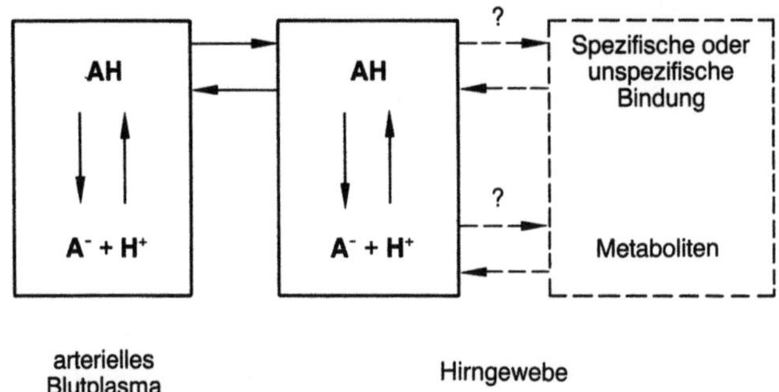

Abb.2.17. Modellschema zur Messung des lokalen pH-Wertes mit einer schwachen Säure $AH \leftrightarrows A^- + H^+$. Es wird angenommen, daß die Blut-Hirn Schranke für die neutrale Säure AH völlig durchlässig und für die ionisierte Form A^- völlig undurchlässig ist. Spezifische oder unspezifische Bindung und Metabolismus im Gewebe werden vernachlässigt oder müssen bei der Berechnung berücksichtigt werden

0,5–1 GBq in wenigen Minuten eine ausreichende Zählrate akkumuliert werden kann.

Im Gleichgewichtszustand kann für jedes Kompartment das Verhältnis von ionisiertem (DMO$^-$) und neutralem (HDMO) DMO nach folgender Gleichung berechnet werden:

$$pH = pK_a + \log \frac{DMO^-}{HDMO}, \qquad (2.34)$$

wobei pK_a die Ionisierungskonstante von DMO ist. Die Konzentration von HDMO ist wegen der freien Permeabilität durch alle Membranen in allen Kompartimente dieselbe. Der Gewebe-pH-Wert (pH$_t$) kann dann aus dem Verhältnis der ^{11}C-DMO-Konzentration im Gewebewasser C_t und im Plasmawasser C_p bestimmt werden zu

$$\frac{C_t}{C_p} = \frac{10^{pH_t - pK_a} + 1}{10^{pH_p - pK_a} + 1} \qquad (2.35)$$

pH$_p$ ist der arterielle Plasma-pH-Wert, für die Ionisierungskonstante von DMO im Gewebe und Blut wird derselbe Wert $pK_a = 6{,}13$ genommen. Die ^{11}C-DMO Konzentration im Gewebewasser muß auf Beiträge aus dem intravaskulären System korrigiert werden und ergibt sich aus der gemessenen Radioaktivität im Gewebe R_t zu

$$C_t = \frac{(R_t - R_b \cdot V_t) / W_t}{(1 - V_t)} \qquad (2.36)$$

R_b ist die auf intracerebrales Hematokrit korrigierte Blutradioaktivität, V_t ist das vaskuläre Volumen, und W_t ist der Wassergehalt des extravaskulären Gewebes.

Damit kann aus der regionalen ^{11}C-DMO-Konzentration, der arteriellen Blutaktivität, dem Wassergehalt des Gewebes, dem Blutvolumen, dem Hematokrit und dem pH-Wert im arteriellen Plasma der regionale pH-Wert im Gewebe bestimmt werden.

2.14 Modelle der Lungenfunktion

Die Modelle zur Messung der regionalen Lungenfunktion beziehen sich meist auf die verschiedenen Aspekte des Gasaustausches, z.B. die alveolare Ventilation und das Verhältnis zwischen Ventilation und Durchblutung. Bevor die Gleichungen des Tracermodells gelöst und die Meßdaten in physiologische Größen umgerechnet werden können, müssen zunächst die verschiedenen Kompartments in der Lunge wie z.B. alveolares Gasvolumen, extravaskuläres Gewebevolumen, zellulärer oder extrazellulärer Raum identifiziert werden. Der Anteil der verschiedenen Kompartments variiert regional und ändert sich bei Krankheiten. Deshalb sind gewebespezifische Markierungen notwendig, die die Messung der regionalen Verteilung der beteiligten Kompartments erlauben (Rhodes et al. 1981, Schober und Meyer 1987).

2.14.1 Dichte des Lungengewebes und Alveolarvolumen

Die Dichte des Lungengewebes und das alveolare Lungenvolumen können direkt aus einer Transmissionsmessung erhalten werden, die bei PET-Untersuchungen an der Lunge zur Bestimmung der Abschwächungskorrekturen sowieso durchgeführt werden muß. Der Lungengewebeanteil V_t ergibt sich daraus zu

$$V_t = \frac{D_L}{d_t},\qquad(2.37)$$

wobei D_L die gemessene Dichte der Lunge und d_t die mittlere Dichte des Lungengewebes (1,04 g/cm^3) sind. Daraus ergibt sich der regionale Gasraum V_G zu

$$V_G = 1 - \frac{D_L}{d_t}.\qquad(2.38)$$

Dies kann als Maß für das Alveolarvolumen V_A genommen werden.

Der Anteil des regionalen Blutvolumens der Lunge V_B kann wie im Gehirn aus der Gleichgewichtsverteilung von radioaktiv markiertem CO bestimmt werden. Die extravaskuläre Dichte des Lungengewebes DEV in Gramm extravaskulärer Lungenmasse (Gewebe + Flüssigkeit) pro cm^3 Lungenvolumen ergibt sich daraus zu

$$\mathrm{DEV} = D_L - V_B\,\rho_B,\qquad(2.39)$$

wobei ρ_B die Dichte des Blutes (1,06 g/cm^3) bedeutet.

2.14.2 Regionale Ventilation

Die regionale alveolare Ventilation $\dot{V}_A$ kann in einem Gleichgewichtsmodell mit Hilfe der kontinuierlichen Inhalation eines inerten Tracers wie z.B. ^{19}Ne ($T_{1/2} = 17{,}4$ sek) bestimmt werden. Im Gleichgewichtszustand, wenn durch die Atmung soviel Aktivität zugeführt wird, wie durch den radioaktiven Zerfall und durch das Ausatmen wieder verschwindet, gilt folgende Beziehung:

$$C_i\dot{V}_A = \lambda C_A\,V_A + C_A\,\dot{V}_A,\qquad(2.40)$$

wobei C_i die Tracerkonzentration in der eingeatmeten Luft, C_A die regionale alveolare Tracerkonzentration, V_A das regionale Alveolarvolumen und $\dot{V}_A$ die regionale alveolare Ventilation bedeuten. λ ist die Zerfallskonstante des Tracers z. B. (für ^{19}Ne: $\lambda = 2{,}39\ \mathrm{min}^{-1}$). Aus obiger Gleichung kann die spezifische Ventilation $\dot{V}_A / V_A$ berechnet werden gemäß

$$\frac{\dot{V}_A}{V_A} = \frac{\lambda}{\dfrac{C_i}{C_A} - 1}. \tag{2.41}$$

C_A bestimmt sich aus der mit PET gemessenen Traceraktivität dividiert durch das aus einer Transmissionsmessung erhaltene regionale Alveolarvolumen.

2.14.3 Ventilations-Durchblutungsverhältnis

Aus der Gleichgewichtsverteilung eines bei konstanter Infusion über das venöse Blut zugeführten und über die Lungenventilation wieder abgeführten Tracers läßt sich das Ventilations-Durchblutungsverhältnis $\dot{V}_A / f$ bestimmen. Hierzu eignet sich radioaktiv markiertes Stickstoffgas ^{13}N$_2$, das mit seinem niedrigen Blut-Gas-Verteilungskoeffizienten von 0,017 bei Körpertemperatur praktisch vollständig vom kapillaren Blut in das alveolare Gasvolumen übergeht und dann ausgeatmet wird. Führt man über eine konstante Infusion in isotonischer Kochsalzlösung gelöstes ^{13}N$_2$ zu, so gilt folgende Gleichgewichtsgleichung:

$$C_V \cdot f = C_A \cdot \dot{V}_A \quad \text{und damit} \quad \frac{\dot{V}_A}{f} = \frac{C_V}{C_A}, \tag{2.42}$$

wobei C_V die venöse und C_A die regionale alveolare ^{13}N$_2$-Konzentration ist. C_V kann aus der mit PET gemessenen Aktivitätskonzentration in der rechten Herzkammer erhalten werden. Von der ebenfalls mit PET gemessenen ^{13}N$_2$-Aktivitätskonzentration A_L in der Lunge muß der vom venösen Blutanteil in der Lunge herrührende Untergrund abgezogen werden. Bei der Annahme, daß der Anteil des venösen Blutes am Gesamtblut der Lunge 30% beträgt, ergibt sich diese Korrektur zu $0{,}3\,V_B C_V$, wobei der Anteil des regionalen Blutvolumens V_B sich, wie oben beschrieben, aus einer Messung mit radioaktiv markiertem CO bestimmen läßt. Um die alveolare ^{13}N$_2$-Konzentration C_A zu erhalten, muß noch durch den alveolaren Volumenanteil dividiert werden. Dies kann zu folgender Gleichung zusammengefaßt werden:

$$\frac{\dot{V}_A}{f} = \frac{C_V\left(1 - \dfrac{D_L}{d_t}\right)}{A_L - 0{,}3\,V_B C_V}. \tag{2.43}$$

3 Chemische Grundlagen, Strahlenschutz

3.1 Allgemeines

Die chemischen Aspekte der PET sind in einer Reihe von Übersichten dargestellt worden (Stöcklin 1987, Fowler et al. 1986a, Wolf et al. 1985, Barrio
1986). Bei Fowler und Wolf (1982) z. B. finden sich schon ca. 250 mit den Positronenstrahlern ^{11}C, ^{18}F und ^{13}N markierte Verbindungen aufgelistet. Diese
Zahl hat sich bis heute fast verdreifacht, eine erheblich geringere Anzahl hat
jedoch tatsächlich Eingang in die diagnostische Praxis gefunden.

Eine ganze Reihe von Spezialdisziplinen der Chemie muß dazu beitragen,
eine medizinische Fragestellung mit Hilfe eines markierten Tracers zu bearbei-
ten. Ein Beispiel soll dies verdeutlichen.

Biochemische Überlegungen stehen am Anfang, um diese Fragestellung
soweit auf die molekulare Dimension zu reduzieren, daß ein geeignetes Tra-
cermolekül ausgewählt werden kann: Normale Glucose ist praktisch der einzige Energielieferant des Gehirns. Sie wird in den Hirnzellen zu Kohlendioxid
und Wasser abgebaut. Beide Produkte verlassen die Zellen sehr schnell wieder. Wird Glucose selbst mit ^{14}C oder Tritium markiert, so ist eine autoradiographische Messung nur schwer möglich.

Daher wurde zur Messung der regionalen Verteilung des Glucosestoffwechsels von Sokoloff et al. (1977) die 2-Deoxyglukose eingeführt. Diese Verbindung zeigt einen blockierten Stoffwechsel: Sie wird wie Glucose in die
Hirnzellen transportiert und in einer Hexokinase-katalysierten Reaktion
phosphoryliert. Die Weiterreaktion zu Fruktose-6-Phosphat jedoch ist wegen
der fehlenden OH-Gruppe in der 2-Position blockiert. Die Rückreaktion kann
nur sehr viel langsamer verlaufen, da die notwendige Phosphatase in den
Hirnzellen nicht unmittelbar zur Verfügung steht. Es kommt also zu einer
Anreicherung von Glucose-6-Phosphat in der Zelle, die zu einem stabilen, der
Stoffwechselaktivität entsprechenden Verteilungsmuster führt.

Diese Verbindung soll nun mit einem Positronenstrahler markiert werden.
Zunächst stellt sich die nuklearchemische Frage, welches das geeignete
Nuklid ist und ob es sich in einer zur Markierung geeigneten Form darstellen
läßt. Aufgrund seiner günstigen Zerfallseigenschaften wurde ^{18}F als Markierungsnuklid ausgewählt. Als molekulares Fluor läßt es sich in einem Ne-
F_2-Gemisch durch Bestrahlung mit Deuteronen erzeugen. Die Menge an Flu-
orträger läßt sich hier nicht unter 0,1% vermindern, da sonst Wandreaktionen
eintreten, die die Ausbeute an ^{18}F-markiertem molekularen Fluor stark vermindern. Ferner ist ein weitgehender Ausschluß von Verunreinigungen im
Targetgas unerläßlich, andernfalls kann sich das ^{18}F z. B. in Form von mar-

kiertem CF_4 wiederfinden, das dann nicht mehr reaktionsfähig ist (Bida et al. 1980).

Im Falle der Fluormarkierung stellt sich dem Organiker die Frage, wie das extrem reaktionsfähige F_2 so eingesetzt wird, daß die Markierung so schnell wie möglich abläuft, die zu markierende Substanz jedoch nicht durch oxidative Nebenreaktionen zerstört wird. Im hier vorliegenden Fall stellte sich heraus, daß die Verdünnung durch ein Edelgas wie das auch als Targetgas verwendete Ne eine solche erwünschte Moderierung der Reaktionsfreudigkeit des molekularen Fluors bewirkt.

Ausgehend von Triacetylglucal als Vorläufer konnte die 2-FDG erfolgreich mit ^{18}F markiert werden. Die radiochemische Ausbeute der ursprünglichen Reaktion jedoch betrug nur ca. 10–15%, so daß von recht großen Aktivitätsmengen ausgegangen werden mußte, um genügend Produkt für den Einsatz am Patienten zu erhalten.

Als Aufgabe der radiochemischen Verfahrenstechnik stellte sich deshalb die Fernsteuerung bzw. auch Automatisierung einer Synthese, die mit sehr geringen Substanzmengen arbeitet. Die Probleme einer solchen Verkleinerung des gewohnten Labormaßstabs können durchaus mit denen des Hochfahrens in die Großproduktion verglichen werden.

Der Analytiker hat bei der Qualitätskontrolle im Falle der über F_2 markierten Fluordeoxyglukose noch keine erheblichen Probleme. Bei der Anwendung verschiedener chromatographischer und spektroskopischer Methoden erlaubt der Trägergehalt eine Detektion mit üblichen Verfahren. Im Falle von Markierungen ohne Trägerzusatz, wie sie inzwischen auch für die FDG entwickelt wurden, erreichen die meisten quantitativen Verfahren zur Konzentrationsbestimmung die Grenzen ihrer Empfindlichkeit. Ein Strukturbeweis über NMR-Spektroskopie z. B. ist nicht mehr möglich. Die spezifische Aktivität einer Substanz läßt sich manchmal nicht mehr messen, sondern nur noch als Untergrenze aufgrund der bekannten Detektionsempfindlichkeit rechnerisch angeben.

Vor dem Einsatz des Radiopharmakons beim Patienten sind Überlegungen zur Sterilität und Pyrogenfreiheit notwendig. Auch hier müssen besondere Wege beschritten werden, da die üblichen Tests wegen der Kurzlebigkeit der Substanzen nicht verwendet werden können. Schließlich kann es noch notwendig werden, im Plasma des Patienten Metabolitenanalysen durchzuführen, um den Stoffwechsel der markierten Substanz bei der Auswertung und Quantifizierung der Messungen berücksichtigen zu können.

Diese recht grundsätzlichen Überlegungen spielen eine Rolle bei allen Radiopharmaka, wobei einzelne von Fall zu Fall unterschiedlich gewichtet sein mögen. Nur das Zusammenspiel aller jedoch erlaubt den letztlich erfolgreichen klinischen Einsatz.

3.2 Targeting

In einigen Fällen wird mit der Neueinrichtung eines PET-Labors auch der Kauf eines geeigneten Zyklotrons verbunden sein (Wolf und Jones 1983). Alle Zyklotronhersteller bieten heute Komplettsysteme an, die auch sehr zuverlässige Targets und automatische Wechselstationen enthalten. Soll ein PET-Labor jedoch mit einem schon bestehenden, oft bisher nur für physikalische Experimente oder Neutronentherapie benutzten Beschleuniger arbeiten, so können doch Eigenkonstruktionen notwendig werden. Daher sollen hier einige grundsätzliche Probleme betrachtet werden. Bei der Produktion von Positronenstrahlern hat man es im wesentlichen mit gasförmigen oder flüssigen Targetmaterialien zu tun. Feste Targets spielen für Routineanwendungen nur eine untergeordnete Rolle. Die wesentlichen Bestandteile eines Targetsystems sind die Strahleintrittsfolie, das eigentliche Targetgefäß, das ein Targetrohr für Gastargets oder ein sehr kleinvolumiges Gefäß für flüssige Targets sein kann, sowie die zu- und abführenden Leitungen zur Beschickung mit dem Targetmaterial. Weiterhin sind Kühlsysteme für die Strahleintrittsfolie sowie für den Targetkörper notwendig.

Das Strahleintrittsfenster ist einer der problematischsten Teile des Targets. Die Gestaltung des Fensters und das optimale Material hängen von der Strahlenergie und dem gewünschten Maximalstrom sowie vom Strahlprofil ab. Zur Anpassung an das vom Beschleuniger angebotene Strahlprofil sind hier eine Vielzahl von Größen beschrieben worden, angefangen bei runden Fenstern mit wenigen Millimetern Durchmesser bis hin zu ovalen oder fast rechteckigen Formen, die aufgrund der großen Spannweite von bis zu 50 mm sogar Stützkonstruktionen benötigen. Der Targetdruck, der zwischen 5 und 20 bar betragen kann, spielt eine wichtige Rolle bei der Auswahl der Folienkonstruktion.

Eine Doppelfolienkonstruktion, deren Zwischenraum zur Kühlung beider Folien von Helium aus einem geschlossenen, rückgekühlten Kreislauf durchströmt wird, hat sich weitgehend durchgesetzt. Um möglichst wenig Strahlenergie zu verlieren, müssen die Fenster möglichst dünn sein. Die inzwischen wohl breiteste Verwendung hat ein Edelstahl mit dem Handelsnamen „Havar" gefunden. 25 µm dicke Folien stellen bei niedrigen Energien einen brauchbaren Kompromiß zwischen Strahlenergieverlust und Druckfestigkeit dar. Jedes Target sollte ein eigenes komplettes Folienpaket besitzen, damit nicht jeder Targetwechsel zu einer Öffnung des Heliumkreislaufs führt. Die chemische Beständigkeit gegenüber aggressiven Gasen (z.B. Fluor) ist zu beachten. Als weitere Folienmaterialien wurden u.a. Titan, Nickel, Silber und Aluminium verwendet. Die Abdichtung der Folien zum Targetrohr hin erfolgt in der Regel mit Metalldichtringen.

Das Targetrohr selbst wird meist aus Aluminium (^{11}C- und ^{15}O-Targets) hergestellt. Zur Produktion von Fluor aus Neon haben sich Nickel-Targets oder vernickelte Targets bewährt. Auch die nickelhaltige Legierung Inconel ist verwendet worden. Diese Gastargets sind meist gerade Rohre von etwa 20–30 mm Innendurchmesser. Optische Untersuchungen an mit Glasfenstern versehenen Targets haben jedoch gezeigt, daß der Teilchenstrahl im Targetgas zu einer keulenförmigen Verteilung aufgeweitet wird (Heselius 1986). Diese Beobachtung führte zur Konstruktion von konisch nach hinten erweiterten Targets, um eine Wandberührung durch den Strahl zu vermeiden. Extrem kleine Targets mit nur 4-10 ml Volumen werden eingesetzt, um bei der Bestrahlung angereicherter Gase wie z. B. ^{18}O-O_2 oder ^{15}N-N_2 das Inventar so klein wie möglich zu halten (Nickles et al. 1984, Wieland et al. 1986a und b). Auch sogenannte Tandemtargets wurden konstruiert, um höhere Strahlenergie besser ausnützen zu können. Hierbei werden zwei vorn und hinten mit Folien verschlossene Targetrohre hintereinander angeordnet. Länge und Gasfüllungen werden so ausgelegt, daß der Teilchenstrahl im ersten und im zweiten Target jeweils einen Teil seiner Energie verliert. Auf diese Weise ist die gleichzeitige Produktion verschiedener Nuklide möglich. Große Verbreitung haben solche Konstruktionen jedoch noch nicht erlangt.

Die Kühlung der Targetrohre wird z. B. durch aufgeschweißte wasserdurchflossene Kühlschlangen erreicht. In einigen Fällen ist auch eine Preßluftkühlung ausreichend, besonders dann, wenn eine höhere Temperatur des Targets während der Bestrahlung erwünscht ist.

Flüssige Targets werden z. B. zur Produktion von ^{13}N oder ^{18}F aus ^{16}O bzw. ^{18}O benutzt. Der Sauerstoff wird in Form von H_2O verwendet. ^{13}N-Targets enthalten wenige Milliliter normales Wasser. Eine möglichst gute Kühlung des Targetblocks soll ein Verdampfen durch die Strahlaufheizung verhindern. Die Bildung von Dampfblasen ist besonders problematisch bei den extrem kleinen Flüssigkeitstargets, die zur ^{18}F Produktion über hochangereichertes ^{18}O-Wasser konstruiert wurden (Kilbourn et al. 1984). Zu hohe Strahlströme führen hier zu drastischen Verminderungen der Nuklidproduktion. Effiziente Kühlung, Druckerhöhung und spezielle Formgebung des Targets sollen solche Dampfblasen leichter entweichen lassen oder ihre Entstehung möglichst verhindern. Als Material für den Targetbehälter werden hier meist Titan oder Silber verwendet.

Feststofftargets werden z. B. zur Darstellung von ^{75}Br benutzt (Qaim 1983). Die Targetkonstruktionen sind sehr viel komplizierter und aufwendiger als die bisher beschriebenen. Ein weiteres klassisches Feststofftarget aber darf zum Schluß nicht unerwähnt bleiben: Boroxid diente lange Zeit als Targetmaterial zur ^{11}C-Produktion. Treppenförmige Halter sorgten dafür, daß das Boroxid beim Aufschmelzen im Strahlbereich blieb (Clark und Buckingham 1975). Einen interessanten Trick verwendeten vor kurzem Helus und Mitarbeiter (1985): ein senkrecht nach unten gerichteter Teilchenstrahl trifft in einen Tiegel mit geschmolzenem B_2O_3. Durch einen langsamen Heliumstrom läßt sich das gebildete $^{11}CO_2$ ausspülen.

3.3 Fernsteuerung oder Automatisierung

In der Regel wird aufgrund der kurzen Halbwertszeit der verwendeten Nuklide bei den radiochemischen Synthesen mit großen Aktivitäten umgegangen. Die 511 keV Vernichtungsstrahlung bedingt erheblich mehr Aufwand bei der Abschirmung als von den in der Nuklearmedizin sonst angewandten Nukliden gewohnt. Zur Erzielung eines Schwächungsfaktors von 10 genügt bei ^{99m}Tc mit 141 keV 0,1 cm Blei, für die 511 keV sind dagegen 1,7 cm nötig. Fernsteuerung und Automatisierung sind also schon aus Gründen des Strahlenschutzes unerläßlich.

3.3.1 Fernbedienung

Der einfachste Fall einer Fernbedienung ist die Anwendung von Pinzetten, Zangen oder verlängerten Werkzeugen zur Manipulation der die aktive Substanz enthaltenden Behälter. Hierbei wird zwar ein größerer Abstand zur Strahlenquelle erzielt, zumindest die Hände des Experimentators befinden sich jedoch noch unabgeschirmt in der Nähe des Präparats. Eine solche Anordnung ist daher nur für kurze Testversuche mit niedrigen Aktivitäten vertretbar. Vorteilhaft ist der recht geringe Aufwand beim Aufbau des Experiments.

Die nächste Stufe wäre der Einsatz einer geschlossenen Bleizelle, die mit guten Manipulatoren ausgerüstet ist. Ein Bleiglasfenster gibt gute Übersicht über den Innenraum. Nach einiger Übung erlaubt eine solche heiße Zelle nahezu alle Operationen, die im Normalfall mit den Händen durchgeführt würden. Einige Modifikationen sind empfehlenswert, wie z. B. der Ersatz klassischer Stativklammern durch Federklemmen. Der Syntheseaufbau kann auch hier fast unverändert übernommen werden. Für Testversuche mit hohen Aktivitäten bis hin zu Mengen, wie sie auch für Routineproduktion erforderlich sind, ist dies eine sehr gute Möglichkeit. Nachteilig wirkt sich der doch recht hohe Platzbedarf solcher Manipulatoren aus. Der meist relativ kleine Innenraum der Zelle kann so nicht optimal genutzt werden. Außerdem hängt der Erfolg einer Synthese stark von der manuellen Geschicklichkeit des Bedieners ab, was den Einsatz in der Routine behindern kann.

3.3.2 Fernsteuerung

Erheblich höheren technischen Aufwand erfordert die elektrische oder auch pneumatische Fernsteuerung einer Aktivsynthese. Es muß mit Substanzmengen in der Größenordnung von 1–50 mg sowie mit Lösungsvolumina zwischen ca. 100 µl und 10 ml umgegangen werden. Solche geringen Mengen werfen bei der Auswahl von Geräten, z. B. von Ventilen, ganz erhebliche Probleme auf. Lösungen sind oft aggressiv, manchmal muß unter Druck gearbeitet werden. Besonders bei Arbeiten mit trägerfreien Nukliden führen oft schon geringste Verunreinigungen (z.B. Metallsalze) zum Versagen der Markierungsreaktion. Ein solches Ventil sollte also chemisch inert, totvolumenarm, druckfest, fernsteuerbar und möglichst klein sein. Teflon-Membranventile mit elektrischer Ansteuerung können viele dieser Anforderungen erfüllen. Zur Anwendung für Flüssigkeiten, die auch Partikel enthalten können, sind Miniaturausführungen dieser Ventile jedoch oft schlecht tauglich, da aufgrund der mehrfachen Umlenkung des Flüssigkeitsstromes im Ventil und der zur Druckfestigkeit nötigen kleinen Bohrung Verstopfungen auftreten, die das Ventil sogar unbrauchbar machen können. Küken- oder Schieberventile, die den Flüssigkeitsstrom nicht umlenken und in der Regel gegenüber der Leitung unverminderte Durchflußquerschnitte bieten, können hier einen Ausweg bieten. Auch der Einsatz von Schlauchquetschventilen ist möglich, besonders wenn mit sterilem Einmal-Material gearbeitet wird. Für manche solcher sonst gut geeigneten Ventile sind allerdings keine kleinen Ansteuerungen erhältlich, so daß der Experimentator auf Eigenkonstruktionen angewiesen ist.

Sonderkonstruktionen sind auch in anderen Bereichen des Syntheseaufbaus notwendig, z.B. bei der Kopplung eines sehr kleinen Reaktionsgefäßes an mehrere zu- und abführende Leitungen. Es sollte darauf geachtet werden, soweit als möglich handelsübliche Komponenten, z.B. aus dem Bereich der Chromatographie zu verwenden. Im Hinblick auf eine spätere Automatisierung ist es schon in diesem Stadium vorteilhaft, die Synthese modular nach einzelnen, gut definierten Arbeitsschritten aufzubauen.

Ferngesteuerte Systeme lassen sich in der Regel schnell an Änderungen einer Synthesevorschrift anpassen. Diese Eigenschaft ist besonders in der Einführungsphase einer neuen Markierung nützlich. Auch bekannte Synthesen, z.B. die der FDG, erfahren in kurzen Zeiträumen Verbesserungen (12 verschiedene Synthesevorschläge seit 1979), die ein schnelles Umsteigen erfordern.

Erforderlich für eine solche ferngesteuerte Synthese ist allerdings erfahrenes, zuverlässiges Personal, da unter Umständen durch eine einzige Fehlschaltung großer Schaden angerichtet werden kann.

3.3.3 Automatisierung

Die zuletzt genannte Fehlerquelle auszuschalten ist das erklärte Ziel einer automatisierten Syntheseapparatur. Weiterhin soll eine möglichst genaue Reproduzierbarkeit einmal gefundener optimaler Bedingungen gewährleistet werden. Die Steuerung kann hier sowohl eine modulare, frei programmierbare Steuerung als auch ein entsprechend eingerichteter Prozeßrechner übernehmen. Sämtliche Parameter einer Synthese, die im Falle einer Fernsteuerung durch den Experimentator überwacht werden wie z.B. Temperaturen, Zeiten, Füllstände, Drücke und viele weitere, müssen nun in eine dem Rechner verständliche Form gebracht und dorthin übertragen werden. Einfachere Formen einer Automatisierung durch reine Zeitsteuerung von Ventilen unter Verzicht auf Rückmeldungen und Regelkreise sind nur bei sehr einfachen Synthesen sinnvoll. Die Programmierung ist im ersten Fall relativ einfach, am Prozeßrechner jedoch oft sehr aufwendig.

In letzter Zeit werden auch kleine, speziell entwickelte Laborroboter zur Fernsteuerung und Automatisierung benutzt (Brodack et al. 1986). Dem Fernbedienen mit Manipulatoren kommt man mit dieser Technik wieder näher, das „teaching" eines solchen Systems ist relativ einfach, jedoch braucht man ebenfalls Rückmeldungen und Regelkreise, und die Systeme brauchen zur Zeit noch recht viel Platz und sind sehr teuer.

Kommerziell werden einige Chemiesysteme von den verschiedenen Zyklotronherstellern angeboten. Dies reicht vom ferngesteuerten System zur Online-Verarbeitung der Targetgase, die bei der ^{11}C und ^{15}O-Produktion anfallen, bis hin zur „Chemical Black Box" zur Produktion von ^{18}F-FDG. Eine nähere Vorstellung solcher Systeme soll bei der Einzeldarstellung der entsprechenden Synthese erfolgen.

3.4 Reinigung und Qualitätskontrolle

Fünf Aspekte sind bei der Qualitätskontrolle positronenstrahlender Pharmaka zu beachten (Übersicht s. Meyer 1982): chemische Reinheit, Radionuklidreinheit, radiochemische Reinheit, spezifische Aktivität, Sterilität und Pyrogenfreiheit.

Allgemeine Überlegungen zu diesen Kriterien seien hier vorab zusammengestellt, detaillierte Angaben zu Methoden folgen bei der Beschreibung der einzelnen Synthesen.

3.4.1 Radionuklidreinheit

Bei zyklotronproduzierten Positronenstrahlern stellt die Radionuklidreinheit in den meisten Fällen kein nennenswertes Problem dar. Die „organischen" Positronenstrahler ^{11}C, ^{15}O, ^{13}N und ^{18}F lassen sich bei richtiger Wahl der Bestrahlungsparameter in hoher Nuklidreinheit darstellen. Bei zu hohen Protonenenergien wird allerdings während der ^{11}C-Produktion über die $^{14}N(p,\alpha)$ ^{11}C-Reaktion auch ^{13}N als $^{13}N_2$ durch die $^{14}N(p,pn)$ ^{13}N-Reaktion in erheblicher Ausbeute gebildet. Dies stellt für die weiteren Reaktionen des $^{11}CO_2$ kein Problem dar, in der Regel wird das $^{13}N_2$ schon beim Ausfrieren des $^{11}CO_2$ entfernt. Bei größeren Produktionsmengen können jedoch Abluftprobleme entstehen.

Größere Schwierigkeiten macht die Radionuklidreinheit im Falle des ^{75}Br. Dieses Nuklid läßt sich nicht völlig rein darstellen, die nutzbaren Reaktionen führen zu ^{76}Br-Gehalten von 2–6% bei Bestrahlungsende. Da ^{76}Br 16 h Halbwertszeit im Vergleich zu den 1,6 h des ^{75}Br hat, wächst das störende Nuklid mit der Zeit relativ zu ^{75}Br an.

Im Falle des Generatornuklids ^{68}Ga muß eine Kontamination mit dem sehr langlebigen Mutternuklid ^{68}Ge vermieden werden.

3.4.2 Chemische Reinheit

Markierungssynthesen werden in sehr kleinem Maßstab durchgeführt. Die Menge an Ausgangssubstanz liegt zwischen 1 und ca. 50 mg. Das Syntheseprodukt jedoch wird unter Umständen nur im Nanogramm-Bereich erhalten. Das Reaktionsgemisch besteht also – je nach Reaktionsbedingungen – aus einem sehr großen Überschuß an Ausgangssubstanz, einer mehr oder weniger großen Menge von Neben- und Zersetzungsprodukten und einer sehr kleinen Menge der gewünschten markierten Substanz (und aus ebenfalls sehr kleinen Mengen aktiver Nebenprodukte). Nahezu in allen Fällen wird zur Reinigung des Radiopharmakons von unerwünschten Stoffen die Flüssigkeitschromatographie verwendet. Hier spielt die Hochdruckflüssigkeitschromatographie die weitaus größte Rolle. Ihre Schnelligkeit, das gute Auflösungsvermögen und die Möglichkeit der gleichzeitigen Reinheitsüberprüfung machen sie zur idealen Methode. Mit der HPLC gelingt die Trennung von z. B. so wenig unterschiedlichen Substanzen wie Spiperon und ^{11}C markiertem Methylspiperon in wenigen Minuten (Dannals et al. 1986). Im Falle solcher zentral wirksamer Verbindungen ist die Abtrennung der physiologisch aktiven Ausgangssubstanz besonders wichtig. Zur Reinigung werden halbpräparative Säulen eingesetzt, die Injektionsvolumina von ca. 2 ml vertragen können. Säulendurchmesser von 8–16 mm und Säulenlängen von 20 cm reichen für die meisten Anwendungen aus. Zur Reinigung in weniger kritischen Fällen (z. B. FDG) wird oft auch die Flashchromatographie eingesetzt, die ebenfalls gute, schnelle Trennungen mit geringem apparativem Aufwand erlaubt. Die Säulenmaterialien sind relativ grob (70–250 mesh), und das Eluens wird in der Regel mit einem Gasdruck von bis zu 0,5 bar über die Säule gedrückt. Die benötigte Zeit ist vergleichbar mit HPLC-Verfahren. Auch der Gebrauch von Chromatographie-Kartuschen, die es inzwischen mit einer großen Auswahl an Sorbentien gibt, hat sich in den letzten Jahren weit verbreitet. Diese Kartuschen können sowohl dazu dienen, Verunreinigungen festzuhalten und die gewünschte Substanz passieren zu lassen, als auch dazu, eine markierte Verbindung zu fixieren, um sie mit einem anderen Lösungsmittel wieder desorbieren zu können. Da solche Kartuschen nur einmal verwendet werden, kann bei richtiger Anwendung von einer gleichbleibenden Trennleistung ausgegangen werden.

Die analytische Qualitätskontrolle wird in der Regel aus einer Probe der injektionsfertigen Lösung des Radiopharmakons durchgeführt. Analytische Säulen reichen für die kleinen Probenmengen aus. In einigen Fällen wird zur Kontrolle die Gaschromatographie eingesetzt. Bei gasförmigen Tracern ist sie die Methode der Wahl. Sie wird jedoch, zum Teil nach Derivatisierung, auch für andere Produkte eingesetzt (Shiue et al. 1985b). Die Dünnschichtchromatographie darf als einfache, schnelle und verläßliche Qualitätskontrollmethode nicht unerwähnt bleiben. Der geringe apparative Aufwand erlaubt eine sehr vielseitige Kontrolle mit verschiedenen Sorbentien und Laufmitteln. Besonders zur Überprüfung der radiochemischen Reinheit (s. unten) ist diese Methode in Kombination mit einem Radioaktivitätsmeßsystem gut geeignet.

3.4.3 Radiochemische Reinheit

Die radiochemische Reinheit ist definiert als Abwesenheit anderer markierter Verbindungen als der gewünschten Substanz. Sie muß in jedem Einzelfall überprüft werden, da schon geringe Verunreinigungen erhebliche Meßfehler hervorrufen können. Die radiochemische Reinheit wird in der Regel gleichzeitig mit der chemischen Reinheit überprüft. Ein dem Massendetektor nachgeschalteter Radioaktivitätsdetektor erlaubt den direkten Vergleich von Massen- und Radioaktivitätsverteilung bei einer präparativen oder analytischen Trennung. Kommerziell erhältliche Durchflußmonitore für die Flüssigkeitschromatographie bieten eine hohe Empfindlichkeit für niederenergetische Strahler, für Positronenstrahler optimierte Detektoren sind aber noch nicht erhältlich. Da jedoch bei den üblichen analytischen Verfahren relativ hohe Aktivitätskonzentrationen auftreten, reicht die Empfindlichkeit der angebotenen Geräte in der Regel vollständig aus. Bei der Gaschromatographie werden meistens Natriumjodidbohrlochkristalle als Detektoren eingesetzt. Auch spezielle Ionisationskammern sind konstruiert worden (Sipilae et al. 1985). Das zu messende Gas wird entweder durch eine Spirale im Bohrlochkristall oder auch direkt durch die Ionisationskammer geleitet. Zur Auswertung von Radiodünnschichtchromatogrammen sind auf dem Markt DC-Scanner erhältlich. Diese Scanner arbeiten mit einem positionssensitiven Zählrohr, das es ermöglicht, das gesamte Chromatogramm gleichzeitig ohne Verschiebung zu messen. Hierdurch erübrigen sich Halbwertszeitkorrekturen, die bei allen anderen Methoden, bei denen die Peaks nacheinander gemessen werden, notwendig sind. Die DC-Scanner zeichnen sich durch eine sehr komfortable Auswerteelektronik aus, die die Darstellung auf einem Bildschirm und den Ausdruck des Chromatogramms nach eventueller Weiterverarbeitung ermöglicht. In vielen Fällen reichen jedoch einfachere Systeme aus, bei denen die chromatographische Platte an einem geeigneten kollimierten Detektor vorbeibewegt wird und gleichzeitig die gemessene Zählrate auf einem Schreiber ausgegeben wird (Solin 1983, Wagner 1986). Abbildung 3.1 zeigt das Schema eines solchen Systems, das mit geringem finanziellem Aufwand aus handelsüblichen Komponenten zusammengestellt werden kann.

Speziell für die Radiochromatographie sind Datensysteme entwickelt worden, die Halbwertszeitkorrekturen beinhalten und jede nur denkbare Weiterverarbeitung des Chromatogramms zulassen. Solche Systeme sind in der Regel zwei- oder mehrkanalig ausgelegt, so daß sie neben der Messung des Radioaktivitätschromatogramms auch die gleichzeitige Aufzeichnung des Massenpeaks ermöglichen und somit die Qualitätskontrolle erheblich erleichtern.

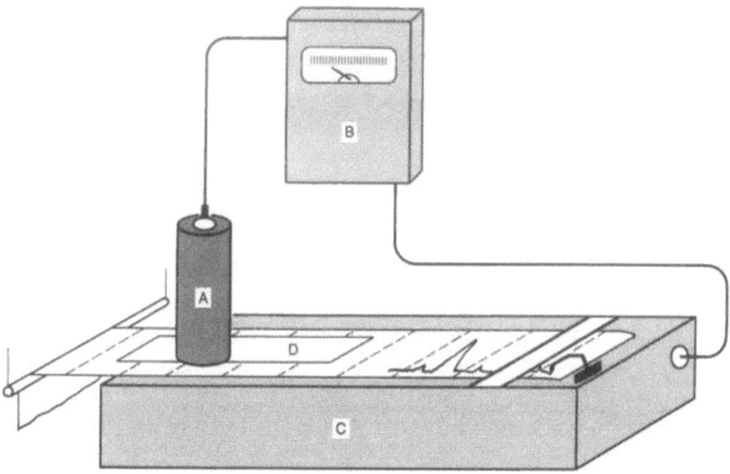

Abb. 3.1. Einfacher Dünnschichtscanner für Routine-Qualitätskontrolle (A) Geiger-Müller-Endfensterzählrohr in Bleiabschirmung, Kollimatorschlitz 1 mm breit; (B) Meßgerät mit Ratemeter und Schreiberausgang; (C) Flachbettschreiber, transportiert mit dem Papier die (D) Dünnschichtplatte und zeichnet simultan die Zählrate auf

3.4.4 Spezifische Aktivität, Trägergehalt

Die spezifische Aktivität einer radioaktiv markierten Verbindung wird in der Regel in der Einheit Bq/mol oder Bq/mmol (Ci/mmol) angegeben. Aus den bekannten Beziehungen zwischen Aktivität und Masse ergibt sich auch ein direkter Zusammenhang zwischen der Halbwertszeit und der maximalen spezifischen Aktivität. Je kurzlebiger ein Nuklid ist, desto höher ist dieser Maximalwert. Er ist dann erreicht, wenn eine Verbindung ausschließlich aus Molekülen besteht, die das radioaktive Markierungsnuklid enthalten. Eine solche Präparation bezeichnet man als „trägerfrei" markiert. Für das Markierungsnuklid ^{11}C ergibt sich hier rechnerisch eine spezifische Aktivität von ca. 10 000 Ci/µmol (entspricht 370 000 GBq/µmol).

In der Praxis lassen sich solche Werte jedoch nicht erreichen. Maximal wurden für ^{11}C-markiertes CO_2 etwa 2220 GBq/µmol erreicht. Die Durchführung von Synthesen reduziert alleine durch den Zeitaufwand diesen Wert weiter, so daß die injektionsfertigen Präparate spezifische Aktivitäten von nicht mehr als 370 GBq/µmol erreichen. Im Falle des ^{18}F ist man dem Ziel „Trägerfreiheit" allerdings in einigen Fällen bis auf einen Verdünnungsfaktor 10 nahegerückt. Extrem hohe spezifische Aktivitäten werden zum Einsatz von rezeptorbindenden Agenzien, zentralwirksamen Stoffen oder auch toxischen Verbindungen benötigt. In anderen Fällen, so z. B. beim Einsatz von $^{15}O-O_2$ oder $^{15}O-H_2O$, spielt dieser Faktor nur eine unwesentliche Rolle.

International hat sich in den letzten Jahren durchgesetzt, nicht mehr von „trägerfreien" Synthesen zu sprechen, sondern lediglich Synthesen ohne Trägerzusatz (nca, no carrier added) von Synthesen mit Trägerzusatz (ca, carrier added) zu unterscheiden und in jedem Fall die gemessenen spezifischen Aktivitäten anzugeben. Auf spezielle Vorkehrungen zur Erzielung hoher spezifischer Aktivitäten soll bei den einzelnen Nukliden eingegangen werden.

3.4.5 Sterilität und Pyrogenfreiheit

Anders als bei üblichen Injektionslösungen ist bei positronenstrahlenden Pharmazeutika eine Überprüfung von Sterilität und Pyrogenfreiheit einer injektionsfertigen Lösung vor der Anwendung aufgrund der kurzen Halbwertszeit nicht durchführbar. Die Sterilität wird in der Regel durch Sterilfiltration des Endprodukts über 0,2 μ-Sterilfilter in eine sterile Spritze oder Injektionsflasche sichergestellt. Trotzdem ist es ratsam, Stichproben von Zeit zu Zeit einem retrospektiven Test zu unterziehen.

Die Pyrogenfreiheit ist schwieriger zu kontrollieren. Die normalen Kaninchentests sind sehr zeitraubend und erfordern relativ große Injektionsvolumina. Das Deutsche Arzneibuch (DAB 7) verlangt den Pyrogentest nur bei Volumina über 15 ml. Trotzdem kann auch bei kleineren Volumina nicht auf eine Kontrolle verzichtet werden. Mit Hilfe der Limulus-Endotoxin-Tests ist jedes Labor in der Lage, schnell und mit hoher Empfindlichkeit solche Pyrogentests selbst durchzuführen. Diese Tests sind jedoch noch nicht als alleinige Methode zugelassen, so daß eine Kontrolle durch den genannten Kaninchentest bei Blindsynthesen und einer Einhaltung des einmal erarbeiteten Laborstandards bei Synthese und Herstellung der injektionsfertigen Lösungen unumgänglich ist.

3.5 Strahlenschutz

Grundsätzlich sollte schon die bauliche Strahlenschutzplanung eines PET-Labors von Anfang an mit der zuständigen Genehmigungs- und Aufsichtsbehörde abgestimmt werden, um spätere Nachinstallationen zu vermeiden. Die Hinweise in diesem Abschnitt sollen und können diese Zusammenarbeit nicht ersetzen. Die Strahlenschutzverordnung ist hier die Grundlage aller Planungen und späteren Auflagen der Behörde.

Strahlenschutzprobleme treten in allen Stufen der PET auf: Bei der Nuklidproduktion am Beschleuniger, bei der chemischen Weiterverarbeitung, beim Transport zum Verbrauchsort am Tomographen sowie auch bei der Anwendung am Patienten.

Die auftretenden Dosisleistungen vermindern sich zwar in der erwähnten Reihenfolge vom Beschleuniger zum Patienten, sind aber aufgrund der durchdringenden Strahlung und der gerade bei den Nukliden mit sehr kurzer Halbwertszeit verwendeten hohen Aktivitäten auch hier nicht zu unterschätzen.

3.5.1 Zyklotron

Die höchsten Dosisleistungen durch γ-Strahlung und (ausschließlich hier) durch Neutronen treten während der Bestrahlung am Zyklotron selbst auf. (Größenordnung 1,0 Sv, 100 rem). Besonders bei Feststofftargets treten auch erhebliche Neutronendosen auf. Die notwendige Abschirmung wird in der Regel durch die Errichtung eines „Bunkers" mit Wänden von 1,4–1,8 m Dicke aus möglichst wasserhaltigem Beton (z. B. Limonitbeton) erreicht. Durch den Aufbau eines Labyrinths zum Eingang kommt man mit einer deutlich geringeren Türdicke (hier 2,5 cm Blei, 20 cm Paraffin) aus. Reicht der Platz dafür nicht aus, so muß die Tür die gleichen Abschirmwerte wie die Wände besitzen. Stopfentore, Drehtore und auch Schiebetore werden verwendet.

Der hohe Aufwand, der hier getrieben werden muß, hat die Zyklotronhersteller bewogen, ein sogenanntes „self shielding" in ihrem Planungskonzept aufzunehmen. Durch geeignete Maßnahmen beim Bau des Beschleunigers (z. B. fast völlig rundum geschlossenes Magnetjoch bei Geräten des Herstellers JSW) und Targets, die direkt am Strahlaustritt angebracht sind (JSW, CTI), soll ermöglicht werden, den Beschleuniger fast ohne Zusatzabschirmung in vorhandenen Räumen unterzubringen. Bei der Konstruktion der Fa. Scanditronix wird das Zyklotron mitsamt Targetwechsler von speziell angepaßten, verfahrbaren Wassertanks umgeben, die die Neutronenabschirmung garantieren sollen. Zur γ-Abschirmung dienen eingebaute Bleiabschirmungen. Dieses Konzept scheint erfolgreich, 2 Maschinen dieses Typs laufen in Schweden und in den USA.

Im ersten Fall (JSW) ist trotz des „self shielding" ein normal dimensionierter Bunker erforderlich. CTI bietet ein 11-MeV Protonenzyklotron an, das als Negativionen-Beschleuniger keinen Deflektor benötigt. Bedingt durch die niedrige Protonenenergie und durch geschickte lokale Abschirmungen genügt für diese Maschine eine Abschirmdicke von ca. 1 m, die durch verschiebbare Elemente realisiert wird (Raumbedarf für das Zyklotron incl. Abschirmung mit Stromversorgung und Chemiesystem 6×7 m, 2,80 m hoch). Anzustreben ist jedenfalls die Errichtung eines Bunkers, da man hierdurch freier bei der Installation ist (z. B. komplettes Strahlrohr mit Strahlführungssystem und Targetstation mit leicht zugänglichen Targets).

Durchführungsöffnungen für Versorgungsleitungen sollen möglichst mehrfach abgeknickt durch die Wände verlaufen. Besonders muß ein direkter Durchblick auf die Targetstation vermieden werden. Das Restvolumen nach Installation kann mit Sand aufgefüllt werden. Bei günstiger Lage und geringem Durchmesser können die Füllungen unter Umständen auch unterbleiben.

Durch die direkte γ- und Neutronenstrahlung entstehen während des Betriebs in der Raumluft Aktivierungsprodukte. Die für die Strahlenschutzbetrachtung wichtigsten sind ^{41}Ar ($t_{1/2} = 1,8$ h) sowie kurzlebige Produkte wie ^{16}N. Gerade die kurzlebigen Produkte liegen schon bei kurzen Strahlzeiten in der Sättigungsaktivität und können dadurch Grenzwerte bestimmen. Die Auslegung der raumlufttechnischen Anlage des Zyklotronbunkers (getrennt von allen anderen Anlagen) hat hierauf Rücksicht zu nehmen. Im Gegensatz zum meist angewandten Verdünnungsprinzip, bei dem durch sehr hohe Luftwechselraten eine Verminderung der Abluftaktivitätskonzentration erreicht wird, kann im erwähnten Fall ein möglichst geringer Luftwechsel dazu führen, daß die kurzlebigen Produkte schon vor Erreichen der Abluftöffnung zerfallen sind. Vorkehrungen müssen auch zur Beherrschung der Beschädigung eines Targets während der Bestrahlung getroffen werden. Ein totales Abschotten des Bunkers (Zu- und Abluft abschalten, luftdichte Klappen zu) bis zum Abklingen der Aktivität kann hier eine größere Emission verhindern.

3.5.2 Überwachung

Eine ständige Überwachung der γ-Dosis im Bunker ist notwendig und wird durch ein fest installiertes Zählrohr erreicht. Die Anzeige dieses Zählrohres kann auch mit dem Interlocksystem des Zyklotrons bzw. der Tür verbunden werden, um ein Betreten des Bunkers erst nach Unterschreiten gesetzter Dosisleistungsschwellen zu ermöglichen. Ein weiteres, frei bewegliches Zählrohr zur Überwachung einzelner spezieller Ortsdosisleistungen ist sehr hilfreich. Auf eine ständige Überwachung der Neutronendosis im Bunker kann unter Umständen verzichtet werden, jedoch sollte ein Neutronenmeßgerät verfügbar sein.

Die Aktivität der Raumluft im Bunker kann mit einem handelsüblichen Tritium- oder Edelgasmonitor (z. B. Berthold, Kimmel, Frieseke & Höpfner) überwacht werden. Hierbei kann durch fest verlegte Schlauchverbindungen auch die Überwachung anderer Räume (Chemielabor, PET-Raum) ermöglicht werden. In allen Räumen, in denen mit offener Radioaktivität umgegangen wird, sind Kontaminationsmeßgeräte notwendig. Dosisleistungsmeßgeräte sollen ebenfalls vorhanden sein. Besonders zweckmäßig sind Geräte mit Außensonden, die fest an einer Apparatur installiert werden können und damit die Überwachung eines Reaktionsablaufs ermöglichen. Zur Ausgangskontrolle dienen in der Regel Hand-Fuß-Kleidermonitore am Ausgang des Kontrollbereichs. Hier stehen Geräte mit geschlossenen Xenonsonden oder auch solche mit Gasdurchflußzählrohren zur Wahl. Die ersteren benötigen keine Gasversorgung, verursachen aber bei Beschädigung der dünnen Fensterfolien erhebliche Kosten. Durchflußmodelle benötigen einen geringen Zählgasdurchfluß, beschädigte Folien sind jedoch leicht selbst zu reparieren.

3.5.3 Personendosisüberwachung

Zur kontinuierlichen Personendosisüberwachung dienen gesetzlich vorgeschriebene Dosimeter (in aller Regel Filmdosimeter). Die Aufsichtsbehörde schreibt häufig auch das Tragen von sofort ablesbaren Dosisleistungswarngeräten vor. Die letztgenannten Geräte kommen hauptsächlich beim Arbeiten im Zyklotronbunker zum Einsatz.

Besonders bei Mitarbeitern, die Injektionen am Patienten durchführen, können Fingerringdosimeter (TLD, Thermolumineszenzdosimeter) helfen, erhöhte Teilkörperbelastungen zu erkennen und durch geeignete Maßnahmen zu vermeiden. In der Praxis zeigt es sich, daß bei den Mitarbeitern, die dem Patienten Blutproben entnehmen, höhere Ganzkörperbelastungen auftreten als bei der Darstellung der Tracer. Dies liegt daran, daß der Patient nach der Injektion eine praktisch nicht abschirmbare Strahlenquelle darstellt. Abhilfe kann hier nur dadurch geschaffen werden, daß der Mitarbeiter nur so lange wie unbedingt notwendig in der Nähe des Patienten bleibt und in Pausen möglichst großen Abstand hält. Inkorporationen können kaum vorkommen, und Inkorporationskontrollen sind aufgrund der kurzen Halbwertszeiten der verwendeten Nuklide nur bei sehr schnellem Handeln erfolgreich. Meist kann eine von der Behörde anerkannte Meßstelle nicht so kurzfristig erreicht werden.

3.6 Generatorsysteme

Generatorsysteme für Positronenemitter bieten die attraktive Möglichkeit, ohne direkten Zugang zu einem Beschleuniger positronentomographische Untersuchungen durchzuführen. Robinson (1985) sowie Lambrecht (1983) stellten in Übersichten die Entwicklung solcher Generatoren zusammen. Von den dort vorgestellten Systemen (Tabelle 3.1) haben bisher nur zwei Eingang in die klinische Praxis gefunden, und zwar der ^{68}Ge/^{68}Ga-Generator zur Untersuchung z.B. der Blut-Hirn-Schranke mit ^{68}Ga-EDTA sowie der ^{82}Sr/^{82}Rb-Generator, der praktisch nur für dynamische Untersuchungen am Herzen eingesetzt wird. Bei beiden Generatoren ist das Mutternuklid sehr viel

Tabelle 3.1. Generatoren für Positronenstrahler

Mutternuklid ($t_{½}$)	Tochternuklid ($t_{½}$)	Zerfallsart
^{44}Ti (47 a)	^{44}Sc (3,93 h)	β^+ (95%) EC (5%) γ 1157 keV
^{52}Fe (8,275 h)	^{52}Mn (21 min)	$\beta^+ + EC$ (98,25%) γ 1434
^{62}Zn (9,2 h)	^{62}Cu (9,73 min)	β^+ (97,8%) EC (2,2%)
^{68}Ge (288 d)	^{68}Ga (68,1 min)	β^+ (90%) EC (10%)
^{72}Se (8,4 d)	^{72}As (26,0 h)	β^+ (77%) EC (23%) γ 630,834
^{82}Sr (25 d)	^{82}Rb (1,25 min)	β^+ (96%) EC (4%) γ 776
^{122}Xe (20,1 h)	^{122}I (3,6 min)	β^+ (77%) EC (23%) γ 564
^{128}Ba (2,43 d)	^{128}Cs (3,6 min)	β^+ (61%) EC (39%) γ 443

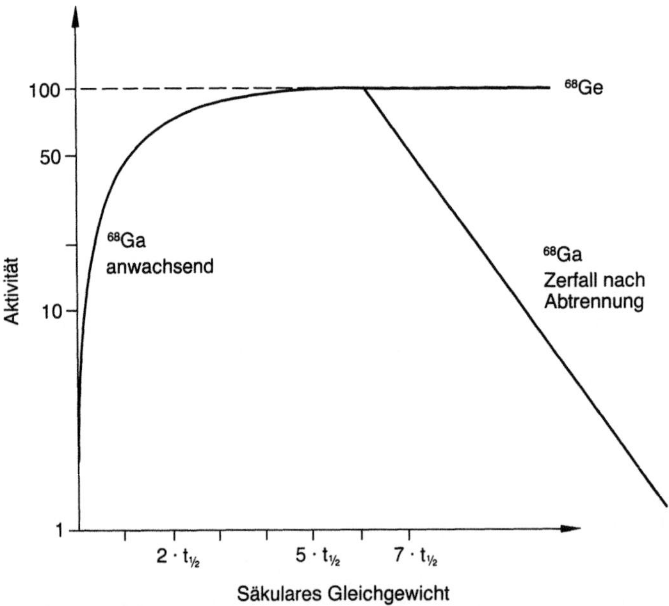

Abb. 3.2. Anstiegs- und Zerfallskurven in einem Generatorsystem mit säkularem Gleichgewicht (s. Text)

langlebiger als das Tochternuklid. Dies führt dazu, daß die beiden Nuklide im Generator in einem säkularen Gleichgewicht vorliegen: Geht man vom reinen Mutternuklid aus, so wächst die Aktivität des Tochternuklids durch den Zerfall des Mutternuklids solange an, bis es die gleiche Aktivität wie das Mutternuklid erreicht hat (Abb. 3.2). Die Anstiegskurve stellt sich hierbei als Umkehrung der Zerfallskurve des Tochternuklids dar. Nach einer idealen Abtrennung des Tochternuklids sind 3 Halbwertszeiten später 87,5% der erreichbaren Aktivität wieder erhältlich. Der ^{82}Rb-Generator erlaubt also Elutionen im Abstand weniger Minuten, während im Falle des ^{68}Ga etwa 3 h Wartezeit notwendig sind.

Bei der Benutzung eines Generatorsystems kommt es darauf an, das gewünschte Tochternuklid in guter Ausbeute und geeigneter chemischer Form ohne Verunreinigung durch das Mutternuklid (radionuklidisch rein) zu erhalten. Von der Vielzahl der möglichen Methoden haben sich chromatographische Trennverfahren als für den Routinegebrauch am geeignetsten erwiesen. Das Mutternuklid wird hierbei an einem geeigneten Trägermaterial absorbiert, und das Tochternuklid kann dann direkt in injizierbarer oder in einer für Markierungszwecke geeigneten Form eluiert werden.

3.6.1 ^{68}Ge/^{68}Ga-Generator

Das Mutternuklid ^{68}Ge wird praktisch ausschließlich durch eine Spallations-reaktion in RbBr-Targets an einem Großbeschleuniger bei 800 MeV Protonen-energie gewonnen (Grant 1982). ^{68}Ge kann aus Los Alamos bezogen werden. Gebrauchsfertige Generatoren sind kommerziell nur bei einer Firma (NEN) erhältlich. Hier sind zwei verschiedene Typen zu unterscheiden:

a) ^{68}Ga-EDTA-Generator

Eine kurze, oben offene Säule enthält Al_2O_3 als Träger für das ^{68}Ge. ^{68}Ga wird mit 10 ml einer 0,005 molaren EDTA-Lösung eluiert. Die Elutionsausbeute liegt bei etwa 70%, der ^{68}Ge-Durchbruch bei etwa 10^{-3}%. Über die Lebens-dauer des Generators kann sich die Ausbeute verringern. Auch der Germa-nium-Durchbruch sollte von Zeit zu Zeit kontrolliert werden. Zur Anwendung am Patienten ist eine sterile Formulierung der Lösung erforderlich.

Abbildung 3.3 zeigt einen Aufbau zur einfachen sterilen Abfüllung von ^{68}Ga-EDTA-Lösung zur Injektion. Der Generator (NEN) wird mit einem Gummistopfen verschlossen. Eine Injektionsnadel dient zur Belüftung, durch die andere wird über eine Schlauchverbindung (ca. 50 cm) die Elutionslösung aufgegeben. Am Ausgang der Säule ist über den Luer-Anschluß eine weitere Schlauchverbindung befestigt. Ein Handventil (Material Teflon, „Omnifit") ist

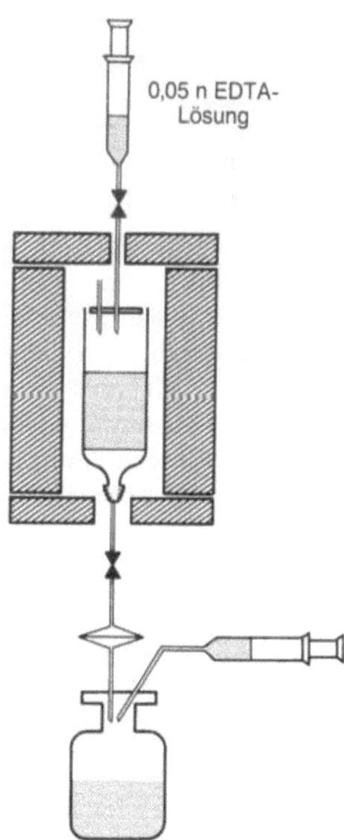

Abb. 3.3. ^{68}Ga-EDTA-Generator zur sterilen Elution und Abfüllung (s. Text)

notwendig, um ein Trockenlaufen des Generators zu vermeiden. Entweder direkt am Ventil oder über eine weitere kurze Schlauchverbindung wird ein Sterilfilter mit Injektionsnadel angebracht. Diese Nadel wird jeweils erneuert. Eine sterile Injektionsflasche dient zum Auffangen des Eluats. Über eine Spritze (Schlauchverlängerung, z.B. Butterfly) wird ein geringer Unterdruck in der Ampulle erzeugt. Hierdurch ist eine einfache Kontrolle der Elutionsgeschwindigkeit möglich. Die Elutionsdauer für 10 ml sollte ca.3–4 min betragen. Eluiert man schneller, z.B. durch Verwendung einer vorevakuierten Ampulle, kann dies die Ausbeute deutlich verringern. Wird der Generator längere Zeit nicht benötigt, so sind trotzdem mindestens wöchentlich Elutionen empfehlenswert, um ein Austrocknen des Bettes mit drastischem Ausbeuteverlust zu verhindern. Aus dem gleichen Grund sollte nach beendeter Elution eine kleine Menge Eluens (bei geschlossenem Auslaufventil) aufgegeben werden. Sollen mit ^{68}Ga Markierungen durchgeführt werden, so eignet sich ^{68}Ga-EDTA nur bedingt, da dieser sehr stabile Komplex nur mit erheblichem Aufwand zerstört werden kann.

Zu Markierungszwecken wurde ein Generatortyp entwickelt, bei dem ^{68}Ge an SnO_2 gebunden ist und das ^{68}Ga als Chlorid mit 1 n HCl eluiert wird (Loc'h et al. 1980, McElvany et al. 1984, Hanrahan et al. 1982). Der im Handel erhältliche Generator ist eine geschlossene chromatographische Säule und kann z.B. mit Hilfe einer Dosierpumpe eluiert werden. Eine weitere Möglichkeit, ionisches ^{68}Ga zu gewinnen, ist die Elution des zuerst beschriebenen Generators mit NaOH. Dieses System hat jedoch eine schlechtere Langzeitstabilität als der SnO_2-Generator.

b) *^{68}Ga-Verbindungen*

Anders als das Isotop ^{67}Ga in der allgemeinen Nuklearmedizin haben Verbindungen des ^{68}Ga nur relativ geringe Bedeutung in der Positronentomographie. Der Hauptanteil an Untersuchungen wurde mit ^{68}Ga-EDTA durchgeführt, das in injizierbarer Form direkt aus dem Generator zur Verfügung steht. Auch ^{68}GaCl$_3$ wurde als direkt aus dem ionischen Generator erhältlicher Tracer eingesetzt. Das ionische Gallium wird in vivo sehr schnell an Transferrin gebunden und kann in dieser Form zur Messung des lokalen Blutvolumens eingesetzt werden. Als weitere Verbindungen wurden vorgeschlagen: ^{68}Ga-Trisethane zur Messung des Blutflusses im Herzen (Green et al. 1985), ^{68}Ga-DTPA zur Hirnuntersuchung (Hattner et al. 1976), ^{68}Ga-Eisenhydroxidkolloid zur Leberuntersuchung (Kumar et al. 1981), ^{68}Ga-Humanserumalbumin-Microsphären zur Messung des Blutflusses (Steinling et al. 1985), ^{68}Ga-markierte Erythrozyten und Blutplättchen zur Bestimmung des Blutvolumens (Welch et al. 1977).

Die Synthesen der Gallium-Verbindungen sind relativ einfach: ^{68}Ga-HSA-Microsphären werden z.B. durch Inkubation von HSA-Microsphären mit Galliumtrichlorid bei 85° über 30 min gewonnen (Maziere et al. 1986).

3.6.2 ^{82}Sr/^{82}Rb-Generator

Auch für dieses besonders in der Kardiologie eingesetzte Generatorsystem ist derzeit Los Alamos die einzige Quelle (Comar et al. 1987). Das heute am meisten verwendete System enthält ebenso wie der ionische ^{68}Ga-Generator SnO_2 als Trägermaterial. Automatisierte Elutionssysteme sind geeignet, in schneller Folge Elutionen mit physiologischer Kochsalzlösung durchzuführen (Neirinckx et al. 1982, Waters et al. 1986). Der ^{82}Sr-Durchbruch bleibt bei einem Bettvolumen von 2 ml auch bei schneller Elution und großem Elutionsvolumen konstant niedrig ($10^{-6}\%/ml$). ^{82}Rb wird als Kaliumanaloges in der Kardiologie am meisten zu Blutflußmessungen eingesetzt. Seine Kurzlebigkeit erfordert sehr effiziente Tomographen, erlaubt aber auch Wiederholungsmessungen in kurzen Abständen.

3.6.3 ^{122}J-Generator

Von einigem Interesse könnte der ^{122}Xenon/^{122}Jod-Generator bei weiterer Verbreitung werden. Die Anwendung aus der Gammaszintigraphie geläufiger Jodverbindungen wären so auch in der Positronentomographie möglich. Begrenzt wird der Nutzen jedoch durch die sehr kurze Halbwertszeit des ^{122}Jod von nur 3,6 min. Zu Blutflußmessungen ist die Verwendung eines Amphetaminderivates nach schneller Markierung mit ^{122}J bereits beschrieben worden (Matthis et al. 1986a). Da das Mutternuklid ^{122}Xe gasförmig ist, müssen völlig andere Methoden als bei den bereits beschriebenen Generatoren angewendet werden. Richards und Ku (1979) beschrieben ein System, das die recht gut durch Kühlung mit flüssiger Luft erreichbare Kondensation des Xenons ausnützt. In einem geschlossenen System kann das Radioxenon durch Umfrieren in ein Gefäß befördert werden, in dem dann das ^{122}J anwachsen kann. Nach einigen Halbwertszeiten wird das Xenon ins Vorratsgefäß zurückgefroren, und das an den Wänden des „Melkgefäßes" haftende Jod kann für Markierungsreaktionen benutzt werden. Das ^{122}Xe wird als „Abfallprodukt" bei der Herstellung von ^{123}Jod über ^{123}Xe gebildet. Die dabei angewandte Spallationsreaktion mit 60–90 MeV Protonen erzeugt auch andere Xenon-Isotope wie ^{125}Xe, das zum ^{125}J ($t_{1/2} = 60$ Tage) zerfällt. Die Radionuklidreinheit von solchen Präparationen muß also sorgfältig überwacht werden.

Die übrigen in der Tabelle 3.1 aufgeführten Generatorsysteme haben bisher noch keinen Eingang in die Praxis der Positronentomographie gefunden, obwohl Ansätze dazu, speziell für Herzuntersuchungen, schon frühzeitig versucht wurden.

4 Produktion der Radionuklide und Herstellung markierter Verbindungen

4.1 ^{15}O und seine Verbindungen

Der Stand der Technik zur ^{15}O-Produktion ist kürzlich zusammenfassend dargestellt worden (Clark et al. 1987). Die weitaus meist verwendete Kernreaktion zur Darstellung von ^{15}O ist die ^{14}N(d,n) ^{15}O-Reaktion. Da sie keine Schwellenenergie hat, können auch Beschleuniger mit niedriger Deuteronenenergie völlig ausreichende Aktivitätsmengen an ^{15}O erzeugen. Reine Protonenbeschleuniger müssen dagegen auf die ^{15}N (p,n) ^{15}O-Reaktion zurückgreifen, die ein angereichertes Nuklid als Targetmaterial benötigt. Eine Rückgewinnung ist technisch sehr aufwendig oder sogar (bei direkter on-line Beatmung des Patienten) unmöglich. Die Anregungsfunktion der Deuteronenreaktion zeigt, daß niedrige Deuteronenenergien vorzuziehen sind, um die Produktion von anderen Nukliden (^{13}N, ^{11}C) möglichst zu unterdrücken. Aufgrund der kurzen Halbwertszeit des ^{15}O können nur einfache Verbindungen durch Festphasenumsetzung oder sehr schnelle Chemie hergestellt werden. Weiterhin kann mit einer Synthese aus dem gleichen Grund nur eine Patientenmessung durchgeführt werden. Die maximal applizierten Aktivitäten liegen bei 50–100 mCi. Mit den beschriebenen Verfahren können Aktivitäten bis zu 500 mCi bei Bestrahlungsende ohne Schwierigkeiten produziert werden.

4.1.1 Target und Targetgase

^{15}O-Targets sind in der Regel aus Aluminium gefertigt, haben ein Volumen von ca. 100 ml und sind ca. 20 cm lang. Sie werden bei ca. 5 bar Ausgangsdruck betrieben. Als Targets für die ^{15}N (p,n) ^{15}O-Reaktion werden erheblich kleinere Behälter von nur ca. 4–10 ml benutzt, um das Gasinventar gering zu halten. Als Target wird meist ein Gemisch von 99% N_2 und 1% O_2 verwendet. Bei dieser Zusammensetzung stabilisiert sich das bei der Kernreaktion erzeugte heiße ^{15}O-Atom hauptsächlich in Form eines markierten Sauerstoffmoleküls. Unerwünschte Nebenprodukte, die sowohl direkt als auch durch strahlenchemische Zersetzung gebildet werden können, werden durch geeignete Absorptionsfallen entfernt. Abbildung 4.1 zeigt ein Schema der Produktion gasförmiger ^{15}O-Verbindungen.

a) $^{15}O_2$-*Produktion*
Zur O_2-Darstellung wird der Targetgasstrom lediglich über NaOH zur Entfernung von CO_2 sowie über Aktivkohle zur Absorption von Stickoxiden geleitet.

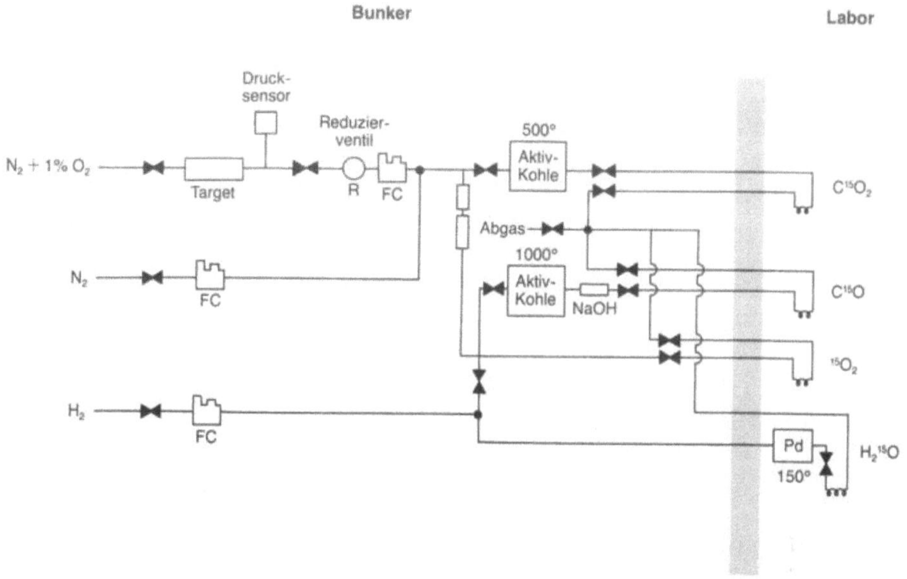

Abb. 4.1. Schematische Darstellung der ferngesteuerten on-line-Synthese von ^{15}O-Verbindungen. FC: Durchflußregler; alle Ventile sind elektrisch vom Labor aus fernzusteuern

Der markierte Sauerstoff wird dann in einem Gasreservoir am Tomographen aufgefangen und vom Patienten inhaliert. Soll die benötigte Aktivität in einem kleinen Volumen zur Bolusinhalation dienen, ist eine statische Bestrahlung mit hohem Strahlstrom die Methode der Wahl. Wird eine ständige Inhalation bis zum Erreichen eines Gleichgewichtszustandes angewendet, so müssen die Bestrahlungsdaten von Fall zu Fall in Abhängigkeit vom Gasdurchfluß, der Transportdistanz und der gewünschten Aktivitätskonzentration reguliert werden. Bei geeigneter Wahl der Leitungen und Drücke zum Transport können Distanzen bis zu mehreren hundert Metern überwunden werden (Heselius et al. 1984).

b) $H_2^{15}O$-*Produktion*

Markiertes Wasser wird meistens durch Palladium-katalysierte Reaktion des im Target erzeugten Sauerstoffs mit Wasserstoff hergestellt. Dem Targetstrom wird H_2 zugemischt, die Mischung wird bei erhöhter Temperatur über Pd auf Al_2O_3-Träger geleitet, und der entstandene Wasserdampf wird in einer Vorlage in isotonischer Kochsalzlösung aufgefangen.

Als weitere Möglichkeit ist die direkte Reaktion von Sauerstoffatomen mit Wasserstoff im Target demonstriert worden (Ruiz et al. 1978).

Das in Abb. 4.2 schematisch dargestellte System erlaubt es, eine injektionsfertige Präparation in einer stark abgeschirmten Spritze weniger als 2 min nach Bestrahlungsende zum Tomographen zu bringen. Der Sterilfilter hat hier neben der üblichen noch eine weitere Funktion: Da solche Filter nach Benetzung keine Luft passieren lassen, kann sich in der Spritze beim Aufziehen des

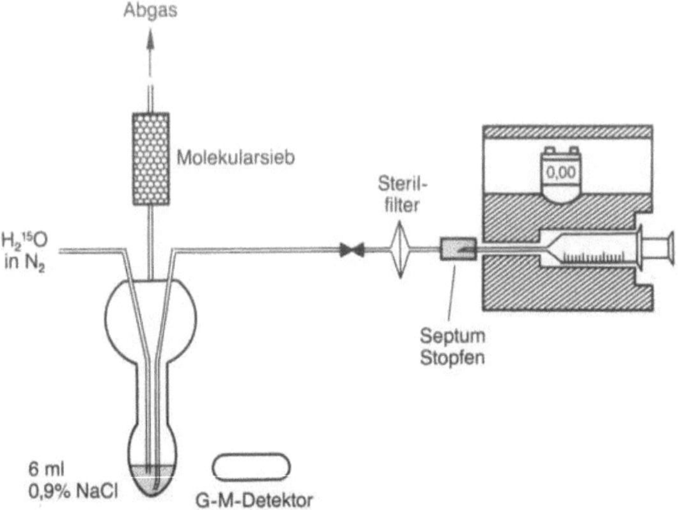

Abb. 4.2. H$_2^{15}$O-Darstellung zur Bolusinjektion. Ausführliche Erläuterung s. Text

markierten Wassers keine nennenswerte Luftblase bilden. Der Ablauf sei kurz skizziert:

- Pd-Ofen aufheizen, mit H$_2$ ca. 30 min konditionieren;
- Target füllen;
- Bestrahlen: 20–25 µA, 6 min statisch, nach 6 min im Durchfluß bestrahlen, H$_2$O sammeln;
- nach 5′30″ Sammelgefäß mit 6 ml isotonischem NaCl beschicken (durch Septumstopfen und Sterilfilter);
- Ventil schließen;
- je nach gewünschter Aktivität nach 8–12 min Durchfluß stoppen (kurz vorher Spritze aufziehen und blockieren);
- Ventil zur Spritze öffnen. Die Spritze füllt sich je nach Leitungslänge in 15–30 s;
- Blockierung entfernen (der Spritzenstempel geht zurück);
- Septumstopfen abziehen und Kanülenschutz aufsetzen;
- Spritze im Curiemeter messen, auf das doppelte der gewünschten Injektionsaktivität abklingen lassen, Stoppuhr starten und die Spritze wieder in die Bleiabschirmung stecken;
- Transport zum Tomographen.

Die Injektion von 40–50 mCi H$_2^{15}$O erfolgt über eine Braunüle mit Septumstopfen, der auf die Nadel aufgesteckt wird. Nach Ablauf von 2 min auf der Stoppuhr wird injiziert, wobei die Spritze in der Abschirmung bleibt.

Die verwendete Spritzenabschirmung muß einen Kompromiß zwischen Schutzwirkung und schneller Hantierbarkeit darstellen. Der verwendete Behälter für eine 10 ml-Spritze wiegt bei einer Bleidicke von rundum 3,5 cm ca. 6 kg. Die üblicherweise in der Nuklearmedizin verwendeten Spritzenabschirmungen bieten für die hier benötigten Aktivitätsmengen zu wenig Schutz. Ein Regelsystem zur konstanten Infusion von $H_2^{15}O$ ist von Meyer et al. (1986) beschrieben worden.

c) $C^{15}O_2$-*Produktion*

Zur Herstellung von markiertem CO_2 werden zwei Methoden verwendet: Wird ein Gemisch von N_2 und 2–2,5% CO_2 bestrahlt, so erhält man ^{15}O-markiertes CO_2 in guter Ausbeute. Die Produktion von geringen Mengen ^{13}N-N_2 ist allerdings unvermeidlich (die $^{12}C(d,n)^{13}N$-Reaktion hat eine Schwellenenergie von nur 0,4 keV). Weiterhin kann markiertes O_2 und CO auftreten.

Die zweite Methode geht vom $^{15}O_2$ aus, das über Aktivkohle bei 500 °C zu $C^{15}O_2$ verbrannt wird.

Beide Methoden eignen sich zum Einsatz für steady-state Verfahren zur Blutflußmessung.

d) $C^{15}O$

Die Herstellung von $C^{15}O$ zur Messung des Blutvolumens mit Hilfe markierten Carboxyhämoglobins bringt aufgrund der Toxizität des Tracers einige Probleme. Markiertes O_2 wird bei 1000 °C über Aktivkohle zu CO verbrannt. Da die Trägermenge am O_2 nicht ohne drastischen Ausbeuteverlust unter 0,25% gesenkt werden kann, enthält das Gasgemisch nach der Verbrennung mindestens 0,5% stabiles CO. Diese Konzentration kann durch die ohnehin notwendige Verdünnung des Targetgases mit Atemluft auf das Zwanzigfache auf 0,025% gesenkt werden. Eine solche Konzentration kann über wenige Minuten ohne Probleme appliziert werden.

Wichtig bei der Herstellung von $C^{15}O$ ist auch der Ausschluß von $C^{15}O_2$ im fertigen Produkt, da schon wenige Prozent genügen, um erhebliche Blutflußanteile dem Blutvolumenbild zu überlagern.

e) *Sonstige ^{15}O-markierte Verbindungen*

Als Syntheseverfahren für ^{15}O-Verbindungen sind bisher routinemäßig aufgrund der kurzen Halbwertszeit nur Durchflußmethoden eingesetzt worden, um die beschriebenen einfachen Verbindungen herzustellen. Vor kurzem ist es jedoch gelungen, in einer schnellen Synthese aus Tributylboran (Kabalka et al. 1985) ^{15}O-markiertes Butanol in brauchbaren Mengen zu erzeugen. Butanol kann, wie für den ^{11}C-markierten Alkohol gezeigt wurde (Kothari et al. 1985), als idealer Blutflußtracer im Gehirn gelten. Ein routinemäßiger Einsatz von ^{15}O-Butanol ist jedoch z. Zt. noch nicht bekannt, obwohl inzwischen eine sehr vereinfachte Darstellungsmethode (Takahashi et al. 1986) beschrieben wurde.

Zur Herstellung der ^{15}O-markierten Gase bieten alle Zyklotronhersteller sehr zuverlässige ferngesteuerte oder auch automatisierte Systeme an, so daß sich in den meisten Fällen Eigenkonstruktionen erübrigen.

4.1.2 Qualitätskontrolle

Zur Analyse der ^{15}O-markierten Gase ist die Gaschromatographie die Methode der Wahl. Zwei Säulen sind ausreichend, um alle radioaktiven Produkte zu trennen:

1. Molekularsieb 5 Å, 1,5-2 m, 2 mm Innendurchmesser
2. Porapak S, 1,5-2 m, 2 mm Innendurchmesser

Beide Säulen werden zwischen Raumtemperatur und bis zu 80 °C mit He als Trägergas betrieben. Um eine routinemäßige Kontrolle zu ermöglichen, ist es ratsam, den Gaschromatographen in das Gasproduktionssystem einzubinden.

Meyer (1982) schlägt ein vereinfachtes System vor, das nur aus einem Einspritzsystem, den Säulen und einem Radioaktivitätsdetektor besteht und zur Routinekontrolle der ^{15}O-Produkte und zum Nachweis etwa auftretender ^{13}N-Spezies völlig ausreicht. Eine Bestimmung inaktiver Produkte (CO!) ist hiermit jedoch nicht möglich. Eine Kontrolle von Sterilität und Pyrogenfreiheit ist bei ^{15}O-Verbindungen naturgemäß nur retrospektiv möglich. Die $H_2^{15}O$-Produktion sollte deshalb nach einem standardisierten Verfahren und unter weitgehender Verwendung von sterilen Komponenten erfolgen. In regelmäßigen Abständen sollten Synthesen zum Zweck von Sterilitäts- und Pyrogentests durchgeführt werden.

4.1.3 Applikation von Gasen: O_2, CO_2, CO

Die Inhalation von ^{15}O-markierten Gasen in der Art einer Bolusapplikation ist technisch relativ einfach: Das aktive Gas wird in einem Reservoir (Spirometer, Ballon o. ä.) gesammelt und vom Patienten, möglichst in einem einzigen tiefen Atemzug mit Luftanhalten, über eine Atemmaske oder ein Mundstück eingeatmet. Dieses Verfahren erfordert also aktive Mitarbeit vom Patienten und ist deshalb nicht immer anwendbar.

Beim steady-state Verfahren wird ein aktiver Gasstrom möglichst konstanter Aktivitätskonzentration mit Atemluft gemischt und vom Patienten über längere Zeit (10-15 min) eingeatmet, bis sich eine Gleichgewichtskonzentration eingestellt hat. Die Regelung der Aktivitätskonzentration kann bei instabilen Bestrahlungsbedingungen technisch recht aufwendig sein. Applikationssysteme werden von den Zyklotronherstellern angeboten.

4.2 ^{11}C und seine Verbindungen

Kohlenstoff-11 eignet sich als „organisches" Radionuklid ideal zur Markierung nahezu jeder denkbaren physiologisch aktiven Verbindung. Bisher sind über 400 verschiedene markierte Substanzen beschrieben worden. Nur eine relativ kleine Anzahl ist jedoch in größerer Breite am Menschen diagnostisch angewandt worden. Über die Herstellung der wichtigsten gasförmigen Verbindungen von ^{11}C sowie von ^{15}O und ^{13}N gibt die Monographie von Clark und Buckingham (1975) trotz Weiterentwicklung mancher technischer Details immer noch erschöpfende Auskunft.

4.2.1 Nuklid-Produktion

Die Kernreaktion ^{14}N (p,α)^{11}C wird heute praktisch ausschließlich zur Darstellung von ^{11}C benutzt (Crouzel et al. 1987). Das verwendete Gastarget erlaubt eine schnelle Entnahme des Radionuklids zur Weiterverarbeitung. Abbildung 4.3 zeigt die Anregungsfunktion der Kernreaktion. Auch mit Beschleunigern niedriger Energie lassen sich bei entsprechender Strahlstromstärke nutzbare Mengen von ^{11}C gewinnen. Ein typisches ^{11}C-Target ist ca. 30 cm lang und konisch mit einem Durchmesser von ca. 2 cm am Strahleintrittsfenster und ca. 5 cm am Ende. Als Material wird meist hochreines Aluminium verwendet. Dieses Material ist gut zu kühlen (Strahlleistung bis ca. 1 kW) und wird nur geringfügig aktiviert. Die Fensterfolien bestehen aus Havar (25 µm) und sollten mit Metalldichtringen angebracht werden. Die Kühlung der Doppelfolie erfolgt durch einen Heliumjet. Als Targetgas wird Stickstoff höchstmöglicher Reinheit (6.0) verwendet. Als zusätzliche Vorsichtsmaßnahme gegen das Einschleppen von inaktivem Kohlenstoff kann eine kurze Säule (Porapak Q, Molekularsieb 5 Å oder LiOH auf Trägermaterial) in

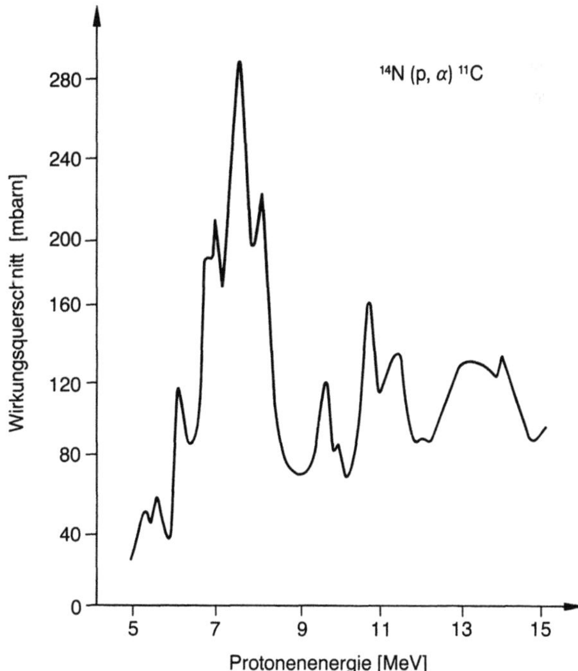

Abb. 4.3. Anregungsfunktion der ^{14}N(p,α)^{11}C-Reaktion

die zuführende Gasleitung eingebaut werden. Hierbei ist allerdings zu beachten, daß das Target selbst nicht durch den Säuleninhalt verunreinigt wird. Als Leitungen kommen nur Metallkapillaren aus Edelstahl oder Kupfer in hoher Qualität in Frage. Die Innenflächen müssen sauber und insbesondere frei von Ölrückständen aus der Produktion sein.

4.2.2 Darstellung von einfachen Verbindungen und Synthesevorläufen

^{11}C wird in den meisten Fällen als $^{11}CO_2$ gebildet und weiterverwendet. Spuren von O_2, die in hochreinem Stickstoff enthalten sind, reichen aus, um die zunächst durch die Kernreaktion gebildeten hochenergetischen („heißen") Kohlenstoffatome in CO_2 umzuwandeln (Vergl. Stöcklin 1969). Durch Zusatz anderer Gase lassen sich die Reaktionen schon im Target steuern. Zum Beispiel führt der Zusatz von einigen Prozent Wasserstoff bei niedrigen Bestrahlungsdosen teils zum $H^{11}CN$, teils zum $^{11}CH_4$. Bei den hohen Strahlströmen, wie sie für eine Produktion in nutzbaren Mengen notwendig sind, wird durch radiolytische Prozesse als einziges Produkt das $^{11}CH_4$ gebildet, das in einer on-line Reaktion wiederum in guter Ausbeute zum $H^{11}CN$ umgewandelt werden kann (Christman et al. 1975). Fügt man ca. 8% HI zu, entsteht in 25% Ausbeute $^{11}CH_3I$ (Wagner et al. 1981). Allerdings zeigt die letzte Reaktion eine starke Abhängigkeit von der Strahlstromstärke und eignet sich daher nicht zur Darstellung hoher Aktivitäten.

Tabelle 4.1 gibt einen Überblick über wichtige Prozesse zur Herstellung von Vorläufermolekülen, die ein Kohlenstoffatom enthalten und z. B. zur Einführung einer Carbonsäurefunktion ($^{11}CO_2$), einer Methylgruppe ($^{11}CH_3I$,

Tabelle 4.1. ^{11}C-markierte Vorläufermoleküle und ihre Herstellung

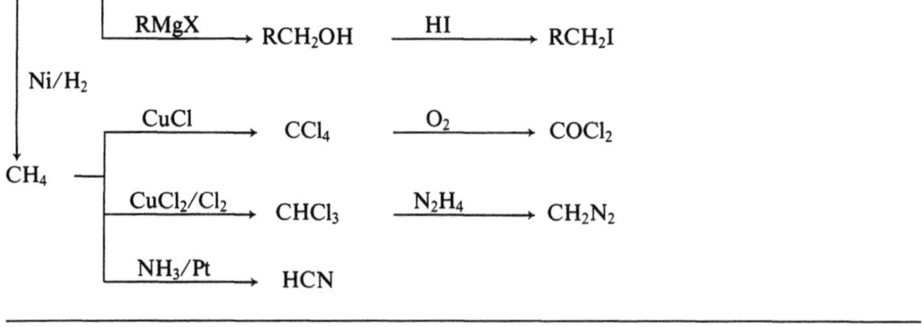

$$CO_2 \begin{cases} \xrightarrow{Zn/400\ ^{\circ}C} CO \xrightarrow{PtCl_4} COCl_2 \\[4pt] \xrightarrow{LiAlH_4} CH_3OH \xrightarrow{HI} CH_3I \xrightarrow{BuLi} CH_3Li \\ \qquad\qquad\quad\ \downarrow Ag \\ \qquad\qquad\quad\ CH_2O \\[4pt] \xrightarrow{RMgX} RCH_2OH \xrightarrow{HI} RCH_2I \end{cases}$$

$$CO_2 \xrightarrow{Ni/H_2} CH_4 \begin{cases} \xrightarrow{CuCl} CCl_4 \xrightarrow{O_2} COCl_2 \\[4pt] \xrightarrow{CuCl_2/Cl_2} CHCl_3 \xrightarrow{N_2H_4} CH_2N_2 \\[4pt] \xrightarrow{NH_3/Pt} HCN \end{cases}$$

$^{11}CH_2O$, $^{11}CH_3Li$), einer Carbonylfunktion ($^{11}COCl_2$) oder zur Herstellung von Aminosäuren ($H^{11}CN$) dienen können. Bei der Syntheseplanung wird meist angestrebt, die Markierung im letzten Schritt des Aufbaus der gewünschten Substrate vorzunehmen, da jeder weitere Syntheseschritt wertvolle Zeit kostet und zur Verringerung der Ausbeute und der spezifischen Aktivität führt. Auch einige kompliziertere Verbindungen wie z. B. längerkettige Alkyliodide (Langström et al. 1986) müssen in der Reihe der Vorläufermoleküle erwähnt werden.

a) $^{11}CO_2$

Die Herstellung und Weiterverarbeitung des zentralen Vorläufers $^{11}CO_2$ soll hier etwas näher dargestellt werden. Bei der Bestrahlung des Targets sind zwei Betriebsarten denkbar: Bestrahlung im fließenden Targetgas mit anschließendem Ausfrieren des $^{11}CO_2$ erlaubt eine baldige Beurteilung der Ausbeute und ein Steuern evtl. zu niedriger Aktivitäten durch die Erhöhung des Strahlstromes. Probleme bieten jedoch die großen Gasmengen, die Verunreinigungen und verdünnendes ^{12}C einschleppen können. Um möglichst hohe spezifische Aktivitäten zu erreichen, wird eine statische Bestrahlung verwendet, und zwar mit möglichst hohem Strahlstrom, um die Bestrahlungsdauer zu verkürzen. Da das $^{11}CO_2$ in einem kleinen Gasvolumen zur weiteren Synthese gelangen soll, wird das N_2-Targetgas durch Ausfrieren des $^{11}CO_2$ abgetrennt. Hierzu dient entweder eine leere Stahlkapillare (ca. 50 cm) in einem flüssig-N_2 oder flüssig-Ar-Bad oder eine kurze, mit Molekularsieb 4 Å gefüllte Säule bei Raumtemperatur. Im ersten Fall wird die Ausfrierausbeute mit ca. 90% angegeben, und das $^{11}CO_2$ kann schon beim Erwärmen der Spirale auf Raumtemperatur quantitativ entnommen werden. Im zweiten Fall wird $^{11}CO_2$ zu 98% absorbiert, jedoch muß die Säule zur Desorption auf ca. 230° geheizt werden und entläßt dann ca. 90% des $^{11}CO_2$. Auf die beschriebene Weise lassen sich auch mit kleinen Beschleunigern 1–2 Ci $^{11}CO_2$ herstellen. Eine spezifische Aktivität von 1–6 Ci/µmol kann hierbei erreicht werden (Comar 1987, Crouzel et al. 1987).

b) ^{11}CO

^{11}C-markiertes Kohlenmonoxid wird durch Reduktion des $^{11}CO_2$ an einem Zinkgranulat bei 390° in einer on-line Reaktion dargestellt. Das Produktionssystem ist eine Erweiterung der CO_2-Herstellung (s. Abb. 4.4). 1 Ci ^{11}CO ist ohne Schwierigkeiten darstellbar. ^{11}CO selbst kann zur Blutvolumenmessung eingesetzt werden. Da die spezifische Aktivität hoch ist, treten im Gegensatz zum $C^{15}O$ Probleme mit der Toxizität nicht auf.

c) $H^{11}CN$

$H^{11}CN$ wird in wasserstoffhaltigen N_2-Targets als Produkt einer heißen Reaktion gebildet (Finn et al. 1971). Die praktische Anwendung zur direkten Produktion nutzbarer Mengen wird jedoch verhindert durch die Radiolyse bei hohen Strahlströmen, die zum $^{11}CH_4$ als einzigem Produkt führt. Läßt man dieses Methan mit NH_3 an einem Platinkatalysator bei ca. 1000° reagieren, so erhält man das gewünschte $H^{11}CN$. Soll im Target gebildetes $^{11}CO_2$ als Vorläufer dienen, so wird dieses mit H_2 an einem Ni-Katalysator zum $^{11}CH_4$ redu-

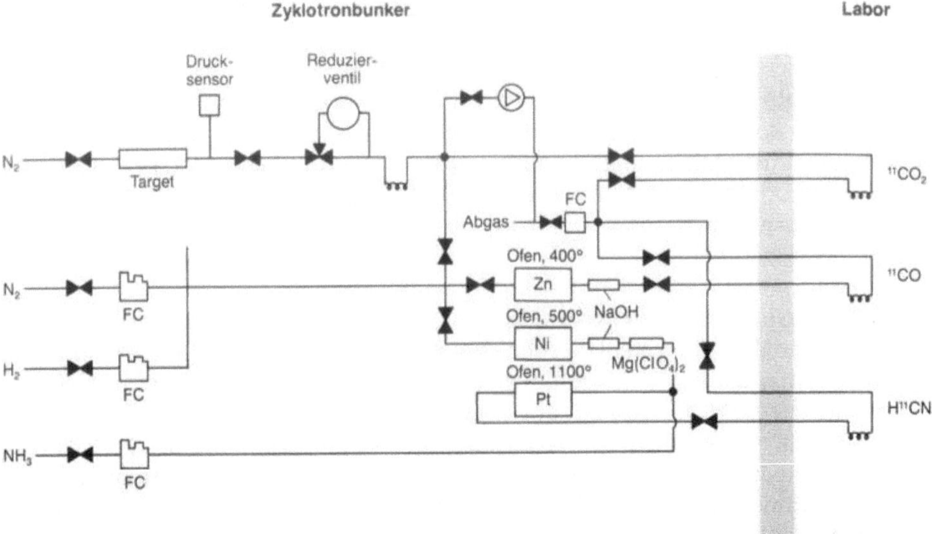

Abb. 4.4. Schematische Darstellung der on-line-Synthese von ^{11}C-markierten Vorläufermolekülen

ziert, getrocknet, vom restlichen $^{11}CO_2$ gereinigt und dann der Reaktion mit NH_3 zugeführt (s. Abb. 4.4).

d) $^{11}CH_3I$

Das für eine große Anzahl von Methylierungsreaktionen verwendete ^{11}C-markierte Methyljodid wird praktisch ausschließlich nach einem weithin akzeptierten Verfahren hergestellt (Langström et al. 1976, Maranzano et al. 1977): $^{11}CO_2$ wird mit Li-Aluminiumhydrid in Tetrahydrofuran zum $^{11}CH_3OH$ reduziert. Das als Methanolat vorliegende Produkt wird nach Entfernung des Lösungsmittels bei erhöhter Temperatur mit Wasser oder HI-Lösung freigesetzt und mit HI bei Siedetemperatur zum $^{11}CH_3I$ umgesetzt. Das Methyljodid wird mit einem langsamen Gasstrom in die Reaktionslösung übergetrieben. Der gesamte Prozeß ist in ca. 5 min beendet. Abbildung 4.5 zeigt eine schematische Darstellung der Syntheseapparatur. Die Apparatur ist ferngesteuert oder automatisch (Berger et al. 1979, van de Walle et al. 1985). Meist werden Reduktion und Jodierung in zwei getrennten Gefäßen durchgeführt. Um $^{11}CH_3I$ in möglichst hoher spezifischer Aktivität zu erzeugen, sollten die verwendeten Lösungsmittel und Geräte absolut trocken sein. Destillation der Lösungsmittel und Aufbewahrung über Natrium und unter Inertgas (N_2 oder Argon) sind empfehlenswert. Besonders kritisch ist die Präparation der THF-Lösung des Lithiumaluminats. Diese basische Lösung zieht sehr schnell CO_2 aus der Luft an. Die gesamte Präparation (Einwaage, Auflösen, Abfüllen in eine Spritze) sollte daher unter Inertgasatmosphäre stattfinden. Für käuflich erhältliche Lösungen gelten die gleichen Vorsichtsmaßnahmen. Die verwendete Jodwasserstoffsäure (57%) sollte über roten Phosphor destilliert und dann kühl und dunkel aufbewahrt werden.

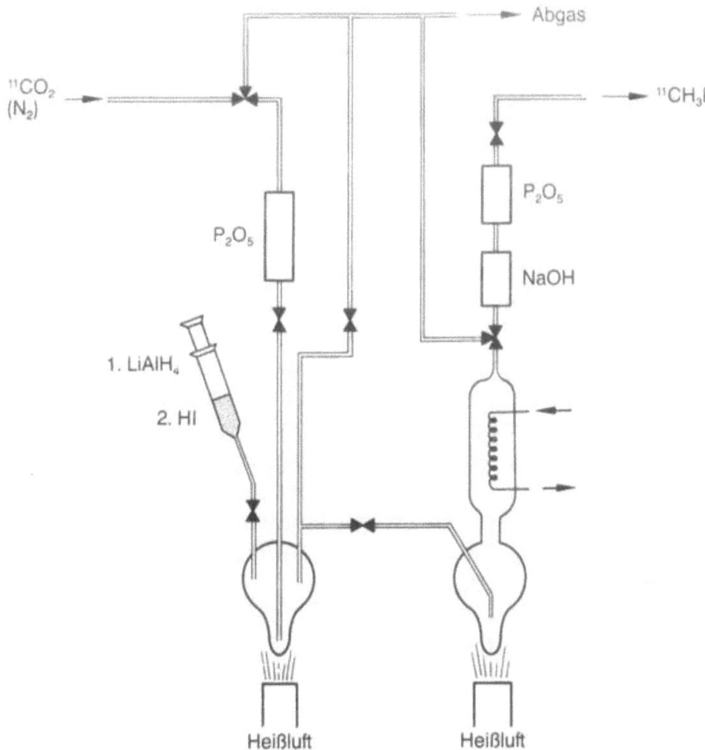

Abb. 4.5. Syntheseapparatur zur Darstellung von $^{11}CH_3I$ aus $^{11}CO_2$

Eine neue Methode (Oberdorfer et al. 1985) verwendet P_2I_4 als Jodierungsreagenz in einer Gas-Festphasenreaktion. Das Diphosphortetraiodid kann für etwa 10 aufeinanderfolgende Präparationen verwendet werden, was für eine Automatisierung sehr vorteilhaft ist.

Mit den beschriebenen Methoden können 1–2 Ci $^{11}CH_3I$ in 5–6 min, gerechnet vom Ende der $^{11}CO_2$-Ausfrierung, mit einer spezifischen Aktivität von 2–5 Ci/µmol erzeugt werden. Die Qualitätskontrolle kann sowohl durch HPLC (z. B. RP-18 Säule mit Wasser als Eluens) oder durch Gaschromatographie erfolgen. Mit geeigneten Detektoren (z. B. WLD, Oberdorfer et al. 1985) liegt die Erfassungsgrenze für CH_3I unter 1 nMol.

Durch Umsetzung des Methyljodids mit Butyllithium läßt sich Methyllithium darstellen (Reiffers et al. 1980).

e) $^{11}CH_2O$

Markiertes Formaldehyd entsteht durch Umsetzung von $^{11}CH_3OH$ an Silberwolle im Durchfluß bei 450° (Maranzano et al. 1977). Auch eine enzymatische Reaktion, ebenfalls von Methanol ausgehend, ist beschrieben worden (Slegers et al. 1984). Die Bedeutung von Formaldehyd für Markierungssynthesen ist bisher jedoch relativ gering geblieben.

f) $^{11}COCl_2$

Der recht flexible Vorläufer Phosgen kann auf mehreren Wegen dargestellt werden. Die beiden älteren Verfahren gehen vom $^{11}CO_2$ aus, das zum ^{11}CO reduziert und dann entweder mit Cl_2 unter UV-Bestrahlung (Brinkmann et al. 1978, Finn et al. 1979) oder mit $PtCl_4$ bei erhöhter Temperatur zum Phosgen umgesetzt wird. Beide Präparationsmethoden haben inhärente Probleme: Im Falle der direkten Chlorierung macht die Entfernung des großen Cl_2-Überschusses mit Antimon erhebliche Probleme. Die Chlorierung mit Hilfe von Platintetrachlorid ist extrem sensitiv gegenüber Temperaturschwankungen, die genaue Reaktionstemperatur muß für jeden Aufbau ausgetestet und sehr exakt eingehalten werden. Außerdem ist $PtCl_4$ eine Quelle von kohlenstoffhaltigen Verunreinigungen und senkt damit die spezifische Aktivität. Eine neuere Methode (Landais u. Crouzel 1987) verwendet $^{11}CH_4$ aus einem N_2/H_2-Target als Ausgangsprodukt, das mit $CuCl_2$ auf Schamotte zunächst zum $^{11}CCl_4$ umgesetzt und danach an Stahlfüllkörpern zum $^{11}COCl_2$ oxidiert wird. Die radiochemischen Ausbeuten aller Verfahren sind vergleichbar (30–50%), jedoch ist beim letzten Prozeß eine ca. dreifach höhere spezifische Aktivität erreicht worden. Phosgen ist als Vorläufer in einer ganzen Reihe von Synthesen eingesetzt worden (s. unten).

g) Andere Vorläufermoleküle

Die bisher beschriebenen Vorläufer enthalten nur ein Kohlenstoffatom, und zwar im Idealfall das ^{11}C-Atom. Abgeleitete Vorläufermoleküle enthalten eine größere Anzahl von C-Atomen. So können durch Umsatz von $^{11}CO_2$ mit Grignard-Verbindungen und nachfolgende Jodierung des entstehenden Alkohols eine Reihe von längerkettigen Alkyl- oder Aryljodiden dargestellt werden wie CH_3-CH_2I, C_2H_5-CH_2I, C_3H_7-CH_2I und $(CH_3)_2$-CH-CH_2I, Benzyljodid (Langström et al. 1986).

Auf diese Weise kann das Markierungsatom nicht nur ans Ende, sondern auch in eine weiter entfernt liegende Position eines Moleküls eingebaut werden. Zusammenfassend kann festgestellt werden, daß die meisten Routinesynthesen von $^{11}CH_3I$, $H^{11}CN$ und vom primären Vorläufer $^{11}CO_2$ ausgehen.

Stellvertretend für die große Anzahl der durchgeführten Markierungen sollen im folgenden einige wichtige Synthesen näher beschrieben werden (Tabelle 4.2).

4.2.3 Beispiele wichtiger Synthesen

a) Synthesen ausgehend von $^{11}CO_2$
^{11}C Palmitinsäure
In der Carboxylgruppe mit ^{11}C markierte Palmitinsäure dient zur Untersuchung des Fettsäurestoffwechsels im Herzen. Sie wird durch eine Grignard-Reaktion von Pentadecylmagnesiumbromid mit $^{11}CO_2$ dargestellt. Die Synthesedauer beträgt 10–12 min, die radiochemische Ausbeute liegt bei 60–70%.

Eine chromatographische Reinigung ist bei dieser Synthese nicht notwendig. Verschiedene Aufbauten zur Synthese sind beschrieben worden (Welch

Tabelle 4.2. Auswahl einiger wichtiger ^{11}C-markierter Radiopharmaka

Vorläufer	Produkt	Referenz
$^{11}CO_2$	Palmitinsäure	Jewett et al. 1985
	Pyruvat	Hara et al. 1985, Kilbourn et al. 1982
	Acetat	Pike et al. 1984
	Glucose	Ehrin et al. 1983
	Chlorgylin	MacGregor et al. 1985
	Deprenyl	MacGregor et al. 1985
	Butanol	Knapp et al. 1985
	Diprenorphin	Burns et al. 1984, Luthra et al. 1985
	Pindolol	Prenant et al. 1987
CH_2O	Imipramin	Ram et al. 1986
	Practolol	Berger et al. 1983
$H^{11}CN$	Leucin	Barrio 1986
	2-Deoxyglucose	Stone-Elander et al. 1985
	1-^{11}C-Glucose	Shiue et al. 1985a
	ACPC	Sambre et al. 1985
$^{11}CH_3I$	Carfentanil	Dannals et al. 1985
(RCH_2I)	Methionin	Langström et al. 1976
	Methylspiperon	Dannals et al. 1984
	Raclopride	Ehrin et al. 1985
	Methylfluorid	Stone-Elander et al. 1986
	Methylketanserin	Dannals et al. 1986b
	Albumin-Microsphären	Turton et al. 1984a
	Valin	Antoni et al. 1987
	RO-15-1788	Maziere et al. 1984
	PK 11195	Camsone et al. 1984
	Methyl-QNB	Maziere et al. 1983
$COCl_2$	Ketanserin	Berridge et al. 1983a
	DMO	Ginos 1985
	BCNU	Tyler et al. 1986
	Prazosin	Ehrin et al. 1986
	Pargylin	Ishiwata et al. 1985
	CGP 12177	Boullais et al. 1986

et al. 1983, Jewett et al. 1985). CO_2 wird zunächst in der bereits beschriebenen
Sammelspirale ausgefroren. Zur Synthese wird das $^{11}CO_2$ dann mit einem
langsamen Inertgasstrom durch eine Lösung von Pentadecylmagnesiumbromid in Diäthyläther geleitet. Anschließend wird zur Zerstörung von über-
schüssiger Grignard-Verbindung und zur Freisetzung der markierten Palmitinsäure eine 1-normale Salzsäurelösung zugegeben. Nach Vermischen läßt man
die Phasen separieren und verwirft die HCl-Lösung. Die ätherische Lösung
wird zweimal mit physiologischer Kochsalzlösung gewaschen und danach mit
95%igem Äthanol verdünnt. Der Äther wird durch einen Gasstrom entfernt,
und zuletzt wird die alkoholische Lösung mit einer 3,5%igen Lösung von
Humanserumalbumin in physiologischer Kochsalzlösung verdünnt. Das
Gemisch wird zum Schluß steril filtriert und ist danach fertig zur Anwendung.

Eine weitere, einfache und schnelle Methode (Jewett 1985) benutzt einen
Syntheseaufbau aus einer Abfolge von kurzen Säulen. Die erste Säule enthält

eine sehr kleine Menge des Grignard-Reagenzes, adsorbiert an einem porösen Polypropylenpulver. Das $^{11}CO_2$ wird mit einem sehr langsamen Stickstoffstrom über diese Säule geblasen, anschließend folgt gasförmiges HCl und wiederum Stickstoff zur Entfernung des überschüssigen HCl. Das gebildete Produkt wird mit wenigen Millilitern Äther/Hexan (4:1) gemischt und auf eine kurze Aluminiumoxydsäule gespült. Durch 10 ml Äther/Essigsäure (1,5%) läßt sich die gebildete Palmitinsäure von Aluminiumoxyd eluieren. Beide erwähnten Methoden erlauben mehrere Synthesen in schneller Abfolge, da der apparative Aufbau einfach ist, und nur wenige Teile der Systeme ausgewechselt werden müssen. Ein computergesteuertes vollautomatisches System ist kommerziell erhältlich (JSW).

Zur Qualitätskontrolle der gebildeten Palmitinsäure dient die Hochdruckflüssigkeitschromatographie, z. B. auf einer Waters-Fettsäureanalysesäule mit $THF/CH_3CN/H_2O$ (35/30/40) als Laufmittel (Welch et al. 1983).

C-11-Glucose

In allen Positionen gleichmäßig mit Kohlenstoff-11 markierte Glucose kann durch photosynthetischen Einbau von $^{11}CO_2$ in z. B. Spinatblätter (Ishiwata et al. 1987a) oder Grünalgen (Ehrin 1983) hergestellt werden. Die feuchten Blätter oder die Aufschlämmung der Algen wird hierzu über wenige Minuten einer $^{11}CO_2$-haltigen Atmosphäre und einer starken Belichtung ausgesetzt. Durch Behandlung mit Acetonitril/Wasser oder mit Äthanol und HCl werden die gebildeten markierten Zucker extrahiert. Die Abtrennung von unerwünschten markierten Zuckern (Saccharose, Fructose) gelingt durch präparative HPLC. Zur injektionsfertigen Einstellung werden Kalziumionen (aus dem Eluens) mit Phosphatpuffer ausgefällt, mit Kochsalzlösung isotonisch eingestellt und steril filtriert. Durch geeignete Wahl der Hydrolysebedingungen läßt sich die Hydrolyse-empfindlichere Fructose weitgehend zerstören, so daß eine HPLC-Reinigung unter Umständen entfallen kann (Ishiwata et al. 1987a).

b) Synthesen ausgehend von $H^{11}CN$

$1-^{11}C$-Glucose, ^{11}C-2-Deoxy-D-Glucose

Die Synthese der spezifisch in der 1-Position mit Kohlenstoff-11 markierten D-Glucose (Shiue und Wolf 1985) wird durch Umsetzung von Arabinose mit $Na^{11}CN$ und nachfolgende Reduktion mit Raneynickel in 30%iger Ameisensäure erreicht. Das zunächst erhaltene Gemisch von Glucose und Mannose wird durch HPLC getrennt. Die radiochemische Ausbeute liegt bei 15% (korrigiert auf das Bestrahlungsende), und die gesamte Synthesezeit ist 70 min. $H^{11}CN$ wird hierbei in 300 µl einer NaCN-Trägerlösung (0,34 mmol) aufgefangen und dann mit 0,2 mmol D-Arabinose in 300 µl Wasser zur Reaktion gebracht. Die Einhaltung eines pH-Wertes von 8 ist sehr wesentlich, um eine hohe Ausbeute des Zwischenproduktes in kurzer Reaktionszeit zu erhalten. Auf die gleiche Weise kann, ausgehend von D-Lyxose, die $1-^{11}C$-D-Galaktose präpariert werden.

Die Benutzung der ^{11}C-markierten 2-Deoxy-D-Glucose zur Messung des regionalen Glucosestoffwechsels im Gehirn hat Vorteile und Nachteile: die kurze Halbwertzeit des Markierungsnuklides erlaubt Wiederholungsmessungen innerhalb eines Tages. Hingegen muß, anders als bei der mit Fluor-18 markierten Deoxy-Glucose, für jeden Patienten eine gesonderte Synthese durchgeführt werden. Die ^{11}C-2-DG kann durch Umsetzung von ^{11}C-Natriumcyanid mit dem Vorläufer 1-Deoxy-2-3-4-5-D-O-Isopropyliden 1-Iodo-D-Arabitol dargestellt werden (Stone-Elander 1985). Anders als die vorher vorgeschlagenen Triflatvorläufer (MacGregor et al. 1981) ist dieser Vorläufer stabil und muß nicht unmittelbar vor der Synthese dargestellt werden. Die Reduktion des zunächst entstandenen Nitrils erfolgt mit Diisobutylaluminiumhydrid; Hydrolyse des Imin-Aluminium-Komplexes mit Schwefelsäure und Entfernung der Isopropylidenschutzgruppen mit Ameisensäure führt zur ^{11}C-2-DG in einer Ausbeute von etwa 20% nach 50 min Synthesezeit. Diese Zeit schließt die HPLC-Reinigung über eine Ionenaustauschersäule mit Wasser als Eluens ein. Wichtig bei dieser Synthese ist allerdings der absolute Ausschluß von Feuchtigkeit in den ersten Reaktionsschritten. Bedingt durch den Zusatz von NaCN-Träger ist die spezifische Aktivität der erhaltenen 2-DG relativ niedrig. Dies stellt jedoch in diesem Fall kein Problem dar.

^{11}C-1-Aminocyklopentancarbonsäure

Die unphysiologische Aminosäure ^{11}C-1-ACPC wird zur Darstellung des Tumormetabolismus durch Positronentomographie benutzt. Die zweistufige Synthese geht aus vom Cyklopentanon, das in einer Bücherer-Strecker-Synthese mit KCN, Ammoniumcarbonat und Ammoniumchlorid bei 185° in einem geschlossenen Gefäß zur Reaktion gebracht wird. Das entstandene Zwischenprodukt wird anschließend mit Natronlauge, ebenfalls bei 185° im geschlossenen Gefäß, hydrolysiert. Durch Chromatographie über Anionen- und dann Kationenaustauscher werden Verunreinigungen (hauptsächlich unreagiertes Cyanid) entfernt (Abb. 4.6).

Eine Apparatur zur ferngesteuerten Darstellung dieser Verbindung wurde von Sambre et al. (1985) vorgestellt. Eine radiochemische Ausbeute von 60% bei einer Synthesedauer von 60 min wird hiermit routinemäßig erreicht. Die spezifische Aktivität ist aufgrund des Trägerzusatzes mit etwa 2 Ci/mmol niedrig. Zur Qualitätskontrolle wird die Dünnschichtchromatographie auf Silikagel eingesetzt.

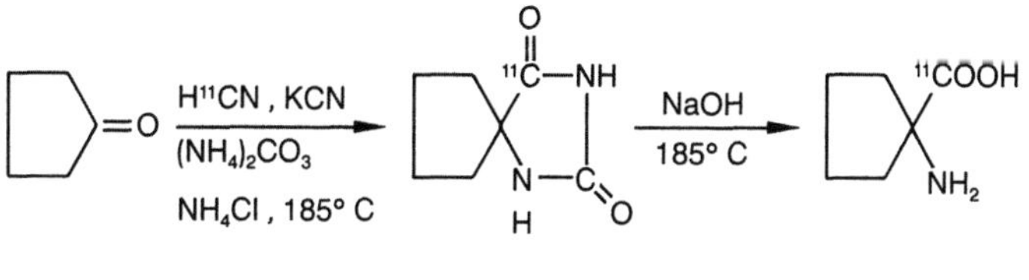

Abb. 4.6

c) Synthesen ausgehend von ^{11}C-CH$_3$I

^{11}C-Methyl-L-Methionin

Das zur Darstellung der Aminosäureaufnahme im Gewebe vorgeschlagene Methionin wird durch Reaktion des Natriumsalzes von Homocystein mit Methyliodid dargestellt. Hierzu wird vom S-Benzyl-Homocystein (Langström et al. 1976), vom Homocysteinthiolakton (Berger et al. 1979) oder vom L-Homocystein direkt (Meyer et al. 1982) ausgegangen. ^{11}C-Methyliodid wird in der Regel in trockenem Azeton aufgefangen und eine Lösung des Natriumsalzes wird zugegeben. Auch die Reaktion direkt im flüssigen Ammoniak, das zur Darstellung des Natriumsalzes benutzt wurde, ist beschrieben worden. Bei der letzteren Methode erübrigt sich das Erhitzen des Reaktionsgemisches. Präparative Hochdruckflüssigkeitschromatographie dient im wesentlichen zur Abtrennung nicht radioaktiver Verunreinigungen, die Ausbeute von Methylmethionin ist nahezu quantitativ. Je nach Bestrahlungsbedingungen können bis zu einige Hundert mCi an Methylmethionin dargestellt werden. Ferngesteuerte Synthesemethoden sind beschrieben worden (Berger et al. 1979).

3-N-^{11}C-Methylspiperon

Die ersten Darstellungen von Dopaminrezeptoren-reichen Arealen im menschlichen Gehirn durch Injektion von C-11 markiertem Methylspiperon haben im Jahre 1983 Furore gemacht (Wagner et al. 1983). Die Weiterentwicklung der synthetischen Methode (Burns et al. 1984, Dannals et al. 1985) führte zu einer Synthese, die ^{11}C-Methylspiperon in 21 min incl. HPLC-Reinigung in einer spezifischen Aktivität von bis zu 3 Ci/µmol liefert. Methyliodid wird hierzu in einer gekühlten Lösung von 1 mg Spiperon in 200 µl Dimethylformamid aufgefangen (Abb. 4.7). Unmittelbar nach Beendigung der Einleitung wird Tetrabutylammoniumhydroxid zugegeben, die Kühlung wird durch ein etwa 80° warmes Wasserbad ersetzt, nach 1 min wird HPLC-Solvens zugegeben (Acetonitril/Wasser 1:1, 0,5 molar an Ammoniumformiat), und die Mischung wird auf eine halbpräparative HPLC-Säule gegeben. Die Retentionszeit für das gewünschte Produkt beträgt 7,2 min bei 9 ml/min, das Spiperon selbst wird bereits nach 4,4 min eluiert. Zur Bestimmung der Reinheit und spezifischen Aktivität wird ein Aliquot einer analytischen Hochdruckflüssigkeitschromatographie unterzogen. Der gesamte Prozeß benötigt nur 21 min. Diese Zeitersparnis ist wesentlich auf eine sehr schnelle Methyliodidsynthese zurückzuführen (5 min Synthesedauer gerechnet von Bestrahlungsende).

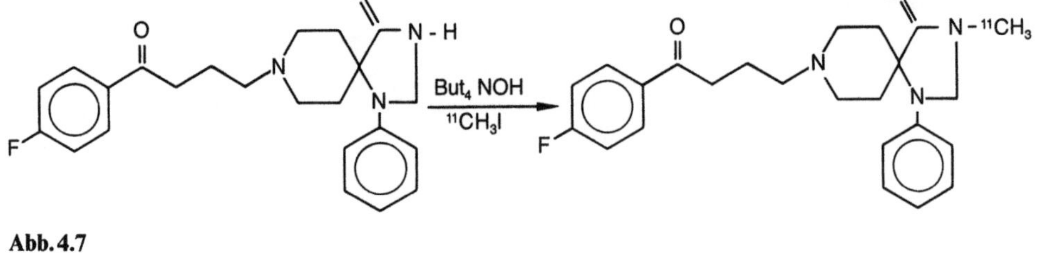

Abb. 4.7

^{11}C-Carfentanil

Bei der Synthese des Opiatrezeptor-bindenden Carfentanils ist es besonders wichtig, eine hohe spezifische Aktivität zu erreichen. Carfentanil stellt nämlich einen extrem potenten Agonisten dar, der etwa 7000mal potenter ist als Mor-

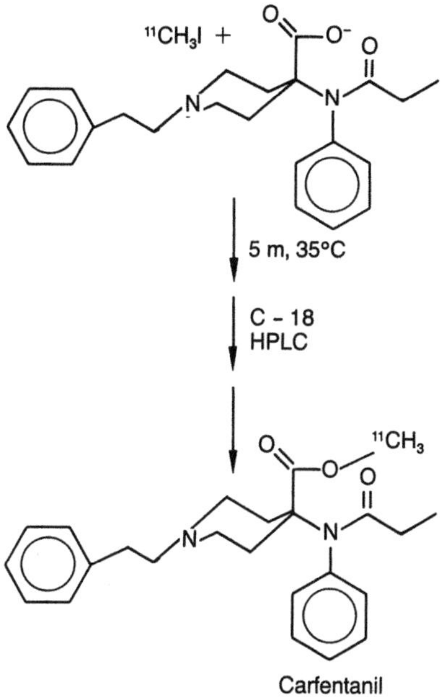

Abb. 4.8   Carfentanil

phin selbst. Um unterhalb einer physiologischen Wirkung zu bleiben, können
also nur extrem geringe Mengen injiziert werden. Zur Synthese (Dannals et al.
1985) wird das Natriumsalz des Carfentanils mit Iodmethan verestert
(Abb. 4.8).

Der Syntheseaufbau ist praktisch identisch zu dem für das erwähnte
Methylspiperon benutzten. Das Natriumsalz des Carfentanils wird in 100 µl
Dimethylformamid vorgelegt, das Methyliodid wird bei tiefer Temperatur
(-78 °C) eingeleitet. Die Reaktion findet bei 35 °C statt, und nach 5 min wird
das gesamte Reaktionsgemisch auf die HPLC-Säule zur Reinigung gegeben.
Die Elution erfolgt mit Methanol/Wasser (70:30, 6 ml/min). Das markierte
Carfentanil eluiert unter diesen Bedingungen nach 8 min, der peak wird in
einem Rotationsverdampfer aufgefangen und das Lösungsmittel im Vakuum
entfernt. Dann wird mit physiologischer Kochsalzlösung aufgenommen und
steril filtriert. Nach einer Synthesedauer von etwa 30 min muß die spezifische
Aktivität über 1 Ci/µmol am Ende der Synthese betragen. Die radiochemische Ausbeute, bezogen auf die Startaktivität an $^{11}CO_2$, beträgt etwa 30%.

^{11}C-3-O-Methyl-D-Glucose

Die zur Messung des Glucosetransportes über die Bluthirnschranke vorgeschlagene 3-O-Methyl-D-Glucose wurde zuerst von Kloster et al. (1981) in der
Methylgruppe mit C-11 markiert. Das Kaliumsalz der Diacetonglukose wird
hierzu in ätherischer Lösung mit ^{11}C-Methyliodid umgesetzt. Die Schutzgrup-
pen werden durch saure Hydrolyse entfernt und das Produkt wird durch
Hochdruckflüssigkeitschromatographie gereinigt. Das Eluens (Acetontril/
Wasser) wird entfernt, es wird in physiologischer Kochsalzlösung aufgenom-

men und steril filtriert. Eine Modifikation dieser Synthese (Turton et al. 1984) geht von Natriumsalz in THF aus und vereinfacht die Aufarbeitung durch Trennung über eine mit Wasser eluierte Ionenaustauschersäule. Das Eluat kann so direkt isotonisch eingestellt und steril filtriert werden. Die radiochemischen Ausbeuten liegen bei etwa 40%, die Synthesedauer beträgt ungefähr 40 min.

d) Synthesen ausgehend vom ^{11}C-Phosgen

C-11-DMO

Die schwache Säure 2-^{11}C-5,5-Dimethyl-2,4-Oxazolidin-Dion dient zur Darstellung des regionalen pH-Wertes im Hirngewebe. Ausgehend vom ^{11}COCl$_2$, wird die Synthese entweder zweistufig (Ginos 1985) oder auch einstufig (Diksic 1984) durchgeführt (Abb. 4.9). Eine Reinigung über Flashchromatographie (Still et al. 1978) reicht aus, um ein reines Produkt zu gewinnen. Das ^{11}C-markierte Phosgen wird durch Umsetzung von ^{11}CO über Platintetrachlorid bei 385 °C gewonnen.

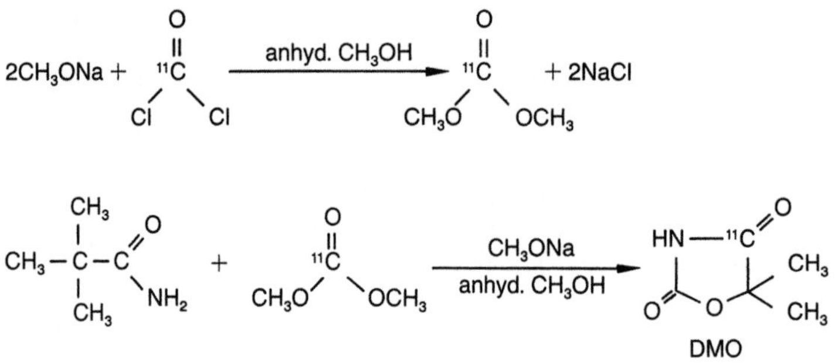

Abb. 4.9

4.3 ^{13}N und seine Verbindungen

Von den relativ wenigen beschriebenen ^{13}N-Verbindungen haben nur das ^{13}NH$_3$ zur Messung des Blutflusses sowie das ^{13}N-Glutamat zur Darstellung des Aminosäurestoffwechsels im Herzen (Schelbert und Schwaiger 1986) eine nennenswerte Anwendung gefunden. Eine Übersicht der Darstellung markierter Verbindungen findet sich bei Fowler und Wolf (1982).

4.3.1 Nuklidproduktion

Zur Routinedarstellung von ^{13}N werden hauptsächlich die Kernreaktionen ^{12}C(d,n) ^{13}N und ^{16}O(p, α) ^{13}N verwendet. Beide Reaktionen liefern ^{13}N in hoher spezifischer Aktivität und radiochemischer Reinheit. Tabelle 4.3 zeigt eine Übersicht über Kernreaktionen, Targetmaterialien und Primärprodukte.

Tabelle 4.3. Produktion von ^{13}N und Darstellung von Synthesevorläufern

Kernreaktion	Schwellen-energie MeV	Max. Wirkungs-querschnitt mb	Target-material	Produkt
^{12}C(d,n)^{13}N	0,3	150	^{12}CO$_2$-Gas ^{12}CH$_4$-Gas ^{12}C (Graphit, Aktivkohle)	^{13}N$_2$ ^{13}NH$_3$ ^{13}N$_2$
^{16}O(p,α)^{13}N	5,5	1,9	H$_2^{16}$O	^{13}NO$_2^-$, ^{13}NO$_3^-$
^{13}C(p,n)^{13}N	3,2	211	^{13}C-Pulver + Wasser	NH$_4^+$, NO$_3^-$

Für die Routineproduktion ist das Wassertarget am gebräuchlichsten. Das Targetgefäß wird aus Aluminium gefertigt und erhält meist die auch von anderen Targets bekannten Havarfolien. Eine effiziente Wasserkühlung des Targetkörpers ist notwendig, um ein Sieden des Targetinhaltes zu vermeiden. Zur Darstellung des für die meisten ^{13}N-Synthesen benutzten Vorläufers ^{13}NH$_3$ wird das im Targetwasser enthaltene Produktgemisch aus ^{13}N-Nitrit und ^{13}N-Nitrat mit De Vardascher Legierung oder TiCl$_3$ reduziert. Das ^{13}NH$_3$ wird aus der alkalischen Lösung in Wasser übergetrieben und in dieser Form für weitere Synthesen oder auch direkt zu Blutflußmessungen eingesetzt.

Ein interessantes Target, das besonders für Protonenbeschleuniger niedriger Energie entwickelt wurde, beschrieben Bida und Mitarbeiter (1986). Sie verwenden eine Aufschlämmung von ^{13}C-Kohlenstoffpulver in Wasser und nutzen somit zugleich zwei verschiedene Bildungsreaktionen für ^{13}N aus. In einer Kombination verschiedener Rückstoß- und Radiolysereaktionen entsteht im Targetwasser ein Gemisch von ^{13}NH$_4+$ und ^{13}NO$_3-$ in Mengen, die etwa um ein Vierfaches über den in einem reinen Wassertarget erhaltenen liegen. Das Targetwasser kann ohne weitere Behandlung für Markierungen eingesetzt werden. Das angereicherte Kohlenstoffpulver verbleibt im Target und wird praktisch nicht verbraucht.

4.3.2 ^{13}N-Verbindungen

Die Synthesemöglichkeiten mit ^{13}N sind aufgrund der kurzen Halbwertszeit von nur 9,6 min begrenzt. Eine verbreitete Verwendung findet ^{13}NH$_3$, dessen Synthese schon beschrieben wurde. Auch die Bestrahlung von ^{12}CH$_4$ als Targetgas kann zur Herstellung von ^{13}NH$_3$ benutzt werden. ^{13}NH$_3$ stellt gleichzeitig den einzigen gebräuchlichen Vorläufer für weitere Synthesen dar. Das markierte Ammoniak wird mit verschiedenen immobilisierten Enzymen zu Aminosäuren umgesetzt (Barrio et al. 1983, Lambrecht et al. 1983), die von der Herz- und Tumordiagnostik eingesetzt werden. Der wohl wichtigste Vertreter dieser Gruppe ist das ^{13}N-Glutamat.

Halbautomatische (Lambrecht et al. 1983) und automatische (Suzuki et al. 1984) Systeme zur Herstellung dieses Tracers sind beschrieben worden. In jedem Fall wird die ^{13}N-Ammoniaklösung mit dem Substrat und den Cofaktoren gemischt und über eine Säule gepumpt, die die auf Sepharose immobilisierte Glutamatdehydrogenase enthält.

Das Problem der Pyrogenfreiheit wurde hier durch die Anwendung eines Ultrafilters gelöst, der sowohl für das Enzym als auch für bakterielle Endotoxine undurchlässig ist (Suzuki et al. 1984).

Bei der Auswertung der Meßdaten einer solchen Untersuchung ist allerdings zu bedenken, daß Glutamat einem sehr schnellen Stoffwechsel unterworfen sein kann. Im Tierexperiment (Nieves et al. 1986) stellte man durch eine Metabolitenanalyse in Leberextrakten fest, daß schon 1 min nach Injektion 77% der Aktivität in 10 verschiedenen metabolischen Produkten zu finden waren. Als weitere ^{13}N-markierte Tracer wurden z. B. ^{13}N-Phenetylamin und Octylamin (Tominaga et al. 1986), ^{13}N-GABA (Lambrecht et al. 1986), ^{13}N-Tyrosin (Gelbard et al. 1986) oder auch der klassische Blutflußmarker ^{13}N-N$_2$O (Nickles et al. 1978) vorgeschlagen.

4.4 ^{18}F und seine Verbindungen

^{18}F-markierte Verbindungen haben aufgrund ihrer günstigen Eigenschaften einen großen Anteil am klinischen Einsatz erobert. Die Halbwertszeit von 109 min erlaubt sowohl die Messung von länger dauernden Stoffwechselvorgängen (bis zu 12 h) als auch die Durchführung mehrerer Patientenuntersuchungen aus einem Produktionsansatz. Dem nicht ganz einfachen chemischen Verhalten des Fluors kommt es entgegen, daß auch längere Synthesezeiten in Kauf genommen werden können.

Die niedrigste Positronenenergie (635 keV maximal) aller angewandten Nuklide erlaubt es, die hohe Auflösung moderner Tomographen optimal auszunutzen. Außerdem ist es mit der Synthese der ^{18}F-2-Fluor-2-Deoxy-D-Glukose schon frühzeitig gelungen (Ido et al. 1977, 1978), eine Verbindung zu markieren, die die Eigenschaften eines metabolischen Tracers in nahezu idealer Weise vereinigt (Reivich et al. 1979, Gallagher et al. 1978).

Bis heute ist die 2-FDG das „Arbeitspferd" der Positronentomographie geblieben und hat in einer großen Reihe von Publikationen ihre Anwendbarkeit für klinische Untersuchungen immer wieder bestätigt (Fowler und Wolf 1986b).

4.4.1 Nuklidproduktion

Eine detaillierte Übersicht aller bekannten Produktionsreaktionen geben Qaim und Stöcklin (1983). ^{18}F wird im wesentlichen über zwei auch an kleinen Beschleunigern anwendbare Reaktionen hergestellt. Die ^{20}Ne (d, α) ^{18}F-Reak-

tion in einem Gastarget kann je nach Zusatz von Reaktionsgasen oder Träger-
fluor das ^{18}F in verschiedenen chemischen Formen liefern: Der Zusatz von F_2
($\sim$0,1%) führt zur Bildung von markiertem ^{18}F-F_2, Wasserstoffzusatz liefert
^{18}F-markiertes HF, das durch Ausheizen auf hohe Temperatur wasserfrei
gewonnen werden kann oder aber nach Ausspülen des Targets als wäßrige
Fluoridlösung vorliegt (Blessing et al. 1986, Casella et al. 1980, Bida et al.
1980).

Die ^{18}O$(p,n)^{18}$F-Reaktion läßt sich auch an reinen Protonenbeschleunigern
anwenden. Die günstige Lage der Anregungsfunktion (Ruth und Wolf 1979)
erlaubt die Produktion etwa vierfach höherer Aktivitäten als durch die Deu-
teronen-induzierte Reaktion. Das notwendige angereicherte Targetmaterial
^{18}O$(1$ g H_2^{18}O $\sim$150 DM bei 98% Anreicherung) sollte jedoch zurückgewon-
nen und wieder verwendet werden.

Der Einsatz von ^{18}O$_2$-Gastargets (Nickles et al. 1983, 1984) wurde zur Produktion sowohl von ^{18}F$^-$ als auch von ^{18}F-F_2 vorgeschlagen. ^{18}O$_2$ wird durch
Ausfrieren auf Molekularsieb nach der Bestrahlung aus dem Target entfernt.
Durch Auswaschen eines speziellen Einsatzes mit Wasser erhält man ^{18}F$^-$,
und durch eine kurze Nachbestrahlung auf ein Ne/F_2 Gemisch läßt sich alter-
nativ auch ^{18}F-F_2 gewinnen.

Verfügt das Zyklotron auch über die Möglichkeit, ^{3}He-Kerne zu beschleu-
nigen, so läßt sich auch die ^{16}O$(^3$He,p$)^{18}$F-Reaktion mit normalem Wasser als
Target einsetzen (Knust et al. 1986). Die Herstellung von ^{18}F$_2$ ist über diesen
Weg jedoch nicht möglich.

Die wohl noch über längere Zeit wichtigsten Targetsysteme sind das Ne/
F_2-Target zur Routineproduktion von ^{18}F-F_2 und das ^{18}O-Wassertarget zur
Herstellung von ^{18}F-Fluorid. Das klassische Ne-Target mit Trägerfluorzusatz
hat sich über viele Jahre entwickelt und dabei erheblich vereinfacht. Nickel
hat sich als Material wegen der Möglichkeit einer guten Passivierung weitgehend durchgesetzt. Die Passivierung, ursprünglich mit reinem F_2 unter großen
Vorsichtsmaßnahmen durchgeführt, wird heute mit ebenso gutem Erfolg
durch kurze Vorbestrahlung mit einem Ne/1%F_2-Gemisch erreicht. Als
Folienmaterial hat sich Havar bewährt (25–50 µm), und Leitungen und Ventile können ohne Probleme aus Edelstahl gewählt werden.

Optische Studien über die Strahlaufstreuung in Gastargets (Heselius et al.
1982) führten zur Konstruktion konischer Targets. Die Kühlung des Targetkörpers kann anstatt mit Wasser auch mit Preßluft erfolgen. Die größere Auf-
heizung des Targets während der Bestrahlung führt zu höheren und stabileren
Ausbeuten (Wagner 1987).

Kritisch ist die Reinheit der verwendeten Targetgase. Bida et al. (1980)
konnten zeigen, daß schon sehr geringe Mengen von N_2 und CO_2 im Target
ausreichen, das gebildete ^{18}F in nicht mehr reaktive chemische Formen umzuwandeln. Der Trägergehalt kann nicht ohne drastische Ausbeuteverluste unter
0,1% gesenkt werden. Wichtig ist hier allerdings auch die Betrachtung der
absoluten Fluorträgermenge. Bei Verwendung kleiner Targets und niedrigerer
Gesamtdrücke ($\sim$10 bar statt 18 bar bei 8,5 MeV d statt 14 MeV d) ergibt ein
höherer prozentualer Anteil keine höhere Trägermenge, trotzdem jedoch stabi-
lere Targetausbeuten.

Abbildung 4.10 zeigt eine Schnittzeichnung eines Ne-Targets zur Produktion von $^{18}F_2$ mit 8,5 MeV Deuteronen. Die wichtigsten Parameter sind in Tabelle 4.4 aufgelistet und mit denen eines Targets für 14 MeV Deuteronen verglichen. Auch kleinere Beschleuniger können also nutzbare Mengen von ^{18}F-F_2 erzeugen. Die Nutzung des trägerhaltigen $^{18}F_2$ ist immer noch notwendig, da für einige interessante Tracer noch keine Verfahren zur Markierung über $^{18}F^-$ existieren (s. unten).

Auch trägerfreie Markierungen sind ausgehend von der Ne-Reaktion möglich, jedoch entwickelt sich zur Zeit die Darstellung über die protoneninduzierte Reaktion an ^{18}O sehr rasch weiter und wird in vielen Labors bereits routinemäßig angewandt. Die Vorteile wurden bereits erwähnt: niedrige Protonenenenergien reichen aus, um sehr hohe Aktivitätsmengen bei sehr hoher

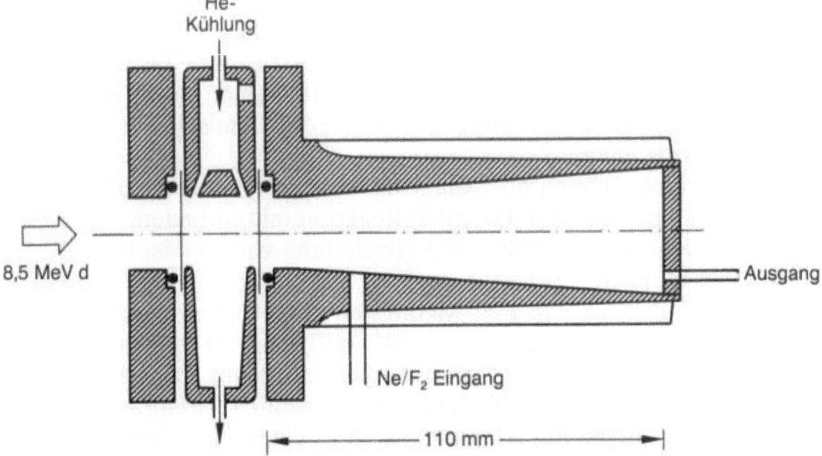

Abb. 4.10. Schnitt durch ein Target zur Produktion von ^{18}F-F_2 mit der Kernreaktion $^{20}Ne(d,\alpha)^{18}F$

Tabelle 4.4. Targetparameter zur ^{18}F-F_2-Routineproduktion über die $^{20}Ne(d,\alpha)^{18}F$-Reaktion mit 8 MeV oder 14 MeV Deuteronen

	8 MeV	14 MeV
Targetmaterial	Ni	CuBe, chemisch vernickelt
Abmessungen	20–30 i. D. (konisch)	20 mm i. D.
	110 mm lang	100 mm lang
Folien	25 μ + 25 μ Havar	25 μ + 50 μ Havar
Dichtungen	Aluminium oder Cu	Cu
Kühlung	Preßluft	Preßluft
Temperatur während der Bestrahlung	70–100° C	80–100° C
Rohrleitungen	Edelstahl	Edelstahl
Ventile	Edelstahl	Edelstahl
Trägermenge	~80 μmol	60 μmol
Targetgas	Ne/0,4% F_2/10 bar	Ne/0,25% F_2/18 bar
prakt. Targetausbeute	1 h, 20 μA: ~100 mCi	1 h, 25 μA: 200–250 mCi
	3,76 GBq	7,5–9,2 GBq

spezifischer Aktivität zu erzeugen. Die Targets (Kilbourn et al. 1984, 1985a, Vogt et al. 1986), die zunächst noch ca. 1-2 ml $H_2^{18}O$ oder mehr enthielten, sind immer mehr geschrumpft. Das kleinste derzeit vorgeschlagene (Wieland et al. 1986a) enthält nur noch 0,3 ml des angereicherten Wassers. Bei so geringen Mengen kann evtl. trotz des hohen Preises auf eine Rückgewinnung verzichtet werden.

Auch beim Wassertarget ist das Material des Targetkörpers und der Folien problematisch: Es können Metallionen in die wäßrige Fluoridlösung gelangen, die die Reaktivität des F^- drastisch verringern. Targets, die völlig aus Titan (Kilbourn et al. 1984) oder ganz aus Silber (Vogt et al. 1986) bestehen, haben sich bisher am besten bewährt.

Eine gute Kühlung ist besonders wichtig, um ein zu starkes Aufheizen des Targets zu verhindern. Abbildung 4.11 zeigt einen Schnitt durch ein Target mit ca. 0,8 ml Wasserinhalt (Scanditronix). Ein Ring aus Silber bildet mit angepreßten Silberfolien das Targetvolumen. Die Füllung und Entnahme erfolgt von unten, über dem Wasser befindet sich ein Gasraum, der zum einen einen He-Vordruck erhält, um Sieden zu erschweren, und zum anderen das Entweichen entstandener Gasblasen ermöglichen soll. Das Wasser wird nach der Bestrahlung über eine Teflon- oder Polyäthylenleitung ($\sim$0,5-0,8 mm im Durchmesser) bis in das Labor gedrückt, Verluste sind gering. Auch ein zirkulierendes ^{18}O-Wassertarget ist neuerdings beschrieben worden (Iwata et al. 1987).

Zur Anwendung für nucleophile Fluorierungen muß das Fluoridion unsolvatiert vorliegen, das Targetwasser muß also vollständig entfernt werden. Beim Entfernen des Wassers durch Abdampfen im Vakuum oder unter

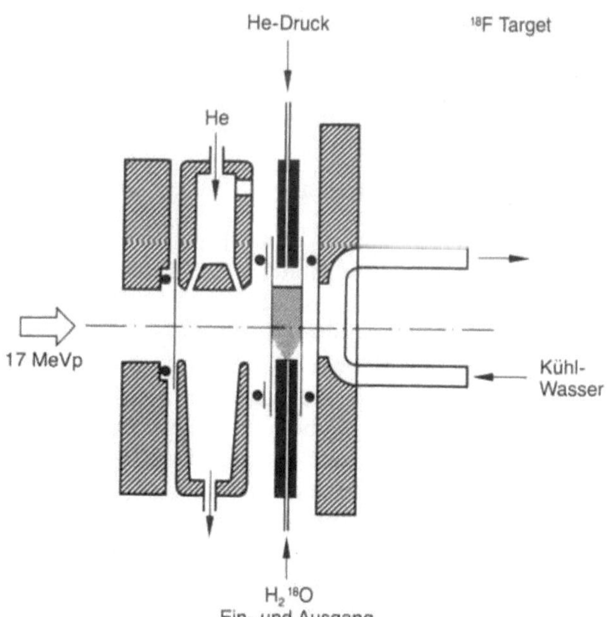

Abb. 4.11. Target zur Produktion von $^{18}F^-$ über $^{18}O(p,n)^{18}F$. Folien und Targetkörper sind aus Silber, Kühleinheiten aus Aluminium

Durchleiten eines Inertgases sind Verluste sowohl durch Absorption an der Wand des Gefäßes als auch durch Abdampfen von HF beobachtet worden. Der Zusatz eines basischen, nicht isotopen Trägers wie z. B. CO_3^{2-}, kann solche Verluste minimieren. Unter Umständen kann auch ein Komplexbildner (APE 2.2.2, Hamacher et al. 1986) vor dem Abdampfen zugegeben werden.

Die Rückgewinnung des ^{18}O Targetwassers wird durch Ausfrieren aus dem Gasstrom erreicht.

Aus dem direkt erhältlichen Vorläufer $^{18}F_2$ kann auf verschiedene Art das schonende Fluorierungsagenz Acetylhypofluorit (Rozen et al. 1981) dargestellt werden. Beim Einleiten von $^{18}F_2$ in Eisessig mit einem Zusatz von Natriumacetat (Shiue et al. 1982, Diksic und Jolly 1983) oder Ammoniumacetat (Shiue et al. 1982) entsteht gelöstes ^{18}F-CH_3COOF. Eine flexiblere Wahl der Synthesesolventien erlaubt die on-line Produktion in der Gasphase, die durch eine Gas-Festphasenreaktion zwischen F_2 und Natriumacetat·$3H_2O$ (Bida et al. 1984) oder einem Essigsäure-Kaliumacetatkomplex (Jewett et al. 1984) erreicht wird. Der Komplex wird in eine kurze Säule (4 cm lang, 3-4 mm Innendurchmesser) gepackt, die sich je nach Trägergehalt für bis zu 10 Präparationen eignet. Die Reaktion ist schnell, so daß selbst bei Durchflüssen bis 500 ml/min die Ausbeute an Acetylhypofluorit bei 40-45% liegt (Maximum: 50%).

Nicht unerwähnt bleiben sollte zum Schluß die Möglichkeit, ^{18}F durch eine Neutronenbestrahlung im Reaktor zu erzeugen (Ruiz 1988). Man nutzt hierbei die Reaktion $^6Li(n,\alpha)t$, die ein hochenergetisches Triton erzeugt, das dann seinerseits mit in der Bestrahlungsprobe (LiOH) enthaltenem ^{16}O über die Reaktion $^{16}O(t,n)^{18}F$ das gewünschte Nuklid bildet. Über die Bildung und Hydrolyse von Fluortrimethylsilan (Hutchins et al. 1985) läßt sich das in großen Mengen gebildete Tritium abtrennen und das Fluorid in eine reaktive Form bringen.

4.4.2 ^{18}F-Verbindungen

Die Darstellung Fluor-markierter Radiopharmaka wird prinzipiell auf zwei verschiedenen Reaktionswegen durchgeführt.

Für die elektrophile Markierung werden am häufigsten $^{18}F_2$ und ^{18}F-CH_3COOF, in geringem Umfang auch XeF_2 angewandt. Fluor selbst wurde in reiner Form wegen seiner großen Reaktivität und Oxidationskraft zu organischen Synthesen wenig benutzt. Durch Verdünnung mit einem Inertgas (Stickstoff oder Edelgas) und Anwendung tiefer Temperaturen gelang es jedoch, diese Eigenschaft soweit zu moderieren, daß auch empfindlichere Substanzen in guten Ausbeuten fluoriert werden können. Das Acetylhypofluorit führt in manchen Fällen zu selektiveren Reaktionen, zeigt meistens jedoch ähnliche Produktmuster wie das F_2. Die maximal erreichbare Ausbeute beträgt für beide Reaktionen 50% und die Produkte sind stark trägerhaltig.

Demetallierungsreaktionen werden zur Synthese aromatischer Verbindungen eingesetzt (Coenen und Moerlein 1987). Zinnverbindungen ergeben mit beiden Vorläufern die höchsten Ausbeuten. Auch Organoquecksilberverbindungen werden verwendet (Adam 1986) und führen in einigen Fällen auch zu hohen Markierungsausbeuten (Luxen et al. 1986a).

Über nucleophile Fluorierungen, ausgehend vom $^{18}F^-$, sind auch markierte Pharmaka mit sehr hoher spezifischer Aktivität zugänglich. Prinzipiell lassen sich Ausbeuten bis 100% erreichen. Die Verwendbarkeit dieses Reaktionsweges wird jedoch durch eine Reihe von Schwierigkeiten eingeschränkt: Besonders das trägerfreie Fluorid kann schon durch geringste Spuren von Wasser solvatisiert werden und verliert dadurch seine Reaktivität. Im nichtsolvatisierten Zustand, wie er beispielsweise bei Lösungen von Fluoriden mit großen Kationen in aprotischen Lösungsmitteln vorliegt, ist die Nucleophilie hoch. Gleichzeitig kann die hohe Basizität aber auch statt zur Substitution zu Eliminierungsreaktionen führen. Einen Ausweg aus diesem Dilemma kann der Einsatz von Phasentransferkatalysatoren oder Komplexbildnern weisen (Block et al. 1986a, b, Coenen et al. 1986a). Solche Verbindungen sind in aprotischen Lösungsmitteln gut löslich und ergeben hohe Markierungsausbeuten.

Fowler und Wolf (1986a) führten in einer Übersicht etwa 80 mit ^{18}F markierte Verbindungen auf. Nur einige wenige davon haben ihr klinisches Potential bereits bewiesen, wie die bereits erwähnten ^{18}F-2-FDG, oder versprechen eine breitere Anwendbarkeit. In Tabelle 4.5 sind einige dieser Pharmaka aufgeführt. Einige für die Routine wichtige Synthesen sollen im folgenden näher vorgestellt werden.

Tabelle 4.5. Auswahl einiger ^{18}F-markierter Radiopharmaka

Vorläufer	Pharmakon	
F_2 oder CH_3COOF	FDG	vgl. Tabelle 4.6
	6-F-DOPA	Firnau et al. 1984
	l-p-Fluorphenylalanin	Coenen et al. 1986b
	Fluorantipyrin	Diksic et al. 1985, Wagner 1986a
	Methylfluorid	Wagner 1984
	Melatonin	Chirakal et al. 1986b
	Fluorgalactose	Fukuda et al. 1986
F^-	FDG	vgl. Tabelle 4.6
	FDM	Luxen et al. 1986b
	Fluormethylspiperon	Arnett et al. 1985
	6,7-Fluorpalmitinsäure	Berridge et al. 1983b
	versch. Fluorfettsäuren	Knust et al. 1979
	Haloperidol	Farrokhzad et al. 1985
	Fluorfentanyl	Hwang et al. 1986
	Acetylcyclofoxy	Channing et al. 1985
	Fluordeoxyuridin	Ishiwata et al. 1987b

a) ^{18}F-2-Fluor-2-Deoxy-D-Glucose (2-FDG)

Die Synthese der 2-FDG hat seit ihrer ersten Fassung (Ido et al. 1977) eine stürmische Entwicklung genommen. Tabelle 4.6 zeigt die Syntheseverfahren, die entwickelt wurden. Zwei von diesen Verfahren haben sich als die derzeit besten herausgestellt (Coenen et al. 1987 b): Die elektrophile Fluorierung von TAG über gasförmiges Acetylhypofluorit (Bida et al. 1984), sowie der APE-katalysierte nucleophile Austausch ausgehend von der Tetraacetyltriflyl-Mannose (Hamacher et al. 1986).

Die elektrophile Markierung (vgl. Schema 1 und Abb. 4.12) geht vom primären Vorläufer ^{18}F$_2$ aus. Das markierte Fluor (ca. 60 µmol) wird, wie bereits beschrieben, in der Gasphase zum Acetylhypofluorit umgesetzt. Der Gasstrom wird durch eine Lösung von 40 mg Triacetylglucal in ca. 5 ml Freon-11 geleitet. Eine Kühlung des Reaktionsgefäßes ist nicht erforderlich. Nach Be-

Tabelle 4.6. Die wichtigsten Synthesemethoden für (2-^{18}F)-FDG

Methode	Radiochem. Ausbeute (%)	Zeit (min)	2-FDG/2-FDM (Bida 1984, Shiue 1985)	Literatur
F$_2$+TAG* in Freon	10	90	90/10	Ido et al. 1978 Fowler et al. 1981
F$_2$+Glucal in H$_2$O	30	30	65/35	Bida et al. 1984
CH$_3$COOF+TAG in CH$_3$COOF	20	70	84/16	Shiue et al. 1982
XeF$_2$+TAG in Ether BF$_3$OEt$_2$	20	45	79/21	Shiue et al. 1983 Sood et al. 1983
CH$_3$COOF (gasf.) +Glucal in H$_2$O	40	15	45/55	Ehrenkaufer et al. 1984
CH$_3$COOF (gasf.) +TAG in Freon	20	60	95/5	Bida et al. 1984
F$^-$+2-Triflat	10	120	n.b.	Levy et al. 1982
F$^-$+zykl. Sulfatester	40 20	40 150	n.b. >99	Tewson et al. 1985 Vora et al. 1985
F$^-$+1,6 Anhydro-hexopyranose	(60) inaktiv	–	n.b.	Haradahira et al. 1985
F$^-$+1-NO$_2$-Epoxid	(10) inaktiv	105	n.b.	Beeley et al. 1984
F$^-$+2-Triflat	80	50	>99	Hamacher et al. 1986 a
Diaminoschwefel-trifluorid und Tetraacetylmannose		inaktiv		Kovac 1986

* Triacetylglucal

Schema 1. Fließschema der 2(-^{18}F)-FDG-Synthese durch elektrophile Addition von (^{18}F)-Acetyl-hypofluorit an Triacetylglucal (TAG) (Bida et al. 1984)

<table>
<tr><td></td><td align="center">0,1% (^{18}F)-F$_2$ in Ne im Hochdrucktarget,
expandiert zu on-line Reaktion mit festem
CH$_3$COOK 1,5 CH$_3$COOH zu
(^{18}F)-Acetylhypofluorit</td><td></td></tr>
<tr><td>Vorläufer
Präparation</td><td align="center">⬇</td><td>Strömungsge-
schwindigkeit:
100–200 ml
Ne/min</td></tr>
<tr><td></td><td align="center">Durchleiten durch Lösung von TAG in Freon</td><td></td></tr>
<tr><td>Additions-
reaktion</td><td align="center">⬇</td><td>Zimmer-
temperatur</td></tr>
<tr><td></td><td align="center">Zugabe von 1 N HCl, Entfernung des Freons
durch Erhitzen</td><td></td></tr>
<tr><td>Hydrolyse</td><td align="center">⬇</td><td>15 min, 130 °C,
Rückfluß</td></tr>
<tr><td></td><td align="center">Durch Säulen-Serie von AG11A8, Al$_2$O$_3$,
C-18 Sep-Pak leiten</td><td></td></tr>
<tr><td>Deionisation,
Reinigung</td><td align="center">⬇</td><td>Elution mit Wasser</td></tr>
<tr><td></td><td align="center">Einstellen einer isotonischen Lösung,
Sterilfiltration</td><td></td></tr>
<tr><td></td><td align="center">⬇</td><td></td></tr>
<tr><td></td><td align="center">(2-^{18}F)-FDG + (2-^{18}F)-FDM (95:5)</td><td></td></tr>
</table>

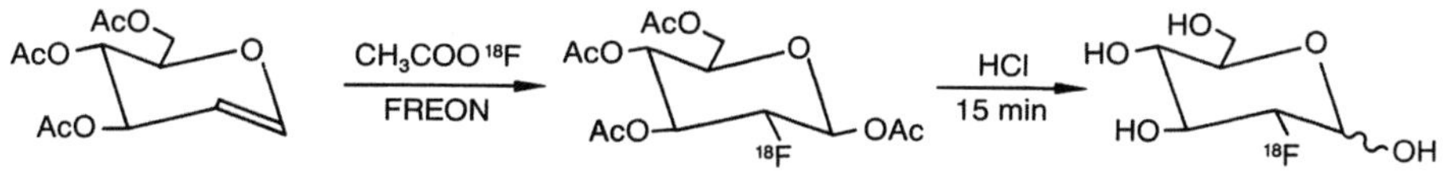

---

endigung des Durchleitens wird 1 n HCl zugegeben (etwa 2–3 ml), und die Mischung wird mit einem Heißluftföhn erhitzt. Das Freon verdampft, und die wäßrige Lösung der Tetraacetyl-2-^{18}F-deoxy-Glucose kommt nach kurzer Zeit zum Sieden. 15 min Sieden unter Rückfluß reicht zur Hydrolyse aus. Die saure Lösung der 2-FDG (bernsteingelb durch Zersetzungsprodukte) wird über eine Säulenserie aus AG11A8 (1,4 × 9 cm), Al$_2$O$_3$ (1,4 × 4 cm) und eine C-18-Sep-Pak-Kartusche gegeben und mit Wasser eluiert. Die Aktivität wird in einem Meßzylinder gesammelt; isotonisch eingestellt wird durch eine vorgelegte kleine Menge einer konzentrierten Kochsalzlösung. Zur Sterilisation zieht man die Flüssigkeit mit Hilfe einer vorevakuierten Injektionsflasche über einen Sterilfilter. Die Qualitätskontrolle (vgl. Tabelle 4.7) kann z.B. aus dem unvermeidlichen Rest im Sterilfilter erfolgen. Die Radioaktivitätsmessung auf Dünnschichtplatten wurde bereits beschrieben. Für eine etwas modifizierte

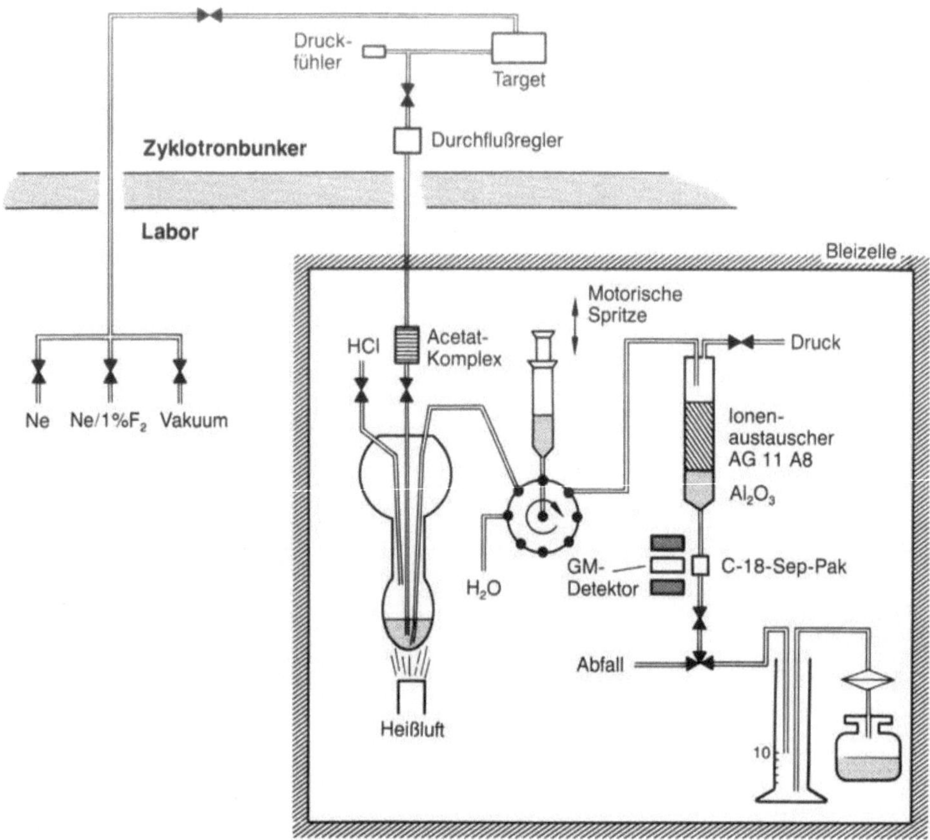

Abb. 4.12. Apparatur zur Darstellung von ^{18}F-FDG durch elektrophile Addition von CH_3COOF an Triacetylglucal (vergl. auch Schema 1)

Synthese ist ein Automatisierungsverfahren beschrieben worden (Alexoff et al. 1986), das durch seinen modularen Aufbau große Flexibilität verspricht. Auch sehr einfach konstruierte Fernsteuerungen sind beschrieben worden (z. B. Diksic und Jolly 1986), die sich mit geringem Aufwand nachbauen lassen. Abbildung 4.12 zeigt eine schematische Darstellung eines Target- und Syntheseaufbaus (Wagner 1987). Das auf diese Weise gewonnene Präparat enthält ca. 5% der 2-Fluor-2-Deoxy-Mannose (Analyse durch NMR-Spektroskopie, Phillips et al. 1971). Bisher gibt es keine Hinweise darauf, daß Verunreinigungen mit diesen Epimeren (auch nicht in höherer Konzentration) die Messung des Glukosestoffwechsels meßbar stören. Ein direkter Vergleich der beiden reinen Epimeren im Menschen steht jedoch noch aus. Synthesemethoden für reine FDM (Luxen et al. 1986b, Hamacher et al. 1986b) stehen zur Verfügung.

Die Produktion von FDG über nucleophile Reaktionen hat eine Reihe von Vorteilen: Prinzipiell sind hohe radiochemische Ausbeuten möglich, die Synthese kann trägerfrei durchgeführt werden, und es wird ein reineres Produkt ohne Verunreinigung durch Epimere erhalten. Das Verfahren von Hamacher et al. (1986a) zeichnet sich vor allen anderen nucleophilen Reaktionen durch die einfache Präparation des Vorläufers (der bereits zu günstigem Preis käuflich ist) und durch die schonenden Hydrolysebedingungen aus. Auch die Automatisierung dieser Synthese ist bereits gelungen. Abbildung 4.13 (Stöcklin 1987) zeigt die schematische Darstellung der Syntheseapparatur. In Schema 2 ist der Ablauf der Synthese zusammengefaßt. Die Komponenten der Syntheseapparatur gruppieren sich um ein zentrales Reaktionsgefäß, das aus Sigradur, einem Glaskohlenstoff, gefertigt ist. Dieses Material zeigt praktisch keine Oberflächenabsorption von ^{18}F$^-$ und vermindert damit Verluste an Ausbeute. Besonders bei etwas Trägerzusatz sind Glasgefäße allerdings ebensogut verwendbar. Mehrere Reaktionsschritte laufen hintereinander in diesem Gefäß ab: Die Trocknung der wäßrigen Fluoridlösung, die Fluorierungsreaktion sowie die Hydrolyse des geschützten Zuckers. Die Trocknung der Lösung, nach Zusatz von APE 2.2.2 und K_2CO_3 in äquimolekularen Mengen, sollte bei möglichst niedriger Temperatur (max. 100 °C) erfolgen, um eine Zersetzung des Aminopolyäthers zu vermeiden. Zur völligen Trocknung empfiehlt sich eine nachfolgende azeotrope Destillation der Wasserreste mit Acetonitril. Die Tetraacetyl-Triflylmannose wird in trockenem Acetonitril zugegeben, und es wird im geschlossenen Gefäß auf etwa 105 °C erhitzt. Die Reaktionszeit beträgt etwa 7 min. Nach Abkühlen der Reaktionsmischung auf Raumtemperatur wird die Lösung über eine Sep-Pak-C-18-Kartusche geleitet. Durch Nachspülen mit verdünnter Salzsäure werden der Aminopolyäther sowie polare ^{18}F-Verbindungen entfernt. Dieser Reinigungsschritt ist besonders wichtig, da APE 2.2.2 toxisch ist. Die genauen Bedingungen sollten unter analytischer Kontrolle (z. B. IR-Spektroskopie) ausgetestet werden. Nach Entfernung des Katalysators APE wird das Zwischenprodukt mit THF von der Kartusche desorbiert und ins Reaktionsgefäß zurückgespült. Das THF wird im Vakuum entfernt. Die Hydrolyse mit 1 ml 1-normaler HCl dauert 15 min. Zur Endreinigung des Hydrolysats dient auch hier die schon bei der elektrophilen Reaktion beschriebene Säulenpassage.

Auf die beschriebene Weise wird ein FDM-freies Produkt sehr hoher spezifischer Aktivität erhalten. Während dies für die Anwendung rezeptorbindender Agenzien unerläßlich ist, kann im Falle der FDG durch Zusatz einer geringen Menge an Fluorid-Träger eine bessere Reproduzierbarkeit hoher Ausbeuten erreicht werden. Ein molares Verhältnis von Fluorid zu Triflat von 0,01 sollte jedoch nicht überschritten werden, um Eliminationsreaktionen zu vermeiden (Hamacher et al. 1986b). Die Synthese dauert ca. 1 h, und es sind radiochemische Ausbeuten von 30–50% mit dieser Reaktion zuverlässig erreicht worden. Da ^{18}F$^-$ aus der ^{18}O-Reaktion in sehr großen Mengen zur Verfügung stehen kann, ist es prinzipiell möglich, 200 mCi oder mehr pro Synthese herzustellen und damit auch den Einsatz an weiter entfernten Tomographen zu ermöglichen. Zur Qualitätskontrolle der ^{18}FDG werden häufig dünnschichtchromatographische Verfahren angewandt. Tabelle 4.7 zeigt eine Übersicht über empfehlenswerte Methoden. Wird eine Bestimmung des Gehaltes an FDM gewünscht, sind die entsprechenden Verfahren recht zeitraubend. Für eine 6–8malige Entwicklung bei der DC nach van Rijn müssen ca. 2 Stunden gerechnet werden.

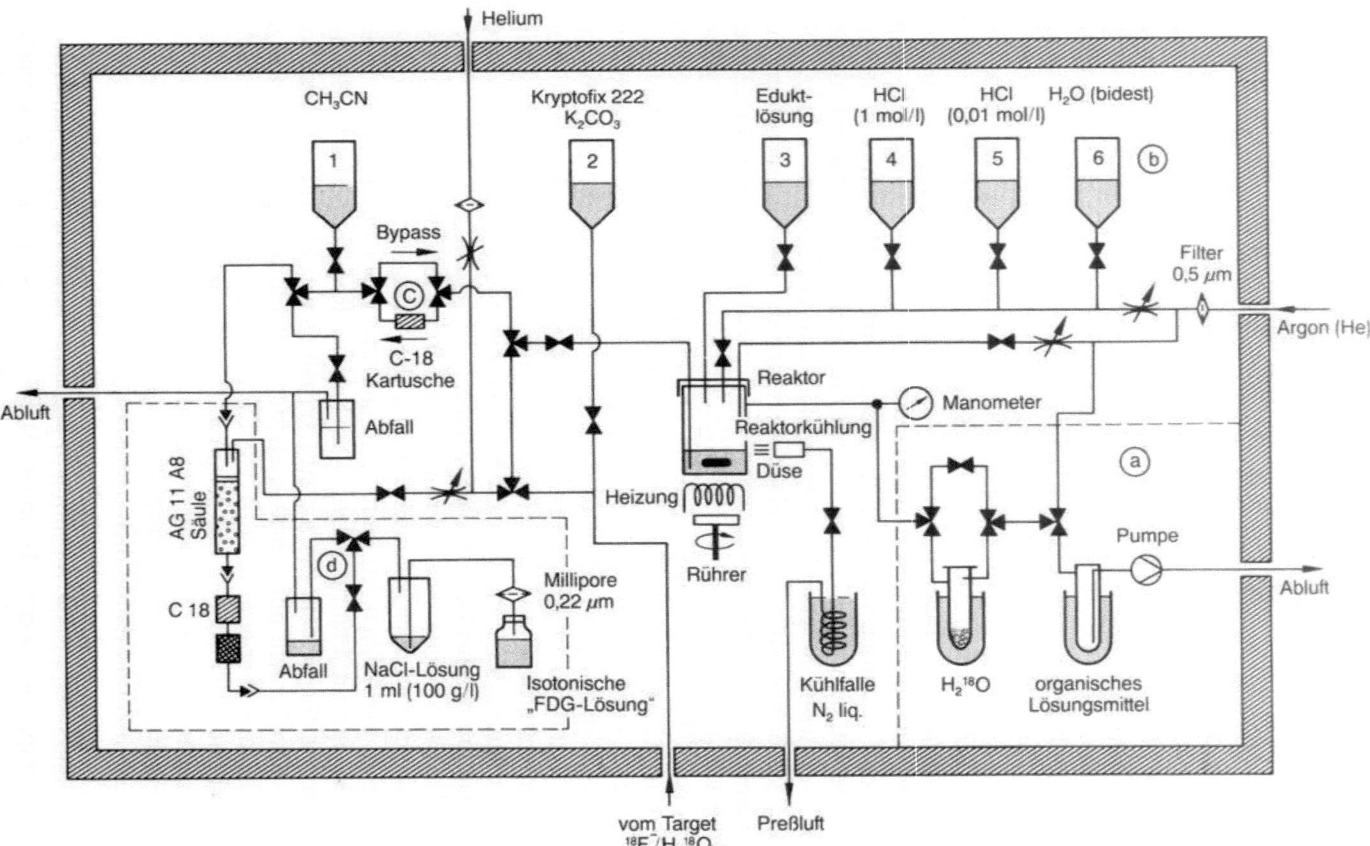

Abb. 4.13. Apparatur zur nucleophilen, APE-gestützten Darstellung von ¹⁸F-FDG (mit freundlicher Genehmigung aus Stöcklin 1987); vergl. auch Schema 2

Schema 2. Fließschema der n.c.a. (2-^{18}F)-FDG-Synthese durch nucleophile Substitution mit ^{18}F/APE 2.2.2 (Hamacher et al. 1986)

<table>
<tr><td></td><td style="text-align:center">n.c.a. ^{18}F$^-$ in wäßriger Lösung;
Zugabe von APE 2.2.2./K$_2$CO$_3$</td><td></td></tr>
<tr><td>Trocknung des ^{18}F$^-$</td><td style="text-align:center">⬇</td><td>5–10 min, 100 °C,
He-Strom oder
Vakuum</td></tr>
<tr><td></td><td style="text-align:center">Zugabe von
1,3,4,6,tetra-O-acetyl-2-O-triflyl-β-D-Mannose in
CH$_3$CN</td><td></td></tr>
<tr><td>Substitution</td><td style="text-align:center">⬇</td><td>5–10 min, 100 °C,
Rückfluß</td></tr>
<tr><td></td><td style="text-align:center">Zugabe von H$_2$O, C-18 Sep-Pak Filtration</td><td></td></tr>
<tr><td>Abtrennung von
APE 2.2.2 und ^{18}F$^-$</td><td style="text-align:center">⬇</td><td>Elution mit
0,01 N HCl
Elution des
geschützten
Zuckers mit
Acetonitril</td></tr>
<tr><td></td><td style="text-align:center">Eindampfen zur Trockne, Zugabe von 1 N HCl</td><td></td></tr>
<tr><td>Hydrolyse</td><td style="text-align:center">⬇</td><td>15 min, 130 °C,
Rückfluß</td></tr>
<tr><td></td><td style="text-align:center">C-18 Sep-Pak Filtration,
AG11AA8 Verzögerungssäule + Al$_2$O$_3$</td><td></td></tr>
<tr><td>Deionisation,
Reinigung</td><td style="text-align:center">⬇</td><td>Elution mit H$_2$O</td></tr>
<tr><td></td><td style="text-align:center">Einstellen einer isotonischen Lösung,
Sterilfiltration</td><td></td></tr>
<tr><td></td><td style="text-align:center">(2-^{18}F)-FDG</td><td></td></tr>
</table>

b) ^{18}F-Methylfluorid

Das physiologisch inerte Gas Methylfluorid wurde von Celesia et al. (1983) als Tracer zur Messung der zerebralen Durchblutung evaluiert. Es ist (abgesehen vom ^{77}Kr, s. unten) der einzige PET-Blutflußtracer, der sich aufgrund der längeren Halbwertszeit auch entfernt von einem Beschleuniger einsetzen läßt. Weiterhin zeigt CH$_3$F auch bei hohem Flow gute Extraktionseigenschaften und ist in dieser Beziehung dem H$_2$^{15}O überlegen. Verschiedene Synthesen sind beschrieben worden: Der Ag$_2$O-katalysierte Austausch von reaktorproduziertem F$^-$ mit CH$_3$I (Gatley et al. 1981, Gatley 1982), der Austausch auf Fluorid-beladener Silberwolle (Yagi et al. 1982), sowie die Ag$_2$O-katalysierte

Tabelle 4.7. Chromatographische Verfahren zur Routine-Qualitätskontrolle von (2-^{18}F)-FDG

Methode	Bedingungen	Trennung von	Literatur
Gaschromato-graphie	4% SE 30+6% OV210 auf Chromosorb WHP 2 m, 3 mm O, 150°C, 15 ml He/min	FDG/FDM nach Silylierung	Shiue et al. 1985b
Dünnschicht-chromatographie	NaH$_2$PO$_4$-imprägnierte SiO$_2$-Alufolien, CH$_3$CN, H$_2$O 95/5, mehrfach wiederholte Entwicklung	FDG/FDM	van Rijn et al. 1985
	SiO$_2$-Platten, CH$_3$CN/H$_2$O 85/15, oder 95/5	FDG/M von F$^-$ und teilweise hydrolisierten Produkten	Fowler et al. 1981
	SiO$_2$-Platten (CHCl$_3$/ CH$_3$OH) H$_2$O, 30/9/1		
Hochdruck-flüssigkeits-chromatographie	CH-Säule und NH$_2$-Säule in Serie, CH$_3$CN/H$_2$O 9:1, 2 ml	FDG von Neben-produkten der nucleophilen Substitution	Vora et al. 1985

Reaktion ausgehend von ^{18}F-F$_2$ (Wagner 1984). Abbildung 4.14 zeigt den zur letzteren Methode benutzten, sehr einfachen ferngesteuerten Aufbau. ^{18}F$_2$ wird in eine Suspension von Ag$_2$O und (C$_2$H$_5$)$_4$NOH in trockenem Acetonitril eingeleitet. Danach wird CH$_3$I zugegeben und das verschlossene Gefäß wird ca. 7 min mit einem Heißluftföhn erhitzt (Rückfluß). Das gebildete Fluorme-than wird mit einer abgeschirmten 50 ml-Spritze unter Durchleiten von Luft

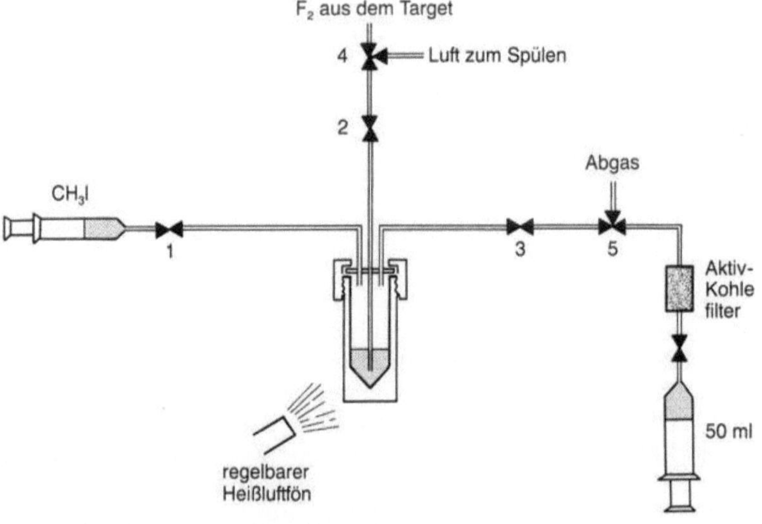

Abb. 4.14. „Eintopfsynthese" von ^{18}F-CH$_3$F (vergl. Text)

abgezogen. Aktivkohle dient zur Abtrennung von Acetonitril aus dem Gasstrom. Ausbeuten von ca. 80% 20 min nach Ende der Bestrahlung werden routinemäßig erreicht.

c) ^{18}F-Fluorodopa

Das in der 6-Position markierte ^{18}F-Fluorodopa hat sich als geeignetes Dopa-Analoges zur Darstellung des Dopamin-Stoffwechsels im Gehirn herausgestellt (Garnett et al. 1983). Eine ganze Reihe ausschließlich elektrophiler Synthesen ist beschrieben worden. In den meisten Fällen wird von verschiedenartig geschützten Dopa-Derivaten ausgegangen, die mit ^{18}F$_2$ (Firnau et al. 1984, 1986a, b, Diksic et al. 1985) oder ^{18}F-Acetylhypofluorit (Adam et al. 1986, Chaly et al. 1986) umgesetzt werden. Die radiochemischen Ausbeuten liegen hier meist unter 10%. Die Direktfluorierung von L-Dopa mit F$_2$ in reinem flüssigen HF unter BF$_3$-Zusatz (Chirakal et al. 1986a) ergibt relativ hohe Ausbeuten, die Gefahren beim Umgang mit reinem HF sollten jedoch nicht unterschätzt werden. Alle Direktfluorierungsmethoden ergeben Isomerengemische, die nicht einfach zu trennen sind. Solin et al. (1986) stellten ein Verfahren vor, das nur einen einzigen Trenndurchgang erfordert.

Vielversprechend erscheint eine Demerkurierungsreaktion mit ^{18}F-Acetylhypofluorit (Luxen et al. 1986a) gemäß Abb.4.15. Diese Reaktion erfolgt regioselektiv, nach Entschützen mit HBr erhält man 6-F-Dopa in ca. 20% Ausbeute.

d) ^{18}F-markierte Rezeptorliganden und sonstige markierte Verbindungen

Aus der Gruppe der Butyrophenon-Neuroleptika sind eine ganze Reihe Vertreter mit ^{18}F markiert worden. ^{18}F ist aufgrund seiner längeren Halbwertszeit, die besser als die von ^{11}C mit der Aufnahmekinetik dieser Dopaminrezeptorliganden kompatibel ist, auch hier das Markierungsnuklid der Wahl. Weiterhin sind die notwendigen hohen spezifischen Aktivitäten oft einfacher zu erreichen als mit ^{11}C. Spiperon selbst sowie Methylspiperon wurden auf verschiedenen Wegen mit ^{18}F markiert. Shiue et al. (1986) verwendeten mehrstufige Synthesen, bei dem das ^{18}F in die einfache Vorläuferverbindung p-^{18}F-Fluorobenzonitril eingeführt und diese dann mehrstufig zu Benperidol, Haloperidol, Spiroperidol, Pipamperon oder Methylspiroperidol aufgebaut

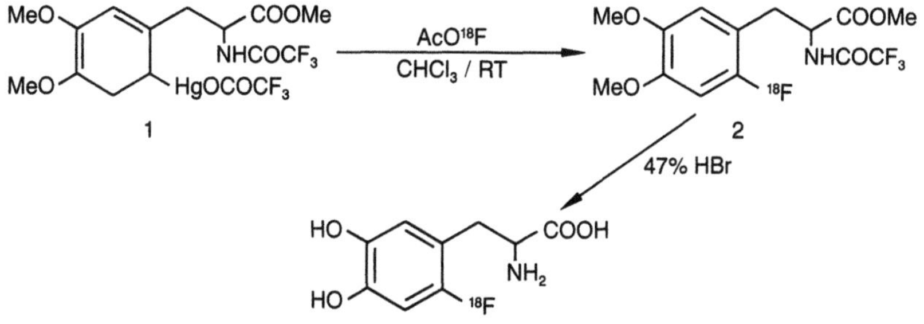

Abb.4.15. Synthese von 6-^{18}F-Fluorodopa

wurden. Diese Synthesen sind aufwendig und kompliziert, die Ausbeuten liegen bei 10-20% in ca. 90 min Synthesedauer.

Auch der direkte, APE-katalysierte Austausch an fluorhaltigen Neuroleptika (Hamacher et al. 1986c) führt zu guten Ergebnissen (ca. 30% radiochemische Ausbeute).

Einen anderen Weg beschritten verschiedene Gruppen gleichzeitig: $^{18}F^-$ wird zu einem Fluoralkyltosylat oder Fluoralkylhalogenid umgesetzt, das dann zum tertiären Amin an der NH-Funktion des Spiroperidols umgesetzt wird (Block et al. 1986, Chi et al. 1986, Kiesewetter et al. 1986, Shiue et al. 1987, Satyamurthy et al. 1986). Diese Reaktionen führen zu Produkten hoher spezifischer Aktivität. Besonders das Fluorethylspiperon könnte aufgrund seiner hochspezifischen Aufnahme in Rezeptorareale klinische Bedeutung erlangen.

Auch andere Rezeptorsysteme sind mit Hilfe des ^{18}F untersucht worden. Hier sollte vor allem das ^{18}F-3-Acetylcyclofoxy (Channing et al. 1985) für Opiatrezeptoren sowie das Ritanserin (Boullais et al. 1986) zur Darstellung serotonerger Rezeptoren erwähnt werden.

Zur Darstellung der Proteinsynthese im Gehirn kann möglicherweise das ^{18}F-L-para-Fluorphenylalanin verwendet werden. Einige verbesserte Synthesen sind in letzter Zeit beschrieben worden. Die Demetallierungsreaktion (Coenen et al. 1986b) ist der direkten Fluorierung überlegen, da sie das gewünschte para-Isomere regioselektiv darzustellen erlaubt. Auch eine mehrstufige, n.c.a-Aktivsynthese ausgehend vom ^{18}F-Fluorid ist vorgestellt worden (Lemaire et al. 1986).

Zum Schluß dürfen die ^{18}F-markierten Fettsäureanaloge zur Herzdiagnostik nicht unerwähnt bleiben. Synthese und Evaluierung wurden beschrieben (Machulla et al. 1978, Knust et al. 1979, Coenen et al. 1986), jedoch ist eine klinische Anwendung praktisch nicht vorhanden.

4.5 Sonstige Positronenemitter: $^{75}Br/^{76}Br$, ^{77}Kr, ^{19}Ne, ^{38}K

Aus der Reihe der sonstigen Positronenstrahler, von der Qaim in seiner Übersicht (1982) 24 aufführt, sind nur wenige bedeutsam für die Anwendung geworden: ^{77}Kr kann als frei diffusibles Inertgas zur Blutflußmessung eingesetzt werden, und ^{75}Br sowie ^{76}Br wurden relativ breit zur Markierung eingesetzt (s. Comar et al. 1987). Die Darstellung der Bromisotope wurde ausführlich von Qaim und Stöcklin (1983) beschrieben, und eine detailreiche Einführung in die Bromierungsmethoden bieten die ausführlichen Übersichten von Coenen et al. (1983) sowie von Welch und McElvany (1983). Der wesentliche Nachteil dieser erwähnten Nuklide ist die Notwendigkeit eines höherenergetischen Beschleunigers, da die wesentlichen Produktionsreaktionen erst bei Teilchenenergie oberhalb von 30 MeV einsetzen. Über die $^{75}As(^3He,3n)$ ^{75}Br-Reaktion, angewendet an einem speziellen Hochstromtarget aus einer Cu-As-Legierung, konnten nutzbare Mengen an ^{75}Br gewonnen werden (Blessing et al. 1982). Weiterhin ist nachteilig, daß durch Überlappung der

Anregungsfunktionen die Bildung von ca. 3% ^{76}Br bei Bestrahlungsende (mit einer 10fach höheren Halbwertszeit) als Verunreinigung unvermeidlich ist. Die einzige Möglichkeit, ^{75}Br in hoher Reinheit und mit einem kleinen Beschleuniger herzustellen, ist die ^{78}Kr(p,α)^{75}Br-Reaktion. Ihre Anwendung scheitert jedoch an dem extrem hohen Preis des angereicherten Ausgangsmaterials.

Schließlich sei noch erwähnt, daß die zusätzlich zum β^+-Zerfall auftretende γ-Linie bei 286 keV zu einer deutlichen Verschlechterung des tomographischen Bildes führt.

Das Tochternuklid ^{75}Se hat eine lange Halbwertszeit (120 Tage) und trägt trotz der geringen gebildeten Aktivität etwa ein Drittel zur Gesamtdosisbelastung durch ^{75}Br bei.

Auch das ^{76}Br hat mit nur 57% β^+-Zerfall und einer 560 keV-Linie mit 74% Häufigkeit nicht eben ideale nukleare Eigenschaften für einen Positronenemitter. Dargestellt wird ^{76}Br über die Reaktion ^{75}As(^{3}He, 3n)^{75}Br. Für einige Anwendungen auf sehr langsame Stoffwechselvorgänge erscheint die lange Halbwertszeit als vorteilhaft, vorausgesetzt, daß der Tracer über die gesamte Meßzeit metabolisch stabil bleibt. Die Strahlenbelastung für den Patienten durch dieses Nuklid ist jedoch erheblich höher als die durch die anderen kurzlebigen Radionuklide.

Die Chemie des Broms hat jedoch eine Reihe von Vorteilen: Es sind Markierungen mit hohen radiochemischen Ausbeuten bei ebenfalls hohen spezifischen Aktivitäten möglich. Die Bindung zum Kohlenstoff ist stärker als z. B. die des vielbenutzten Jods. Viele der zahlreichen bekannten Jodierungsmethoden lassen sich auch zur Bromierung benutzen. So wurden u. a. das Brombenperidol (Moerlein et al. 1984) und das Bromperidol (Moerlein et al. 1985, 1986) mit ^{75}Br markiert. Maziere et al. (1985) wählten zur Markierung des Bromspiroperidols das längerlebige ^{76}Br, das Messungen auch noch Tage nach der Injektion erlaubt. Auch Benzodiazepine (Coenen et al. 1983) und Fettsäuren (Machulla et al. 1978) sowie α-Methyltyrosin (Kloster et al. 1982) und einige Glucosederivate (Kloster et al. 1983) wurden mit Brom markiert.

Auch das Edelgas ^{77}Kr, das zu Blutflußmessungen eingesetzt wurde, kann nur durch Kernreaktionen in Feststofftargets erzeugt werden. Natriumbromid (Weinreich und Knieper 1983, Diksic und Yaffe 1978) oder Selen (He et al. 1982) wurden als Targetmaterialien verwendet. Sowohl die ^{3}He-induzierte Reaktion an Selen (38 MeV) als auch die Protonen-induzierte Darstellung aus Brom (80 MeV) erfordern hohe Teilchenenergien.

Das extrem kurzlebige Edelgas ^{19}Ne ($t_{1/2} = 17,25$ sek) kann zu Lungenventilationsstudien eingesetzt werden. Auch für neurologische Messungen wurden Protokolle entwickelt (Kearfott et al. 1983). Eine on-line-Produktionsmethode durch Protonenbestrahlung einer Helium-durchspülten konzentrierten NaF-Lösung (^{19}F(p,n)^{19}Ne) wurde von Dahl und Mitarbeitern (1986) vorgestellt. Diese Reaktion benötigt nur ca. 15 MeV Protonen und ist somit auch an kleinen Beschleunigern durchführbar.

^{38}K mit 7,6 min Halbwertszeit ist ein reiner β^+-Strahler, der ein gewisses Potential für schnelle Herzfunktionsstudien besitzt. Die attraktivste Produktionsreaktion für kleine Beschleuniger ist die ^{40}Ca(d,α)^{38}K-Reaktion (Helus et al. 1980) mit Hilfe von pulverförmigem Calcium als Targetmaterial.

5 Klinische Anwendungen der PET

Für Untersuchungen physiologischer Parameter und deren pathologische Veränderungen hat die Positronen-Emissions-Tomographie (PET) in der Hirnfor-
schung und in der Neurologie breiteste Anwendung gefunden. Dies ist – wie
bei der Röntgen-Computer-Tomographie – auch an der historischen Entwicklung der PET abzulesen, wo erste Anwendungen am Menschen Untersuchungen des Gehirns betrafen (Ter-Pogossian et al. 1975). Für die klinische Neurologie hat die PET in den letzten Jahren breitere Bedeutung und Anwendung in
vielen Zentren gefunden, während klinische Untersuchungen des Herzens
noch auf wenige Zentren beschränkt waren und Studien in anderen Organen
oder speziellen Krankheitsgruppen noch im präklinischen, mehr experimentellen Bereich liegen (Übersicht in Heiss et al. 1987a).

5.1 Untersuchungen des Gehirns

Der Energiebedarf des Gehirns wird vor allem aus dem oxidativen Abbau der
Glucose gedeckt. Die dafür notwendigen physiologischen Voraussetzungen –
ausreichende Blutzufuhr zum Gewebe zur ausreichenden Sauerstoffaufnahme
im Gewebe für den aeroben Stoffwechsel der Glucose – können mittels PET
durch hinreichend etablierte quantitative Modelle regional beim Menschen
gemessen werden. Da unter physiologischen Bedingungen Energiestoffwechsel und Durchblutung an den Funktionszustand des Gehirngewebes gekoppelt sind, erlauben Untersuchungen der Glucose- und Sauerstoff-Stoffwech-
selraten und der Durchblutung Aussagen über Gehirnstrukturen, die an
verschiedenen Aufgaben und Leistungen beteiligt sind. Andererseits sind vor
allem diese physiologischen Größen bei verschiedenen Erkrankungen primär
gestört oder sekundär verändert, so daß Untersuchungsergebnisse Rück-
schlüsse auf lokale Ausfälle und pathophysiologische Mechanismen erlauben.
Für eine Reihe anderer Funktionsparameter – Proteinsynthese, Verteilung und
Dichte von Nervenendigungen und Rezeptoren, Änderungen des pH –
erlaubt die PET eine bildliche Darstellung, wobei Modelle zur quantitativen
Auswertung in Entwicklung sind.

5.1.1 Normalwerte

Von den mittels PET erfaßbaren physiologischen Größen ist bisher der Glucosestoffwechsel am eingehendsten untersucht. Da die Aktivität des Gehirns und damit der Glucosestoffwechsel vom Untersuchungsumfeld abhängen, müssen die Referenzbedingungen definiert werden. Da die komplette Isolation von äußeren Reizen zu starker frontaler Aktivierung und zu deutlichen Rechts-Links-Unterschieden führen kann (Mazziotta et al. 1982a), werden Augenschluß in einem abgedunkelten Labor mit Hintergrundgeräuschen üblicherweise als Untersuchungsstandard gewählt. In einer eigenen, unter dieser Ruhebedingung durchgeführten Studie an 42 Normalpersonen (durchschnittl. Alter $\pm$ Standardabweichung 43,0 $\pm$ 19,1 Jahre, 14 Frauen, 28 Männer) betrug die durchschnittliche Hirnglucoseumsatzrate 34,6 $\pm$ 3,83 µmol/100 g min. Die höchsten Werte (40–50 µmol/100 g min) fanden sich – wie in vergleichbaren Studien (Tabelle 5.1) – im Striatum, der Insel und dem Frontalcortex, die niedrigsten mit 20 µmol/100 g min im Marklager (Abb. 5.1). Seitendifferenzen lagen im Mittel nicht über 2,7% (Rechtsüberwiegen z.B. im Temporoparietallappen). Die Reproduzierbarkeit der Werte liegt für wiederholte Messungen an einem Tag bei $\pm$ 5%, für Messungen innerhalb 1–8 Tagen bei $\pm$ 12%

Tabelle 5.1. Regionaler zerebraler Glucose-Stoffwechsel (*rCMRGLc*) bei 44 Normalpersonen

	Hemisphäre			
	links		rechts	
	rCMRGLc	*SD*	*rCMRGLc*	*SD*
Hemisphäre	35,2	3,92	35,6	3,98
Frontalhirn	41,8	5,73	41,8	5,63
Sens/mot Region	39,4	4,62	40,3	4,85
Temporalregion	36,7	4,32	37,8	4,51
Parietalregion	37,0	5,23	37,9	5,46
Occipitalregion	37,1	4,21	37,5	4,21
Visuelles Zentrum	36,7	5,14	37,1	4,87
Insellappen	40,8	4,97	40,7	5,69
unt. limb. System	30,4	4,01	30,2	3,98
oberes limb. System	42,7	6,31	42,5	6,47
Ncl. caudatus	43,4	4,57	43,1	4,51
Ncl. lentiformis	44,3	5,65	44,1	5,77
Thalamus	39,8	5,45	40,7	5,35
Hirnstamm	28,6	3,45	29,4	3,40
Kleinhirn	33,1	4,06	33,2	3,83
subk. w. Substanz	19,8	2,31	20,0	2,39
perincl. w. Substanz	23,2	2,49	23,0	2,77

Angaben für *rCMRGLc* in micromol/100 g/min

Alter 16–77,7 Jahre mit einem Median von 44,7 (+ −) 19.60
16 Frauen, 28 Männer

CBF

ml/100g/min

CMRGl

µmol/100g/min

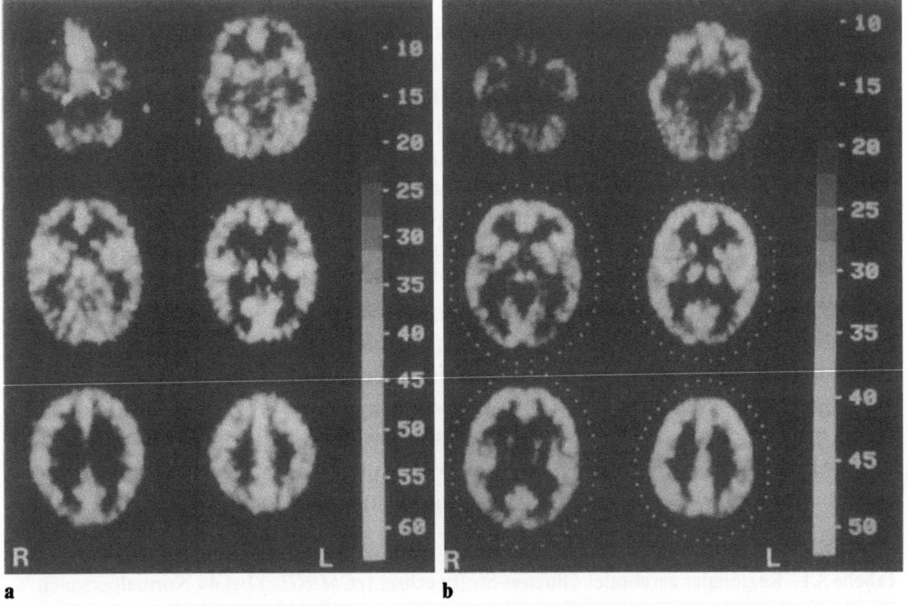

a   b

Abb.5.1 a, b. Regionale Hirndurchblutung (*CBF* in ml/100 g min, bestimmt mittels ^{18}F-CH$_3$) und regionale zerebrale metabolische Rate für Glukose (*CMRGl* in µmol/100 g min bestimmt mittels FDG) in transaxialen Schnitten 13 bis 78 mm über der canthomeatalen Ebene eines 35jährigen gesunden Mannes. Die anatomischen Strukturen sind durch unterschiedliche *CBF-* oder *CMRGl-* Werte zu erkennen, graue und weiße Substanz sind eindeutig differenziert

(Phelps et al. 1981). Diese Variabilität ist sowohl auf technische Meßfehler als auch auf die spontane Änderung des Glucoseverbrauchs zurückzuführen. Mit der ^{15}O-Methode wurde im Ruhezustand für die Großhirnrinde eine durchschnittliche Durchblutungsgröße von 65 ml/100 g min bei einer Sauerstoffverbrauchsrate von 263 µmol/100 g min (=6 ml/100 g min) gemessen; die entsprechenden Werte für die weiße Substanz lagen bei etwa 21 ml/100 g min bzw. 80 µmol/100 g min (Frackowiak et al. 1980). Die mittlere Sauerstoffextraktionsrate beträgt für die graue Substanz 0,49, für das Mark 0,48. Das mittlere Blutvolumen beträgt 5,9% in der grauen und 2,4% in der weißen Substanz (Lammertsma et al. 1983). Die Variationsrate der Meßwerte bei wiederholten Bestimmungen von Durchblutung und Sauerstoffverbrauch liegt zwischen ±5% (Wiederholung innerhalb eines Untersuchungsgangs) und 10% (Wiederholungsmessung nach 4–6 Monaten) (Frackowiak et al. 1980), wobei die Schwankungen für die Durchblutung bis zu ±20% betragen (Lenzi et al. 1982).

Unter normalen Bedingungen sind Durchblutung und Stoffwechsel über einen weiten Bereich eng gekoppelt. Diese enge Kopplung betrifft sowohl den Sauerstoffverbrauch (CBF (ml/100 g min)=9,47 × CMRO$_2$ (ml O$_2$/100 g min)+10,1, r=0,83, Baron 1983) als auch den Glucoseumsatz. Unter ausschließlich oxidativen Stoffwechselbedingungen werden 6 Mol Sauerstoff für 1 Mol Glucose verbraucht. Bestimmungen dieser Beziehungen ergaben Verhältniswerte zwischen 5,3 und 5,6, da Glucose im Gehirn nicht nur in den Energiestoffwechsel geht, sondern auch in anderen Stoffwechselzweigen verwendet wird (Glykogen, Aminosäuren, Neurotransmitter). Nur geringgradig werden andere Substrate (Laktat, Pyruvat, Ketone, Aminosäuren) für den Energiestoffwechsel herangezogen. Unter normalen Bedingungen wird nur ein geringer Anteil der Glucose anaerob abgebaut. Nur unter bestimmten pathologischen Bedingungen wird die Kopplung zwischen Durchblutung und Stoffwechsel durchbrochen und das Verbrauchsverhältnis Sauerstoff/Glucose massiv verändert.

Mit zunehmendem Alter wird in Übereinstimmung mit früheren Untersuchungen meist auch beim Gesunden über eine Abnahme der Hirndurchblutung, nicht jedoch des Sauerstoffverbrauchs berichtet. Die Befunde verschiedener PET-Labors zur Frage der Altersabhängigkeit des Glucosestoffwechsels sind widersprüchlich: Kuhl et al. (1982a) beschrieben bei 40 Gesunden eine 26-%-Erniedrigung zwischen dem 18. und 78. Lebensjahr; demgegenüber fanden Duara et al. (1984) zwischen 21 und 83 Jahren keinerlei signifikante Alterskorrelation. Eigene Untersuchungen zeigten eine gewisse Altersabhängigkeit, wobei die Abnahme des globalen Hirnglucosestoffwechsels pro Dekade 2% betrug ($P < 0,05$). Die einzelnen Hirnareale waren von dieser Abnahme symmetrisch, aber recht unterschiedlich betroffen: die stärksten altersabhängigen Veränderungen fanden sich im Frontalcortex, der Insel und temporo-parietal. Dieser Befund steht in Beziehung zu der im Alter beschriebenen Lockerung der interregionalen Korrelation zwischen frontalen und parietalen Regionen (Metter et al. 1984).

5.1.2 Unterschiedliche Funktionszustände

Aufgrund der Kopplung des Stoffwechsels an die Funktion führt funktionelle Aktivierung durch spezifische Reize oder Aufgaben oder geänderten Funktionszustand (Wachen oder Schlafen) zu regionalen Änderungen des Stoffwechsels und der Durchblutung in betroffenen Hirnstrukturen. Untersuchungen mit verschiedenen Reizmodalitäten oder während der Ausführung unterschiedlicher Partialfunktionen haben eine direkte Beziehung zwischen Stoffwechselaktivierung und Intensität bzw. Komplexität der Reize oder Aufgaben nachgewiesen (Übersichten bei Phelps et al. 1982, Heiss et al. 1985b). Die PET kann damit für Untersuchungen der funktionellen Neuroanatomie herangezogen werden.

a) Änderung des Aktivierungszustandes des ganzen Gehirns

Bei Ausschalten sensorischer Reize durch Verbinden der Augen und/oder Verstopfen der Ohren nahm der Glucosestoffwechsel ab. Die niedrigsten Raten wurden bei kompletter Deprivation beobachtet, wobei sich gleichzeitig mit der Abnahme der Gesamtstoffwechsellage eine stufenweise Zunahme der

CMRGl

µmol/100g/min

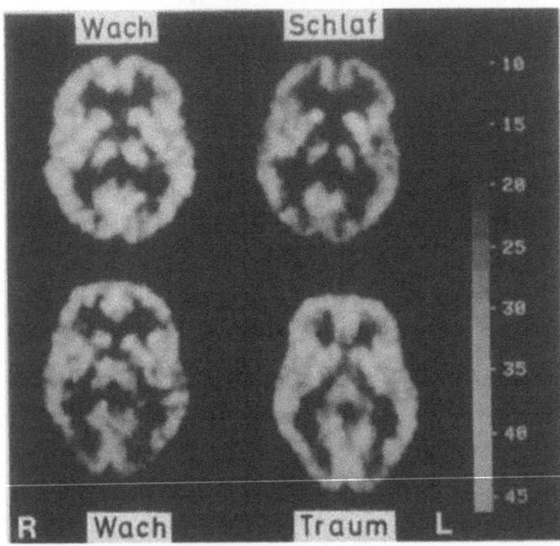

Abb. 5.2. Änderung des zerebralen Glukosestoffwechsels in transaxialen Schnittbildern durch Basalganglien und Thalamus bei gesunden Versuchspersonen vom Wachzustand zum traumlosen Schlaf (obere Reihe) und vom Wachzustand zum Traum (untere Reihe). Im Vergleich zur Kontrolle nimmt im traumlosen Schlaf der Stoffwechsel ab, im Traum zu

relativen frontalen Aktivierung und der Asymmetrie zuungunsten der rechten Hemisphäre fand (Mazziotta et al. 1982a).

Die Verminderung der Hirnaktivität im Schlaf verbunden mit der Blockade sensorischer Eindrücke von außen führen zu einer Reduktion der Glucosestoffwechselraten im Vergleich zum Wachzustand in allen kortikalen und basalen grauen Strukturen um im Mittel 12,6%. Eine spezifische Steigerung in einer bestimmten Hirnstruktur wurde nicht beobachtet, so daß aus diesen Untersuchungen nicht auf ein aktiviertes Schlafzentrum geschlossen werden kann (Abb. 5.2). Im Traum kam es hingegen zu einer mittleren Zunahme der rCMRGl um 16,4%, die besonders deutlich im frontalen Cortex (30%), in der Inselregion und im unteren parietalen Cortex (26%), im visuellen Cortex (22%) und im Hippocampus (23%) ausgeprägt war, währenddessen andere graue Strukturen weniger betroffen waren (Linsenkern 2,1%). Im Gegensatz zu der gleichmäßig diffusen Verminderung im Schlaf tritt somit beim spezifischen Traumerlebnis („Sehen des Traums" und emotionelle Reaktion) eine regional unterschiedliche Stoffwechselzunahme auf (Heiss et al. 1985a).

Eine emotionelle Belastung führt vor allem zu einer Änderung des Glucosestoffwechsels frontal: Reivich et al. (1983) fanden unter standardisierten Tests zur Angsteinschätzung eine bei zunehmender Angst zuerst ansteigende, dann wieder abfallende Aktivierung des frontalen Glucosestoffwechsels.

b) Sensorische Reizung

Durch spezifische Stimulation primärer sensorischer und motorischer Zentren kommt es zu umschriebenen funktionellen Aktivierungen des Stoffwechsels in den entsprechenden kortikalen Arealen (Abb. 5.3):

Im primären und assoziativen visuellen Cortex nimmt der Glucosestoffwechsel in Abhängigkeit von Intensität und Komplexität der Reizung zu. Die Stoffwechselrate des visuellen Cortex (Area 17 im Occipitallappen) wird dabei

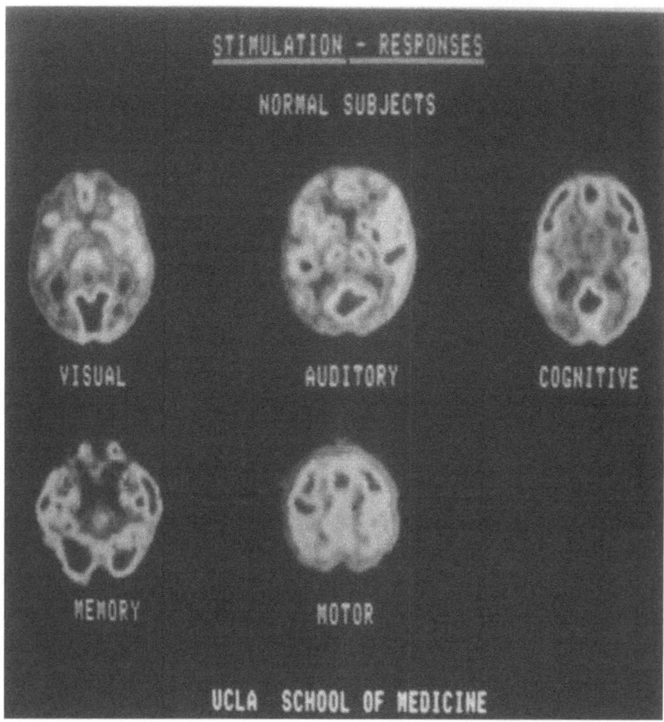

Abb. 5.3. Vergleich der Aktivierung des Glukosestoffwechsels während verschiedener Reize bzw. Aufgaben. Die Lokalisation dieser Funktionen im Cortex kann mittels FDG-PET eindeutig dargestellt werden (zur Verfügung gestellt von M. E. Phelps, UCLA, Los Angeles, USA)

vom Ausgangspunkt mit geschlossenen Augen über Reizung mit weißem Licht und wechselndem Schachbrettmuster bis zur Darbietung einer komplexen Szene gesteigert. Während der Darbietung einer komplexen Szene erreicht der visuelle Assoziationscortex (Area 18 und 19) einen höheren metabolischen Wert als der primäre visuelle Cortex, und die Zunahme der Stoffwechselrate mit der Reizkomplexität ist im assoziativen Cortex stärker ausgeprägt als im primären Cortex. Während aller dieser Testsituationen konnte eine Asymmetrie zwischen linker und rechter Seite sowohl im primären als auch im assoziativen visuellen Cortex nachgewiesen werden (Phelps et al. 1981).

Fox und Raichle (1985) konnten mit der Radiowassertechnik (s. S. 46) zeigen, daß die Durchblutungszunahme im primären visuellen Cortex in erheblichem Maß von der Stimulationsfrequenz abhängt und ein Maximum bei knapp 8 Hz aufweist. Gur et al. (1983) ließen 4 junge rechtshändige Probanden während der FDG-PET-Untersuchung Benton's Line-orientation-Test ausführen und stellten dabei die Ausbildung einer funktionellen Asymmetrie zugunsten der rechten Hemisphäre mit stärkster Ausprägung in der unteren Frontalregion, Area 8, dem primären auditiven Cortex, dem temporalen und unteren parietalen Cortex sowie dem visuellen Assoziationscortex fest. Aus diesen Befunden schlossen sie auf die überwiegend rechts-hemisphärische Repräsentation eines kognitiv-motorischen Funktionskreises.

Während akustischer Reizung fand sich immer die stärkste relative Zunahme der metabolischen Werte beidseits im transversalen temporalen Kortex (Heschl'sche Querwindung, Zunahme 30–40% gegenüber Ruhezustand). Außerdem wurden Zunahmen des Stoffwechsels in frontalen Arealen nachgewiesen. Eine Korrelation zwischen Muster der rCMRGl und dem gereizten Ohr fand sich nicht. Während verbaler Reizung wurden signifikante Aktivierungen im linken frontalen Kortex und beidseits im hinteren und transversalen temporalen Kortex gefunden. Auch im linken Thalamus nahm der Stoffwechsel geringgradig, aber signifikant zu. Während verbaler Stimulation fand sich immer eine stärkere Aktivierung auf der linken Seite, gleichgültig welchem Ohr die Sprache angeboten wurde. Bei Reizung mit Klängen und Akkorden fand sich besonders eine Zunahme des Stoffwechsels auf der rechten, und zwar mehr als auf der linken Seite. Diese Zunahme betraf vor allem den rechten oberen hinteren temporalen Kortex und beidseits die temporoparietale Region (rechts bis zu 22% Zunahme). Bei Prüfung des Gedächtnisses für Tonfolgen fanden sich unterschiedliche Aktivierungen je nach der Strategie, die von diesen Versuchspersonen zur Tonanalyse angewandt wurde. Beim „seashore tonal memory test" kam es bei musikalisch naiven Versuchspersonen, die die Musik emotionell aufnahmen und interpretierten (Nachsingen der Tonfolgen), zu einer regionalen Steigerung des Stoffwechsels betont rechts temporal und frontal. Musikalisch gebildete Versuchspersonen, die das Gehörte analysierten (z.B. durch visuelle Vorstellung von Frequenzhistogrammen oder durch Vorstellung der Noten auf einem Notenblatt) erfuhren eine Steigerung des Glucosestoffwechsels besonders links temporal (Mazziotta et al. 1982b).

Bemerkenswert war das Stoffwechselmuster, wenn eine gehörte Erzählung gemerkt und nach dem Test nacherzählt werden sollte. Während des Hörens dieser Erzählung kam es zu einer Aktivierung des auditiven Kortex in der hinteren Heschl'schen Querwindung des Temporallappens mit Darstellung der anatomischen Asymmetrie (links größer, weiter hinten liegend). Zunächst trat eine Aktivierung des Hippocampus durch die Speicherung des Gehörten im Gedächtnis ein. Durch diese Untersuchung wird die Bedeutung hippocampaler Strukturen für die Gedächtnisleistung eindrücklich unterstrichen (Mazziotta et al. 1982b).

Auch der Effekt somatosensorischer Reizung auf den regionalen Glucosestoffwechsel des Gehirns wurde untersucht. Dabei wurden Finger und Hand einseitig durch rasches Streichen mit einer Bürste taktil stimuliert. Dieser Reiz verursachte eine Steigerung des Stoffwechsels in der kontralateralen Postzentralregion (9% Asymmetrie) (Greenberg et al. 1981). Ähnliche Befunde wurden durch elektrische Reizung der Haut des rechten Unterarms in der linken Postzentralregion erreicht (Buchsbaum et al. 1983).

c) Motorische Aktivität

Roland et al. (1982) untersuchten die regionale Hirndurchblutung während einseitiger rascher Fingerbewegungen und fanden eine kontralaterale Zunahme der regionalen Durchblutung in der Handregion des sensomotorischen Kortex (23±2,3% kontralateral, 0,5±1,6% ipsilateral) und im Globus pallidus (20,1 ± 2,7% kontralateral, 10,0 ± 2,8% ipsilateral). Bilaterale Zunahmen der regionalen Durchblutung wurden für die supplementäre motorische Area (30%), den prämotorischen Kortex (10%), die parietalen Regionen (9%), den parazentralen Kortex (20%), das Putamen (15%), Caudatum (11–15%) und den Thalamus (10%) berichtet.

Mit zwei verschiedenen Aufgaben konnten Mazziotta und Phelps (1984) regionale Zunahmen der rCMRGl an den entsprechenden Stellen nachweisen. Neue Aufgabe (z. B. Fingerbewegung) verursachte eine Zunahme der rCMRGl im kontralateralen sensomotorischen Kortex (18,6 ± 3,9%). Eintrainierte motorische Aufgaben (z. B. Schreiben der Unterschrift) bewirkten eine kortikale Antwort in der gleichen Verteilung und Größe, zusätzlich nahm die metabolische Rate aber beidseits im Striatum zu (19,0 ± 10,2% kontralateral, 18,3 ± 8,4% ipsilateral zur schreibenden Hand).

Das Muster der zerebralen Aktivierung durch expressive Sprachleistung wurde in einer eigenen Studie bei gesunden Rechts- und Linkshändern untersucht. Bei jeweils 4 sowohl per Fragebogen als auch manuelle Geschicklichkeitsprüfung auf Händigkeit und räumlich visuelle Hemisphärenspezialisierung getesteten Rechts- und Linkshändern wurden entsprechend einem Sequenzrandomisierungsplan je eine Messung des Hirnstoffwechsels unter Standardruhebedingungen und eine weitere unter Tonband kontrollierter, andauernder abstrakter Spontansprache durchgeführt. Unabhängig von der Händigkeit kommt es unter aktiver Spontansprache zu einer Stoffwechselsteigerung der linken Großhirnhemisphäre um durchschnittlich 14%, rechts um 12% (p < 0,01). Dabei reagieren die einzelnen Hirnregionen sowohl bezüglich

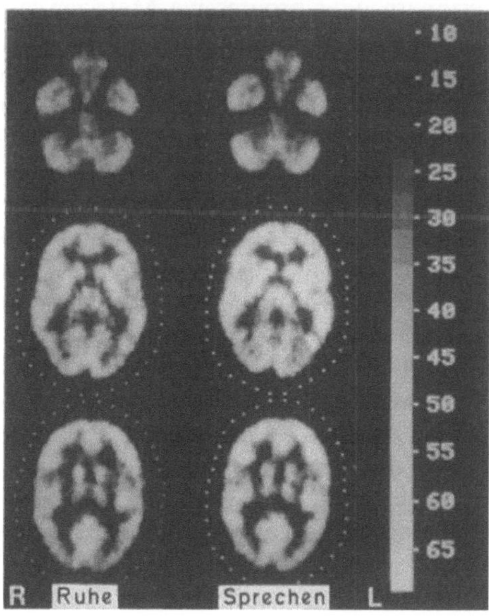

Abb. 5.4. Änderung des zerebralen Glukosestoffwechsels in transaxialen Schnittbildern durch Kleinhirn, Basalganglien/Thalamus und Corpus nuclei caudati durch freies assoziatives Sprechen. Während der Sprachproduktion nimmt der Stoffwechsel diffus zu mit Maximum in Broca- und Wernicke-Region links und im Cerebellum rechts

der Seitendifferenzen als auch der prozentualen Änderung von Ruhe zum aktiven Zustand signifikant unterschiedlich ($p < 0,05$): die ausgeprägtesten Stoffwechselsteigerungen finden sich mit 32% im sensomotorischen Kortex gefolgt von der rechten Kleinhirnhemisphäre (27%), beiden Thalami (etwa 15%), der linken Wernicke- (18%) und Broca-Region (13%); die geringsten Zunahmen (2–8%) sind in der Brücke, im occipito-parietalen Kortex und in den hippocampalen Strukturen festzustellen (Abb. 5.4) (Heiss et al. 1987b).

Diese Untersuchungen mit einfachen und komplexen motorischen Willkürleistungen zeigen, daß solche Funktionen unter Beteiligung vieler Hirnregionen ausgeführt werden. Für die Steuerung willkürlicher motorischer Leistungen ist die integrative Tätigkeit homo- und kontralateraler Hirnregionen notwendig, deren funktionelles Zusammenspiel mittels PET dargestellt werden kann.

d) Komplexe Hirnleistungen

Asymmetrie im zerebralen Glucosestoffwechsel wurde mit mehreren Aufgaben, die eine hemisphärische Spezialisation erfordern, beobachtet; z. B. nahm bei einem verbalen Test (Miller-Analogien) der Stoffwechsel im oberen Temporal- und unteren Parietalkortex sowie im frontalen Blickzentrum links zu. Im Vergleich damit nahm bei einer Personengruppe, die einen räumlichen Test ausführte (Benton-Test), der Stoffwechsel in der rechten Hemisphäre zu (Mazziotta und Phelps 1986).

Gedächtnisfunktionen wurden bisher vor allem mit regionalen Unterschieden des Glucosestoffwechsels in Beziehung gesetzt (Riege et al. 1985). In einer Korrelationsanalyse der regionalen Stoffwechselraten mit 18-multivariaten Gedächtnistests bei 23 gesunden Versuchspersonen zwischen 27 und 78 Jahren ergaben sich folgende signifikante Beziehungen: Die Fähigkeit, nicht-verbale Muster zu rekonstruieren oder aus dem Gedächtnis zu zeichnen, Sätze zu erinnern oder progressive Matrizen zu lösen, war negativ mit der metabolischen Rate im Caudatum und Thalamus korreliert. Diese Fähigkeiten waren positiv korreliert zur metabolischen Rate der oberen Frontalregion beidseits. Auch Tests, die eine Analyse der Relationen oder das Kodieren von Zusammenhängen zwischen Merkmalen erforderten, waren mit der Stoffwechselrate im oberen Frontalkortex korreliert. D.h. Versuchspersonen, die besonders erfolgreich in der Organisation und Rekonstruktion der Information im Gedächtnis waren, hatten entweder einen hohen frontalen oder einen niedrigen subkortikalen Stoffwechsel oder beides. Die Korrelationstafel zeigte auch eine positive Korrelation zwischen oberer frontaler Stoffwechselrate und schneller Erkennung nicht-verbaler Muster. Außerdem ergab sich aus der Korrelationsmatrix ein positiver Zusammenhang des Gedächtnisses für Sätze, Wortlisten und Wortschatz mit der metabolischen Rate in der Broca-Region. Diese Studie wies vor allem auf eine Interaktion zwischen frontalen und subkortikalen Strukturen bei altersabhängigen Gedächtnisfunktionen hin.

Die Studie von Riege et al. (1985) zeigte eine Beziehung zwischen Gedächtnisleistung und Funktionszustand des Gehirns, bestimmt nach der Stoffwechselaktivität. Diese Studie gab aber keine Auskunft darüber, ob geänderte Gedächtnisleistungen auch zu Änderungen der Stoffwechselgröße führen.

5.1.3 Epilepsie

Aufgrund der engen Koppelung zwischen elektrischer neuronaler Aktivität und Durchblutung und Energiestoffwechsel erscheint die Positronen-Emissions-Tomographie als besonders aussichtsreiches Verfahren zur Lokalisation von pathologisch gesteigerter Aktivität, wie sie bei epileptischen Erkrankungen vorliegt. Von besonderem diagnostischem Interesse ist dies bei den fokalen Epilepsien, insbesondere bei den psychomotorischen Anfällen, bei denen die eindeutige Lokalisation des verantwortlichen Fokus mit nicht-invasiven EEG-Methoden häufig nicht möglich ist. In der Mehrzahl der Fälle können auch keine morphologischen Veränderungen mit bildgebenden Verfahren (CT und MRT) als Ursache der Anfälle nachgewiesen werden.

Vereinzelt wurden Durchblutungs- und Energiestoffwechselmessungen während zerebraler Krampfanfälle durchgeführt. Dabei fand sich bei generalisierten Anfällen wie Absencen eine Erhöhung des Glucoseumsatzes um das 2½ bis 3½fache der Norm im gesamten Gehirn ohne fokale Akzentuierung (Engel et al. 1985). Während fokaler Anfälle wurden variable Muster von Stoffwechselzunahmen in den beteiligten Hirnstrukturen beobachtet, die häufig von einer Stoffwechselinaktivierung anderer Strukturen begleitet waren (Engel et al. 1983). Stoffwechselsteigerungen wurden somit nicht nur im verantwortlichen Fokus selbst beobachtet, sondern auch in Strukturen, die damit in funktioneller Verbindung stehen und auf die sich die elektrische Aktivität ausbreitet. Postiktal werden entsprechend der Depression der elektrischen Aktivität Verminderungen des zerebralen Glucosestoffwechsels beobachtet, die regional akzentuiert sein können.

Die am besten reproduzierbaren und klinisch aussagekräftigsten Befunde bei fokaler Epilepsie wurden bisher mit Stoffwechseluntersuchungen im anfallsfreien Intervall erhoben. Charakteristisch sind umschriebene stoffwechselinaktive Bezirke im Bereich des epileptogenen Fokus (Abb. 5.5). Tabelle 5.2 gibt einen Überblick über die Häufigkeit dieses Befundes bei fokalen Epilepsien. Die Sensitivität liegt in der Mehrzahl der Untersuchungen über 70%, sie war in allen Fällen höher als in vergleichsweise durchgeführten kernspintomographischen oder konventionellen computertomographischen Untersuchungen (Stefan et al. 1987). Zur sicheren Lokalisation der Herde ist allerdings eine sorgfältige regionale, quantitative Auswertung der Untersuchungen im Vergleich zu einer Normalpopulation erforderlich. Von den meisten Untersuchern werden dabei Seitendifferenzen von mehr als 15% zwischen korrespondierenden Regionen beider Hemisphären als pathologisch angesehen.

Die histopathologischen Befunde bei operierten Patienten mit Herdnachweis im PET zeigen überwiegend eine mesiale temporale Sklerose. Demgegenüber ist die Sensitivität der Kernspintomographie (MRT) für diese pathologischen Veränderungen bisher nicht geklärt, in der Untersuchung von Sperling et al. (1986) gelang der kernspintomographische Nachweis bei keinem der 18 Patienten mit positivem PET-Befund. Einschränkend ist darauf hinzuweisen, daß die Spezifität hypometaboler Herde im allgemeinen gering ist. Sie können bei einer Vielzahl von Erkrankungen beobachtet werden, z.B. bei zerebralen Durchblutungsstörungen und langsam wachsenden Hirntumoren.

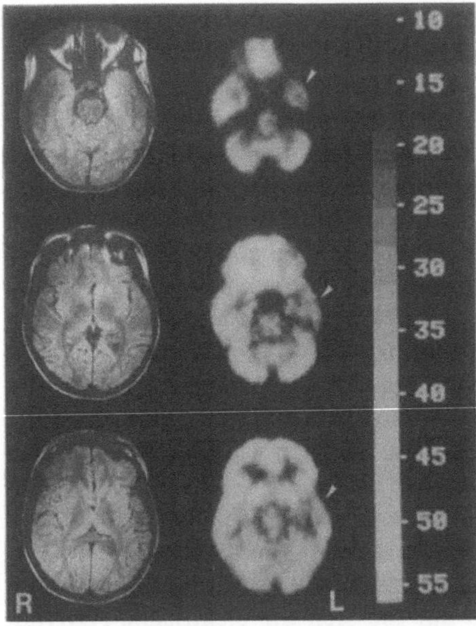

Abb. 5.5. Kernspintomographie und transaxiale PET-Bilder des Glukosestoffwechsels bei Patienten mit komplexer partieller Epilepsie. Im anfallsfreien Intervall ist im morphologisch unauffälligen (MRT) linken Temporallappen der Glukosestoffwechsel deutlich vermindert (Pfeile)

Tabelle 5.2. Häufigkeit von stoffwechselinaktiven Bezirken bei fokaler Epilepsie

Autoren	N	Prozentsätze mit stoffwechsel- inaktivem Bezirk	Röntgen-CT bzw. MRT Befunde
Kuhl et al. 1980b	17	82%	29% CT path.
Engel et al. 1982	50	70%	
Theodore et al. 1983	20	80%	CT alle normal
Yamamoto et al. 1983	14	100%	
Shimizu u. Ishijima 1985	18	83%	
Theodore et al. 1986	26	80%	44% CT path., 77% MRT path.
Sperling et al. 1986	30	40%	CT alle normal, 10% MRT path.
Stefan et al. 1987	10	100%	80% MRT path.

Die Diagnose einer fokalen Epilepsie muß deshalb aufgrund klinischer und elektroencephalographischer Kriterien gesichert werden. Stimmen jedoch die Befunde bezüglich der Seitenlokalisation von interiktalen Spikes, des Beginns von iktaler Aktivität und andere folkale EEG-Veränderungen bei nichtinvasiver Ableitung mit der Lokalisation des Fokus im PET überein, so kann nach den Untersuchungen von Engel et al. (1982) eine Zuverlässigkeit erzielt werden, die bei Temporallappenepilepsie bezüglich der Seitenlokalisation der Ableitung mit Tiefenelektroden vergleichbar ist.

Die stoffwechselinaktiven Regionen sind regelmäßig von größerer Ausdehnung als die histopathologisch veränderte Gewebsregion. Dieser Befund ist nicht durch die im Vergleich zur Kernspintomographie geringere räumliche Auflösung verursacht, da er auch bei autoradiographischen Untersuchungen von experimentell gesetzten fokalen Hirnläsionen beobachtet wurde. Am ehesten dürfte dies auf ein Deafferenzierungsphänomen zurückzuführen sein, das auch bei anderen fokalen Hirnerkrankungen, wie ischämischen Läsionen, beobachtet werden kann. Trotzdem gelingt es in der Regel bei Temporallappenepilepsie zwischen einer Lokalisation des Fokus im medialen oder lateralen Anteil des Temporallappens zu unterscheiden (Stefan et al. 1987). Für die Entscheidung zum operativen Vorgehen bei therapieresistenter fokaler Epilepsie ist der Ausschluß weiterer Herde wichtig. Sekundäre Herde können sich bei lange bestehender fokaler Epilepsie entwickeln.

Mehrere Herde finden sich bei tuberöser Sklerose, einer Erkrankung mit multiplen kortikalen Läsionen, die meist mit generalisierten Krampfanfällen einhergeht. Die kortikalen Tuber stellen sich in der PET-Stoffwechseluntersuchung als hypometabole Herde gut dar (Szelies et al. 1983), während sie im Gegensatz zu den subependymalen Verkalkungen der computertomographischen Untersuchung leicht entgehen.

5.1.4 Ischämische Insulte

Ischämische zerebrale Insulte werden durch fokale Durchblutungsstörungen verursacht, wobei Lokalisation, Schweregrad und Dauer der regionalen Mangeldurchblutung die Ausprägung der klinischen Symptome – reversible funktionelle Ausfälle oder irreversible Störungen der Morphologie – bedingen. Die durch die regionale Durchblutungsstörung ausgelöste Stoffwechselstörung (Überblick bei Raichle 1983, Siesjö und Wieloch 1985) kann in Ausdehnung und Dauer die Mangelperfusion übertreffen und hat dadurch Einfluß auf die Ausgestaltung des neurologischen Syndroms, den Schweregrad der über die lokalisierbaren Symptome hinausgehenden Hirnleistungsschwäche, den klinischen Verlauf und die Rückbildungsfähigkeit der Ausfälle. Gefäßveränderungen, die ischämische Insulte auslösen, können durch die zerebrale Angiographie, die aus den Durchblutungsstörungen als Endzustand resultierenden Infarkte durch die Röntgen-Computer-Tomographie (CT) oder Kernspintomographie (Magnet-Resonanz-Tomographie, MRT) nachgewiesen werden. Die Veränderungen der Gewebsdurchblutung und des Stoffwechsels, die in Abhängigkeit von der Dauer zu reversiblen oder irreversiblen Funktions- und Strukturstörungen führen und evtl. therapeutisch beeinflußbar sind, können dreidimensional und regional mittels Positronen-Emissions-Tomographie (PET) bildlich dargestellt und quantifiziert werden.

a) Zeitlicher Verlauf von Perfusions- und Stoffwechselstörungen nach ischämischen Attacken

Bei Anwendung von 2 Tracern – ^{13}N-markiertem Ammoniak zur Darstellung der Durchblutung, FDG für Glucosestoffwechsel (Kuhl et al. 1980a), ^{15}O für die Untersuchung des regionalen Sauerstoffverbrauchs und ^{15}O-markiertem Kohlendioxyd als Indikator der Durchblutung (Baron et al. 1981, Ackerman et al. 1981, Wise et al. 1983a) – konnte nachgewiesen werden, daß regionale

Durchblutung und Stoffwechsel im ischämischen Gewebe entkoppelt sein können. Diese Entkopplung findet sich vor allem in der akuten Phase nach der ischämischen Attacke. In den ersten Tagen ist die regionale Durchblutung hochgradig, der regionale Stoffwechsel nur mäßig vermindert.

Eine entscheidende Bedeutung kommt in den ersten 24–36 Stunden nach Insult der Steigerung der Sauerstoffextraktionsrate – normalerweise treten 40–50% des im Blut transportierten molekularen Sauerstoffs während der Passage durch die Kapillaren ins Gehirngewebe über – auf bis zu 90% zu (Wise et al. 1983 a). Diese gesteigerte Sauerstoffextraktionsrate bei stark verminderter Durchblutung zeigt den Bedarf des Gewebes an Sauerstoff an (Abb. 5.6) und ist damit ein Hinweis, daß zumindest ein Teil des Gewebes die akute Durchblutungsstörung ohne morphologische Destruktion überstanden hat. Zu diesem Zeitpunkt – in den ersten ein bis zwei Tagen – besteht somit ein Zustand

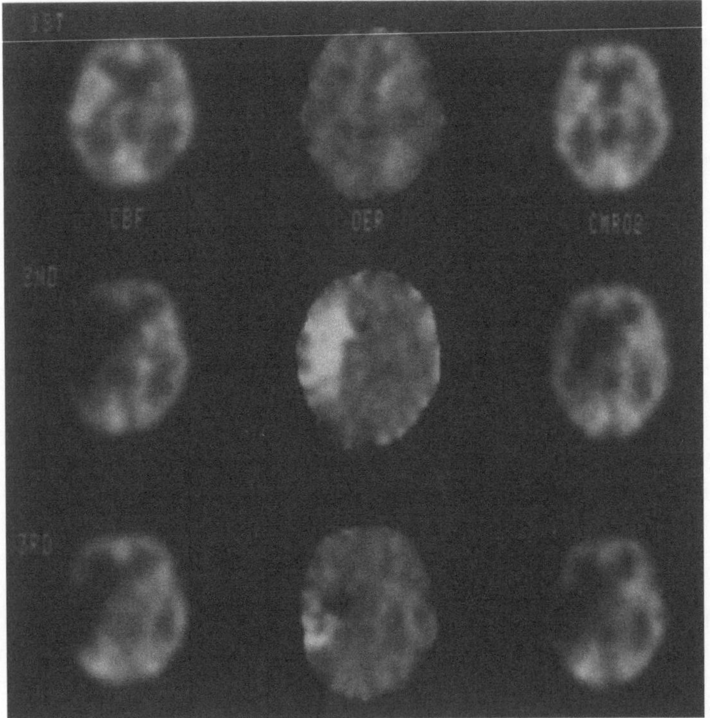

Abb. 5.6. Hirndurchblutung *(CBF)*, Sauerstoffextraktionsrate *(OER)* und zerebrale metabolische Rate für Sauerstoff *(CMRO₂)* auf PET-Schnittbildern durch Basalganglien/Thalamus bei einem Patienten im Verlauf der zerebrovaskulären Erkrankung: *obere Reihe:* nach transitorischen ischämischen Attacken ist im linken Mediagebiet die Durchblutung gesteigert, Sauerstoffverbrauch und -extraktion kompensiert. *Mittlere Reihe:* 1 Woche nach Erstaufnahme trat ischämischer Insult auf. Messung 7 Std. nach der Attacke zeigt stark verminderte regionale Durchblutung. Ein verminderter, aber doch noch meßbarer Sauerstoffverbrauch kann durch gesteigerte Extraktion aufrecht erhalten werden. *Untere Reihe:* Eine Woche nach Insult zeigen gleichartig verminderter Sauerstoffverbrauch und Durchblutung den Infarkt an. Nur in einer Grenzzone weist die gesteigerte *OER* auf noch vitales Gewebe hin (zur Verfügung gestellt von T.Jones, MRC Cyclotron Unit, Hammersmith Hospital, London, UK)

der Mangelperfusion (misery perfusion, Baron et al. 1981), der durch Verbesserung der Durchblutung reversibel ist. Bei wiederholten Messungen in Einzelfällen nahm die gesteigerte Sauerstoffextraktionsrate in der Woche nach dem Insult ab und war immer kombiniert mit einer deutlichen Reduktion im Sauerstoffverbrauch. Während dieser Zeit konnte sich die regionale Durchblutung wieder normalisieren. Chronische Minderdurchblutung mit erhöhter Sauerstoffextraktion wurde dagegen nur in Einzelfällen beobachtet (Baron et al. 1981, Gibbs et al. 1984), während sich häufiger eine gekoppelte Durchblutungs- und Stoffwechselminderung ohne erhöhte Sauerstoffextraktion fand. Aus diesen Ergebnissen muß geschlossen werden, daß eine durchblutungssteigernde Therapie sowie eine perfusionsfördernde operative Intervention nur innerhalb der ersten Tage nach Insult sinnvoll ist, solange nämlich ein metabolischer Bedarf des noch nicht devitalisierten Gewebes nachweisbar ist. Später, wenn ischämische Nekrosen eingetreten sind, kann durch eine verbesserte Durchblutung nichts mehr erreicht werden.

PET-Untersuchungen von Patienten etwa 1 Woche nach dem Insult zeigten, daß die Entkopplung zwischen Durchblutung und Sauerstoffverbrauch, die die Gewebsischämie anzeigen, nicht mehr besteht: die Sauerstoffextraktionsrate sinkt unter den Normalwert ab, der Bedarf des Gewebes ist nicht mehr gegeben, das Gewebe ist abgestorben. Häufig nimmt zu dieser Zeit

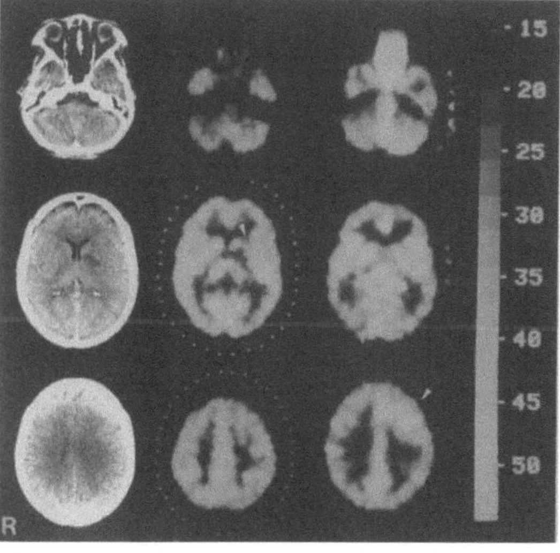
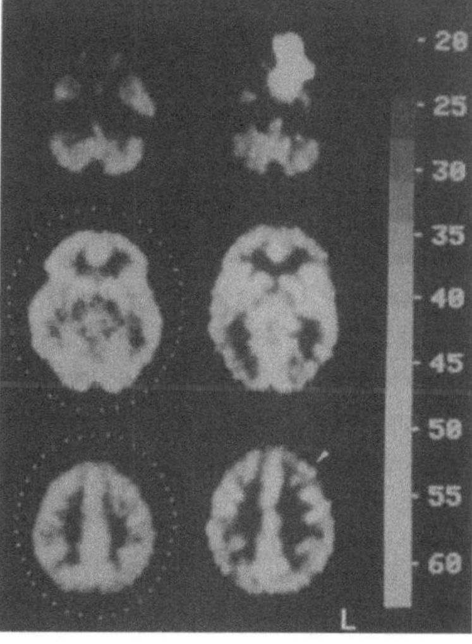

Abb.5.7 a, b. CT-, PET-Bilder des Glukosestoffwechsels und der Durchblutung durch Kleinhirn, Basalganglien/Thalamus und Zentrum semiovale bei Patientin mit Infarkt in der Capsula interna links. 1 Woche nach Insult regionale *CMRGl*-Verminderung im Infarkt (Pfeil) und Deaktivierung des kontralateralen Kleinhirns; trotz kollateraler Hyperperfusion frontal (Pfeil) verminderte Durchblutung im Kleinhirn. 1 Jahr nach Infarkt Verminderung von Durchblutung und Stoffwechsel frontal (Pfeil) durch Unterbrechung afferenter Fasern

durch Rekanalisation verschlossener Gefäße und Perfusion über Kollateralen die Durchblutung wieder zu und steigt über den Bedarf des Gewebes an (Luxusperfusion, Lassen 1966). Diese Luxusperfusion ist in der PET-Untersuchung als Anstieg des Verhältnisses Durchblutung zu Stoffwechsel direkt zu sehen (Abb. 5.7). In den späteren Stadien sind dann Durchblutung und Stoffwechsel auf den niederen Bedarf des zum großen Teil nekrotischen oder zystisch umgewandelten Gewebes eingestellt (Abb. 5.6). Der Endzustand der Gewebszerstörung ohne kompensatorische Mechanismen und ohne Reparationsmöglichkeit ist erreicht.

Während der Bedarf an Sauerstoff meist den Zustand des Gewebes anzeigt – eine Ausnahme wäre nur die eventuelle Produktion von Stoffwechselwasser ohne Kopplung an die Bildung von ATP im ischämischen Gewebe (Siesjö 1981) – kann die Aufnahme von Glucose sowohl von der Durchblutung als auch von der Sauerstoffaufnahme entkoppelt sein. In den ersten Tagen nach Insult und bei Verminderung von Durchblutung und Sauerstoffaufnahme (Wise et al. 1983b) kann dies auf Störung des oxidativen Energiestoffwechsels und anaerobe Glykolyse hindeuten. Durch das dabei vermehrt gebildete Laktat nimmt die Gewebsazidose zu, das Gewebe wird dadurch zusätzlich geschädigt und geht zugrunde (Abb. 5.8). Besonders in späteren Stadien kann die im Infarktgewebe beobachtete Steigerung der Glucoseaufnahme auch durch Infiltration von Granulozyten mitverursacht sein (Jones et al. 1985). In einigen Fällen bestanden Regionen mit gesteigerter Glucoseaufnahme in hyperperfundierten Zonen: in diesen hyperperfundierten Gewebsbezirken mit gesteigertem Glucoseumsatz blieb lebensfähiges Gehirngewebe bestehen (Heiss et al. 1986). Dies zeigte sich als Areal mit leicht vermindertem Glucosestoffwechsel in einem großen infarzierten Bezirk und als morphologisch intakte Gewebsinseln in Infarkten in den morphologischen bildgebenden Verfahren. Wie in einer großen Serie von Patienten mit zerebrovaskulären Erkrankungen dargestellt (Heiss et al. 1986), können die morphologischen bildgebenden Verfahren – CT und MRT – die Defekte mit hoher räumlicher Auflösung darstellen, pathophysiologische Mechanismen können aber nur durch Isotopenmethoden (SPECT für Durchblutung, PET für mehrere Funktionsparameter) bildlich erfaßt und quantifiziert werden.

Zusätzliche prognostische Aussagen sind evtl. durch regionale Messungen des pH im Gehirn mittels PET möglich. Das Säure-Basen-Gleichgewicht wird im normalen Hirngewebe genau aufrechterhalten und damit der intrazelluläre pH-Wert in einen engen Bereich einreguliert (7,0–7,1, Syrota et al. 1985). In pathologisch verändertem Hirngewebe ändert sich der pH-Wert, und diese pH-Änderung kann zu einer zusätzlichen Schädigung des Gewebes führen. Bei Unterbrechung der Sauerstoffzufuhr am Beginn der Mangeldurchblutung reichern sich saure Stoffwechselprodukte an (vor allem Laktat), und diese Laktatazidose trägt zur ischämischen Zellschädigung bei (Siesjö und Wieloch 1985, Raichle 1983). In typischen Infarkten mit verminderter Durchblutung und reduziertem Sauerstoff- und Glucosestoffwechsel liegt der pH damit im sauren Bereich (Abb. 5.9). In Fällen mit gesteigerter Glucoseaufnahme ohne Hyperperfusion wies die lokale pH-Erniedrigung auf die Laktatazidose als Folge der anaeroben Glykolyse hin (Yamamoto et al. 1985). Tritt eine relative

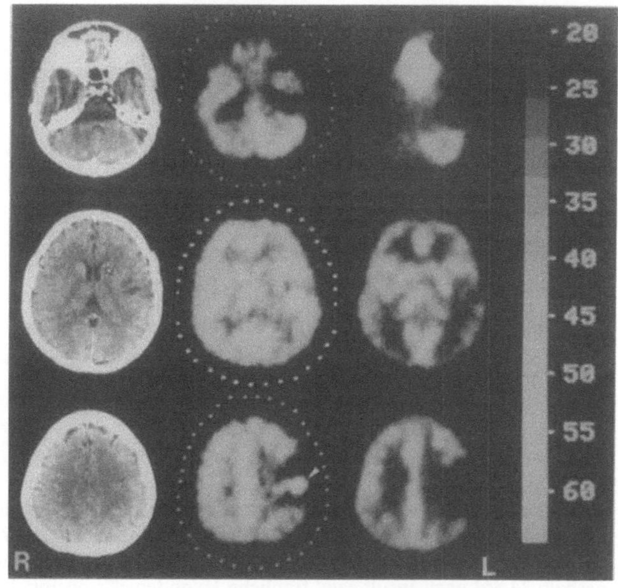

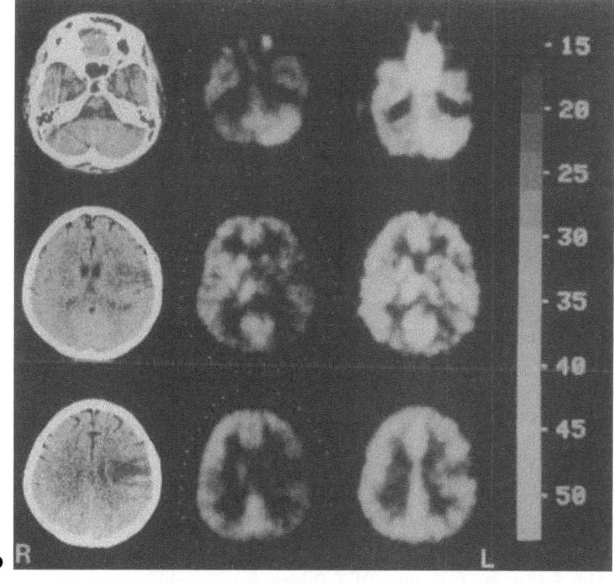

Abb. 5.8 a, b. CT-, PET-Bilder des Glukosestoffwechsels *(CMRGl)* und der Durchblutung *(CBF)* durch Kleinhirn, Basalganglien/Thalamus und Zentrum semiovale bei 26jähriger Patientin mit Infarkt im Mediagebiet links *a)* 2 Tage und *b)* 31 Tage nach Insult: **a** ausgeprägte Mangeldurchblutung mit Regionen gesteigerter Glukoseaufnahme (Pfeil), deutliche Kleinhirninaktivierung; **b** im CT wird Infarkt deutlicher, Durchblutungsstörung ist lokalisiert auf Infarkt, Stoffwechselverminderung ohne Regionen vermehrter Glukoseaufnahme, geht weit über die Durchblutungsstörung hinaus und betrifft die gesamte linke Hemisphäre, Basalganglien, Thalamus und kontralaterales Kleinhirn

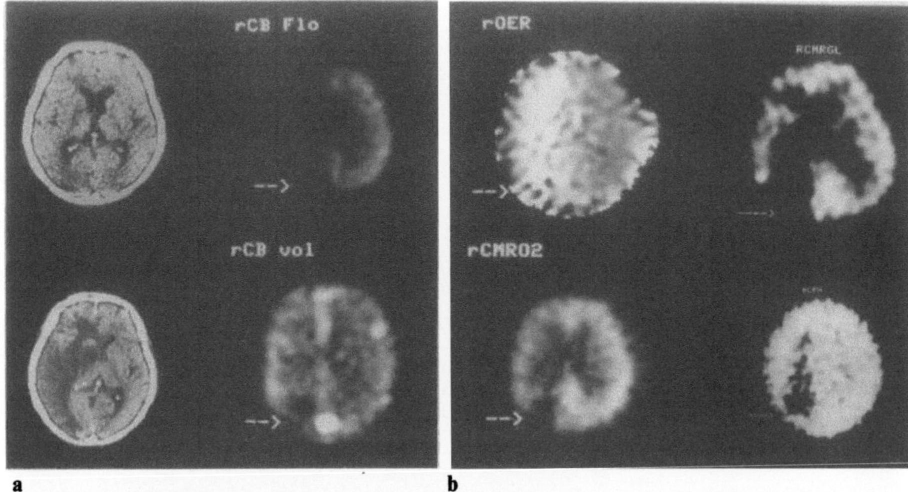

Abb. 5.9 a, b. CT- und PET-Bilder der Durchblutung *(rCBFl)*, der Sauerstoffextraktion *(rOER)*, des Glukosestoffwechsels *(RCMRGl)*, des Blutvolumens *(rCBVol)*, des Sauerstoffverbrauchs *(rCMRO$_2$)* und des pH *(RCPH)* bei einer 73jährigen Patientin nach ischämischem Insult. CT innerhalb 24 Std nach Insult zeigt fragliche Hypodensität occipital links, Durchblutung und Sauerstoffextraktion zeigen ausgedehnte, Glucosestoffwechsel, Blutvolumen und Sauerstoffverbrauch umschriebene Störungen; *pH* ist in den sauren Bereich verschoben. 2. CT 10 Tage später zeigt ausgedehnten Media-Infarkt (zur Verfügung gestellt von Y. L. Yamamoto, Montreal Neurological Institute, Montreal, Canada)

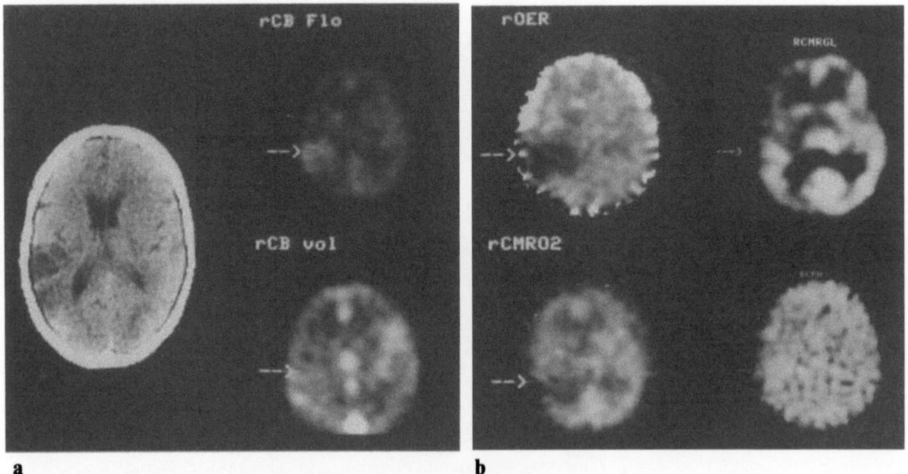

Abb. 5.10 a, b. CT- und PET-Bilder der Durchblutung, der Sauerstoffextraktion, des Glukosestoffwechsels, des Blutvolumens, des Sauerstoffverbrauchs und des pH bei einer 61jährigen Patientin mit ischämischem Insult. PET-Studien 31 Std nach Insult zeigen regionale Steigerung von Durchblutung, Blutvolumen und Glukoseaufnahme bei verminderter Sauerstoffextraktion und -verbrauch, *pH* ins Alkalische verschoben (Pfeile). 10 Tage nach Insult zeigt sich im CT ein umschriebener Infarkt (zur Verfügung gestellt von Y. L. Yamamoto, Montreal Neurological Institute, Montreal, Canada)

Hyperperfusion ein, d.h. liegt die Durchblutung über dem Bedarf des Gewebes an Stoffwechselsubstraten (Luxusperfusion, Lassen 1966), entwickelt sich eine lokale Gewebsalkalose und ^{11}C-DMO reichert sich lokal an (Abb. 5.10). Diese Verschiebung des pH ins Alkalische könnte durch vermehrten Abtransport von sauren Stoffwechselprodukten durch den gesteigerten Blutfluß (arterialisiertes Blut in Venen) bedingt sein, wodurch evtl. die zusätzliche Noxe durch die Gewebsazidose vermieden werden kann; die resultierenden Infarkte sind evtl. kleiner bzw. Gewebsanteile können überleben (s. oben, Hyperperfusion und Hypermetabolismus).

b) Untersuchungen zum Infarkt-Risiko

Die PET wurde in mehreren Untersuchungen zur Beurteilung von Durchblutungs- und Stoffwechselstörungen bei Patienten mit beginnender zerebrovaskulärer Erkrankung eingesetzt. Nach transitorisch ischämischen Attacken (TIA) sind üblicherweise keine morphologischen Schäden in CT oder MRT nachweisbar. Mittels PET lassen sich oft aber regionale funktionelle Störungen in Übereinstimmung mit der Lokalisation der passageren neurologischen Herdausfälle nachweisen (Abb. 5.11). Durch Untersuchungen des regionalen

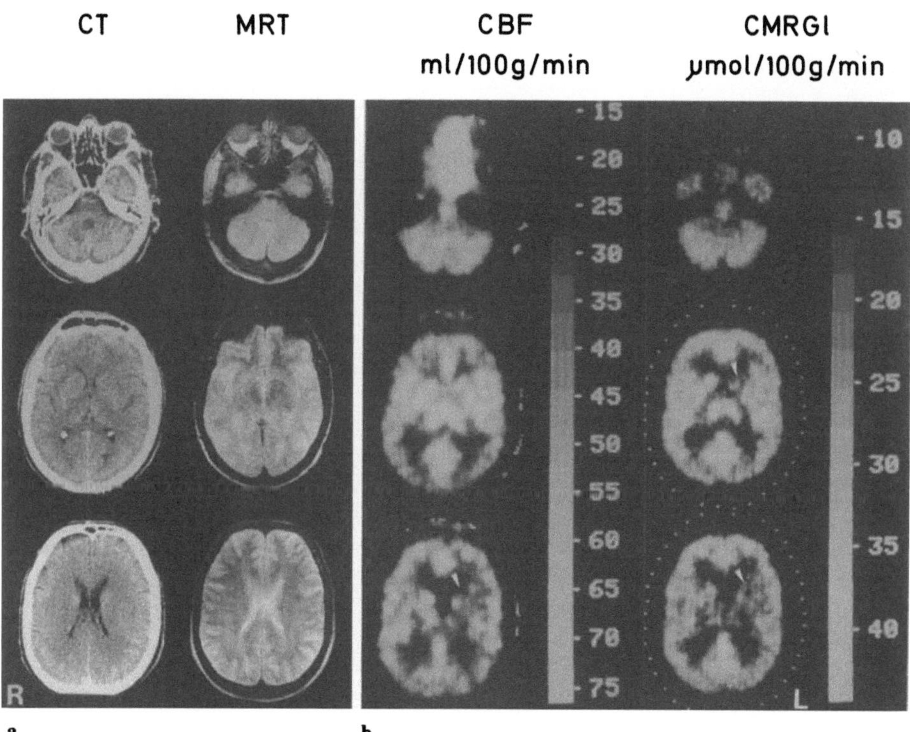

Abb. 5.11 a, b. CT-, Kernspintomographie- (MRT) und PET-Bilder der Durchblutung *(CBF)* und des Glukosestoffwechsels *(CMRGl)* bei einer Patientin mit transitorischen ischämischen Attacken im linken Mediagebiet. CT und MRT zeigen keine morphologischen Veränderungen. Durchblutungsminderung und Stoffwechselstörung (Pfeile) im Caudatum/Kapselbereich links als Substrat der funktionellen neurologischen Ausfälle

Blutvolumens können besonders bei Patienten mit TIA bei Strömungshindernissen in großen Arterien Kompensationsmechanismen zur Aufrechterhaltung der Gewebsversorgung nachgewiesen werden (Abb. 5.12): Während die zerebrale Durchblutung trotz Carotis-Verschluß bei intakter Kreislaufsituation normal sein kann, weist das in diesen Fällen häufig erhöhte zerebrale Blutvolumen auf eine kompensatorische Gefäßdilatation hin (Gibbs et al. 1984). Bei Blutdruckabfall (z. B. kardial, orthostatisch oder durch Volumenmangel) könnte dann bei fehlender weiterer Kompensationsmöglichkeit eine zerebrale Ischämie eintreten. Durch Beseitigung des Strömungshindernisses kann die Hämodynamik normalisiert werden.

Ein weiter fortgeschrittenes Stadium mit höherem Infarktrisiko ist durch Verminderung der regionalen, zerebralen metabolischen Rate für Sauerstoff charakterisiert (Powers et al. 1984). Diese Reduktion steht in Beziehung zum Schweregrad der arteriellen Veränderungen und weist auf Mikroinfarkte in neurologisch stummen Regionen hin. Besondere Bedeutung kommt wiederum der Steigerung der Sauerstoffextraktionsrate zu, die eine Änderung der Kopplung zwischen Durchblutung und metabolischem Bedarf des Gewebes anzeigt. Damit wird auf die progrediente Abnahme der Sauerstoffreserve für das Hirngewebe mit dem Schweregrad der Gefäßerkrankung hingewiesen. In

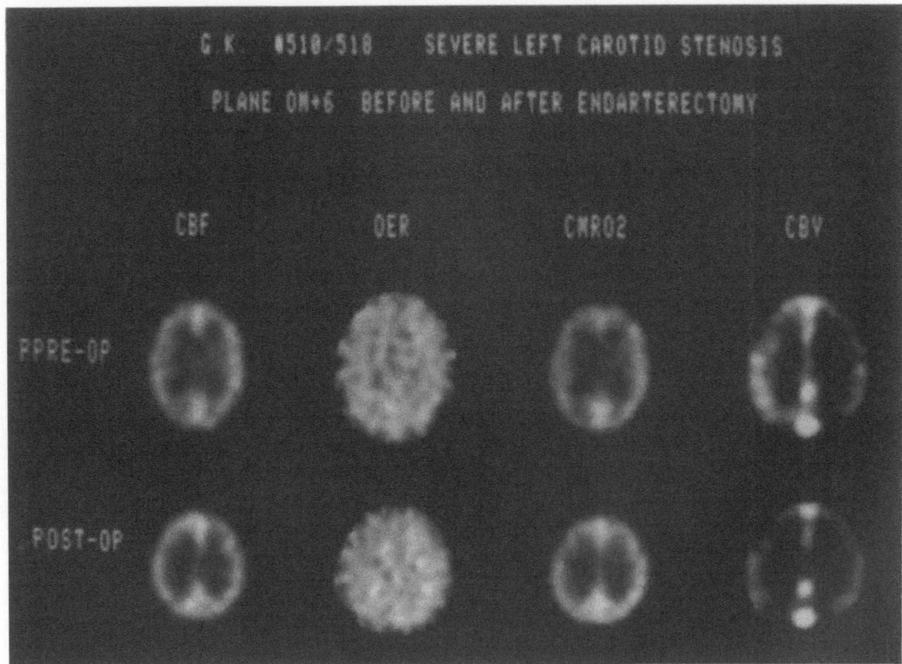

Abb. 5.12. PET-Bilder der Durchblutung *(CBF)*, der Sauerstoffextraktion *(OER)*, des Sauerstoffverbrauchs *(CMRO₂)* und des Blutvolumens *(CBV)* bei Patientin mit hochgradiger Stenose der A. carotis interna links. *Obere Reihe* (vor Endarterektomie) zeigt maximale Vasodilatation (hohes *CBV*) zur Kompensation der Durchblutungsstörung. Nach Endarterektomie *(untere Reihe)* sind die hämodynamischen Störungen normalisiert, die Werte ausgeglichen (zur Verfügung gestellt von T. Jones, MRC Cyclotron Unit, Hammersmith Hospital, London, UK)

diesen Fällen kann die Gefährdung des Gewebes durch gefäßchirurgische Eingriffe verbessert werden (Baron et al. 1981, Gibbs et al. 1985).

c) Verteilungsmuster von Stoffwechselveränderungen in Abhängigkeit von der Lokalisation des Infarkts

Bei Untersuchungen des Glucosestoffwechsels mit der FDG-Methode (Kuhl et al. 1980a, Heiss u. Phelps 1983) sowie bei Studien des Sauerstoffverbrauchs (Baron et al. 1980) bei Insult-Patienten zeigte sich, daß die metabolisch gestörten Bezirke immer größer als die Läsionen im Computer-Tomogramm sind. Diese Veränderungen kommen besonders bei großen Media-Infarkten zur Darstellung (Abb. 5.7). Wie aus einer Zusammenstellung der regionalen Stoffwechselveränderungen bei Patienten mit großem Media-Infarkt deutlich wird, fanden sich stets die niedrigsten rCMRGl in den Regionen, die im CT als Infarkt zu definieren waren. Diese hochgradige Verminderung des Stoffwechsels ist auf die Zerstörung des Hirngewebes zurückzuführen. Zusätzlich fanden sich aber in allen Patienten verminderte Glucosestoffwechselwerte in morphologisch intakten Hirnstrukturen (Abb. 5.7), so in homolateralen kortikalen und subkortikalen Arealen außerhalb des Infarktes, aber auch in der

Tabelle 5.3. Regionaler zerebraler Glucose-Stoffwechsel bei 31 Patienten mit monolokulären, supratentoriellen, ischämischen Infarkten

| | Hemisphäre | | | |
| | nicht betroffen | | betroffen | |
	micromol	*SD*	*% Diff*	*SD*
Infarkt	26,9	7,53	−30	26,9
Hemisphäre	30,3	5,31	−4,9	3,74
Frontalhirn	33,6	6,12	−5,6	4,39
Sens/mot Region	32,9	5,97	−6,6	5,51
Temporalregion	32,0	5,99	−5,7	6,26
Parietalregion	30,9	5,57	−6,2	9,64
Occipitalregion	31,4	5,37	−3,3	4,67
Visuelles Zentrum	31,6	6,58	−0,1	5,06
Insellappen	33,6	6,19	−3,0	10
unt. limb. System	26,8	5,06	2,0	8,85
oberes limb. System	33,8	5,90	−4,0	4,03
Ncl. caudatus	36,5	7,25	−12	13,8
Ncl. lentiformis	37,0	6,63	−13	12,8
Thalamus	34,2	6,07	−13	9,40
Hirnstamm	26,4	5,18	−3,6	8,57
Kleinhirn	29,0	6,67	−5,4	14,3
subk. w. Substanz	17,5	3,67	−0,9	4,09
perincl. w. Substanz	20,8	3,92	−2,9	8,18

Mittlere Größe der Läsion in ccm: 28,0 (+ −) 33,2
Angaben für die nicht betroffene Hemisphäre in micromol/100 g min
Angaben für die betroffene Hemisphäre in Prozent Differenz

kontralateralen Kleinhirnhemisphäre (Tabelle 5.3). Eine genauere Analyse einer größeren Anzahl von Insultpatienten mit Infarkten in verschiedenen Lokalisationen ergab Einblicke in die topographische Verteilung der Deaktivierung (Pawlik et al. 1985): Patienten mit kortikalen oder subkortikalen kleinen Infarkten und neurologischen Ausfällen, zum Teil jedoch ohne ausgeprägte motorische Störungen, zeigten verminderten Glucosestoffwechsel im Infarkt sowie in ipsilateralen kortikalen Arealen, den Basalganglien, dem Thalamus und im kontralateralen Cerebellum.

Diese weitverteilten Inaktivierungen des Glucosestoffwechsels in morphologisch intakten Regionen fanden sich besonders bei ischämischen Läsionen in der mittleren und unteren Frontalwindung, temporo-parietal und im Thalamus, während Infarkte im Striatum und in der weißen Substanz weniger diffuse Effekte auf den Hirnstoffwechsel ausübten. Auch bei ischämischen Läsionen im Hirnstamm und Kleinhirn war der Stoffwechsel in weiten Hirnregionen diffus beeinflußt. Von diesen mehr diffusen Effekten eines lokalisierten ischämischen Geschehens auf den Hirnstoffwechsel konnten selektive Inaktivierungen bestimmter Hirnareale abgegrenzt werden, die durch Unterbrechung definierter Faserverbindungen verursacht waren. Beispiele solcher direkter Inaktivierungen, basierend auf Störungen großer funktioneller Einheiten, stellen Stoffwechselminderungen im frontalen und parietalen Cortex sowie im oberen Hirnstamm und Cerebellum bei Infarkten im Thalamus und Reduktion im intakten Thalamus und im hinteren Temporallappen bei Infarkten temporo-parietal dar. Die Summe der direkten und indirekten Stoffwechselinaktivierung stand in Beziehung zu drei Faktoren: der Lokalisation des Infarktes, der Höhe des Reststoffwechsels im ischämisch geschädigten Gewebe und dem Stoffwechsel kontralateral zur Läsion. Auch der Zeitpunkt der Untersuchung nach dem Insult spielte eine Rolle, da indirekte Inaktivierungen kurz nach dem Insult am stärksten ausgeprägt waren und zu diesem Zeitpunkt häufig in ischämischen Arealen erhöhte Glucoseaufnahme registriert wurde. Die spezifischen Inaktivierungen waren in den ersten Tagen nach dem Insult nachweisbar und blieben bestehen (Beobachtungszeiten bis zwei Jahre nach Insult).

Die mittels PET erstmals und seither regelmäßig auch mit anderen Methoden (SPECT) beobachteten Verminderungen des Stoffwechsels, des Sauerstoffverbrauchs und der Durchblutung in Hirnregionen, die primär nicht von der Durchblutungsstörung betroffen sind (Baron et al. 1980, Heiss u. Phelps 1983, Kuhl et al. 1980a, Kushner et al. 1984, Lenzi et al. 1982, Martin und Raichle 1983), können Beeinträchtigungen der Hirnleistung bei Schlaganfallpatienten erklären, die über das lokale Syndrom durch den Infarkt hinausgehen. Sie sind an der Ausprägung der bei diesen Patienten besonders in frühen Stadien auftretenden Bewußtseinstrübungen und des organischen Psychosyndroms beteiligt und beeinflussen die Rehabilitationsfähigkeit der Patienten nach dem Insult. Die dreidimensionalen quantitativen Messungen physiologischer Parameter ergeben somit beim einzelnen Insultpatienten nicht nur Kenntnisse pathophysiologischer Mechanismen, die für die Entwicklung einer sinnvollen Therapie notwendig sind, sondern erlauben eventuell auch Aussagen über die Prognose nach ischämischem Insult.

Im Vergleich zum ischämischen Infarkt nehmen Ausdehnung und Schweregrad der regionalen Stoffwechselminderung im Verlauf nach intrazerebralen Blutungen zu (Dal-Bianco 1986). Dies steht in Beziehung zur besseren Rückbildungsfähigkeit von neurologischen Ausfällen nach intrazerebralen Blutungen als bei in Lokalisation und in Ausdehnung vergleichbaren Infarkten. Die Befunde weisen darauf hin, daß neurologische Ausfälle bei intrazerebralen Hämatomen teilweise durch reversible Druckschäden der Leitungsbahnen bedingt sind, während sie bei Ischämien meist auf irreversible nekrotische Neuronenschädigungen zurückzuführen sind.

5.1.5 Zerebrale Neoplasmen

4% der Neoplasmen sind im Gehirn oder seinen Hüllen entstehende Geschwülste, doch in 20% von Malignomen wird das Gehirn im Verlauf durch Metastasen besiedelt. Neoplasmen stellen im Gehirn fremde Gebilde mit andersartigem Gewebe, geänderter Gefäßversorgung und abnormem Stoffwechsel dar. Aus diesen Gründen bilden sich Hirntumoren mit den verschiedensten Untersuchungsverfahren im PET ab, wobei häufig aus dem Muster der Darstellung auf Art und Malignität rückgeschlossen werden kann.

Artfremde Hirntumoren sind durch Fehlen der Blut-Hirn-Schranke (BHS) ausgezeichnet, in hirneigenen Tumoren ist die BHS in Abhängigkeit von der Malignität gestört. Tumoren sind häufig auch vermehrt oder anders als normales Gewebe vaskularisiert. Mit an Eiweiß oder komplex gebundenen Tracern (z.B. ^{68}Ga-EDTA, ^{82}Rb), die üblicherweise im Gefäßsystem verbleiben, stellen sich daher sowohl Metastasen als auch hirneigene Tumoren gut dar (Yamamoto et al. 1977, Ilsen et al. 1984). Bei hirneigenen Tumoren steht die Anreicherung in Beziehung zur Malignität, da bei hochgradigen Gliomen die Störung der Hirnschranke stärker ausgeprägt ist und vermehrt Kapillarsprossen mit geschädigter Gefäßwand gebildet werden. Da die Blutversorgung mit dem Wachstum nicht parallel läuft, entwickeln sich im Zentrum maligner Gliome regressive Veränderungen und Nekrosen, so daß häufig ein Ring vermehrter Aktivität die proliferierende Tumorzone und ein Zentrum verminderter Traceraufnahme den regressiv umgewandelten Tumorkern anzeigt. Meningeome sind reich vaskularisiert und haben als mesenchymale Tumoren, die von den Hirnhäuten ausgehen, keine Schranke. Diese Tumoren reichern daher ^{68}Ga-EDTA ähnlich wie Röntgenkontrastmittel im Computer-Tomogramm in hoher Konzentration an. Bei Metastasen ist die Anreicherung von der Art des Primärtumors abhängig; mehrere speichernde Herde sind hier ein typischer, hochverdächtiger Befund.

Bei sequentieller dynamischer Untersuchung der Anreicherung der Tracer (^{68}Ga oder ^{82}Rb) im pathologischen Gewebe im zeitlichen Vergleich zur Plasmaaktivität kann die Konstante für den Transport des Tracers aus dem Blut ins Gewebe, die der Permeabilität der BHS entspricht, bestimmt werden (*PS*-Produkt). Das Modell wird durch die aktive Aufnahme der Tracer in den Tumorzellen kompliziert, doch ist die Netto-Tracer-Aufnahme des Gewebes für maligne hirneigene Tumoren meist höher als für Meningeome, Metastasen und Astrozytome niedrigen Malignitätsgrades.

Untersuchungen von Durchblutung, Sauerstoffverbrauch und -extraktionsrate zeigten, daß bei Metastasen und Gliomen die Sauerstoffextraktionsrate ($rOER = 0{,}15 \pm 0{,}11$) aufgrund des stark verminderten $rCMRO_2$ (45 ± 36 µmol/100 g min) bei leicht erniedrigter $rCBF$ (32 ± 27 ml/100 g min) stark beeinträchtigt war (Rhodes et al. 1983). Das Blutvolumen im Tumor ($4{,}3 \pm 2{,}1\%$) war im Gegensatz zum normalen Gewebe nicht mit der Durchblutung korreliert. In Meningeomen ist häufig aufgrund der vermehrten Vaskularisation die Durchblutung gesteigert. Da malignes Gewebe durch vermehrte anaerobe Glykolyse gekennzeichnet ist, findet sich in den Untersuchungen des Glucosestoffwechsels als konstantes Ergebnis bei Hirntumoren eine Steigerung des Glucoseumsatzes, wenn dieser in Beziehung zum Sauerstoffverbrauch gesetzt wird. Ausgedehnte Studien von DiChiro et al. (1982, DiChiro 1987) an mehreren hundert Patienten mit primären Hirntumoren zeigten eine Korrelation zwischen Malignität und Glucoseumsatz, wobei die aktivierten Tumoranteile als entscheidend angesehen werden müssen: Hypermetabole Herde finden sich kaum in semibenignen Gliomen (Grad II), sind in den malignen (Grad IV) aber ein typischer Befund. Aus hypermetabolen Arealen kann mit hoher Sicherheit auf die Malignität des Glioms geschlossen werden,

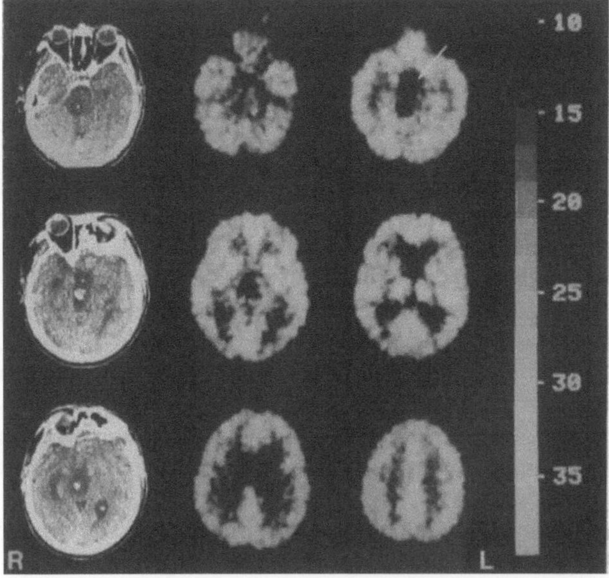

Abb. 5.13. Ausgewählte CT (nach Kontrastmittel) in enger Schnittführung 10 bis 20 mm über canthomeataler Linie, PET-Bilder des Glukosestoffwechsels *(CMRGl)* 10 bis 65 mm über *CML* bei 46jähriger Patientin mit Hirnstammastrozytom. Tumor und Umgebung (Pfeil) haben niedere Stoffwechselraten

auch wenn diese nicht immer bei der Biopsie histologisch bestätigt werden kann: Wegen der oft notwendigen begrenzten Gewebsentnahme können die malignen Anteile der histologischen Untersuchung entgehen. Zusätzlich zu dieser qualitativen, rein bildhaften Darstellung der biologischen Aktivität von Gliomen – der am meisten maligne Anteil ist für das Schicksal des Patienten entscheidend – besteht auch eine Beziehung zwischen den quantitativen Stoffwechselbefunden und dem Tumorgrad: Grad I–II Gliome hatten Glucosestoffwechselraten von 21 ± 10 (Abb.5.13), Grad III 30 ± 15 und Grad IV Tumoren 41 ± 20 µmol/100 g min (Abb.5.14) (DiChiro et al. 1982). Diese Werte lagen zwischen denen für normale graue (39 ± 11) und weiße $(18\pm4$ µmol) Substanz, doch muß aufgrund der Entstehung die weiße Substanz als Referenzgewebe genommen werden. Ähnliche Korrelationen fanden sich für Gliome in Hirnstamm und oberen Zervikalmark. Bei der Quantifizierung der Stoffwechselraten muß aber berücksichtigt werden, daß die Änderung der BHS zu einer Änderung der lumped constant führt, die üblicherweise nicht bestimmbar ist (s. Heiss et al. 1985b).

Die erhöhten Glucoseverbrauchswerte bei verminderter Sauerstoffaufnahme in Gliomen wurde in simultanen Bestimmungen bestätigt: Das Verhältnis des molaren Sauerstoff/Glucoseverbrauchs war auf 1,9 im Vergleich zu 4,2 auf der Gegenseite vermindert. Gestützt wurde dieser Befund durch eine auf 0,21 verminderte Sauerstoffextraktion (Rhodes et al. 1983).

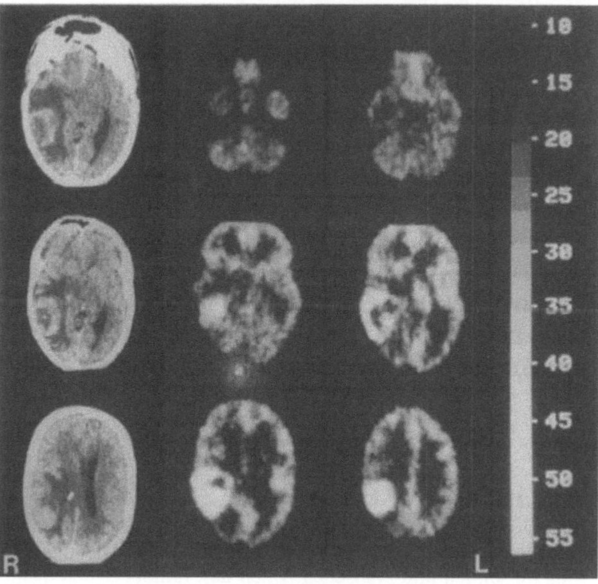

Abb.5.14. Ausgewählte CT (nach Kontrastmittel) 23, 36 und 65 mm über CML, PET-Bilder des Glukosestoffwechsels 13 bis 78 mm über CML eines Patienten mit Glioblastom rechts temporoparieto-occipital. Im proliferierenden Tumoranteil ist der Glukoseumsatz gesteigert, im nekrotischen Tumorzentrum deutlich, in der Umgebung des Tumors leicht vermindert

All diese Ergebnisse der vermehrten Glucoseaufnahme bei vermindertem Sauerstoffverbrauch und Entkopplung von der Durchblutung stehen in Übereinstimmung mit experimentellen Befunden, daß in Tumoren trotz ausreichender Sauerstoffverfügbarkeit die anaerobe Glykolyse verstärkt ist. Im Gegensatz dazu steht, daß *pH*-Messungen mittels ^{11}C-DMO in manchen Gliomen eine Verschiebung ins alkalische Milieu nachgewiesen haben. Auch hier könnte dieser überraschende Befund auf eine Hyperperfusion zurückzuführen sein (Rottenberg et al. 1985). Die therapeutische Relevanz dieser Befunde muß noch gezeigt werden.

In der Umgebung des Tumors sind aufgrund des perifokalen Ödems und des erhöhten Gewebsdrucks Durchblutung, Sauerstoffaufnahme und Glucoseverbrauch vermindert (DiChiro et al. 1982, Rhodes et al. 1983). Durch Unterbrechungen verbindender Fasersysteme treten wie bei allen lokalen Läsionen zusätzlich in entfernt liegenden Hirnregionen durch Deaktivierung Verminderungen des Stoffwechsels auf. Solche Deaktivierungs-(Diaschisis)-Effekte wurden in subkortikalen und entfernten kortikalen Regionen der homolateralen Hemisphäre und im kontralateralen Kleinhirn beobachtet.

In Meningeomen ist der Glucosestoffwechsel meist im Vergleich zum Gehirngewebe vermindert, doch zeigen gelegentlich hypermetabole Bezirke maligne Umwandlung an (DiChiro et al. 1987). Metastasen hirnfremder Primärtumoren sind im Stoffwechselverhalten unterschiedlich; artdiagnostische Aussagen können aus den Stoffwechselraten nicht getroffen werden.

Im Vergleich zum normalen Hirngewebe mit sehr niedriger Einbaurate für Aminosäuren - 0,23 µmol/g min Methionin (Bustany et al. 1983), 0,52 µmol/g min Leucin (Phelps et al. 1984) - ist in Tumoren die Proteinsynthese in Abhängigkeit von der Malignität gesteigert. Für ^{11}C-Methionin war die Einbaurate bei Astrozytomen um 10–30%, bei malignen Gliomen um 200–300% gesteigert. Der hohe Bedarf an Aminosäuren ist auch durch die hochgradige Verkürzung der Halbwertszeit des freien Methionins im Hirngewebe angezeigt. Die zusätzliche Störung der Blut-Hirn-Schranke im Tumorgewebe findet im lokal veränderten Verteilungsvolumen der Aminosäure ihren Ausdruck. Da die Proteinsynthese besonders im proliferierenden Anteil des Tumors gesteigert ist, sind Ausdehnung des infiltrierenden Wachstums, besonders aktive Wachstumszonen und Rezidive mit markierten Aminosäuren besser darstellbar als mit anderen Isotopen (Abb. 5.15): autoptische und bioptische Befunde stimmten am besten mit der Ausdehnung der vermehrten Aminosäureninkorporation überein (Ericson et al. 1987).

---▷

Abb. 5.15 a–c. CT vor und nach Kontrastmittelgabe, PET-Bilder der Verteilung von ^{68}Ga-EDTA, ^{11}C-Glukose und ^{11}C-Methionin und Autopsiebefund (rechts oben) bei Patienten mit Astrozytom Grad III im Bereich des N. caudatus und des Thalamus links. ^{68}Ga-EDTA zeigt die Schrankenstörung im soliden und zystischen Anteil des Tumors (Übereinstimmung mit CT), ^{11}C-Glukose zeigt vermehrten Glukoseeinbau in einem Teil des Tumors mit Inaktivierung der frontalen Hirnrinde; nur mittels ^{11}C-Methionin konnte der infiltrierend wachsende Anteil des Tumors im Thalamus dargestellt werden (Übereinstimmung mit autoptischem Befund) (zur Verfügung gestellt von K. Ericson, Karolinska Sjukhuset, Stockholm, Schweden)

a

b

DX
KAROLINSKA SJUKHUSET
ASTROCYTOMA
83-02-02   15:22:08
GA-68-EDTA C-11-GLUCOSE C-11-METHIONINE

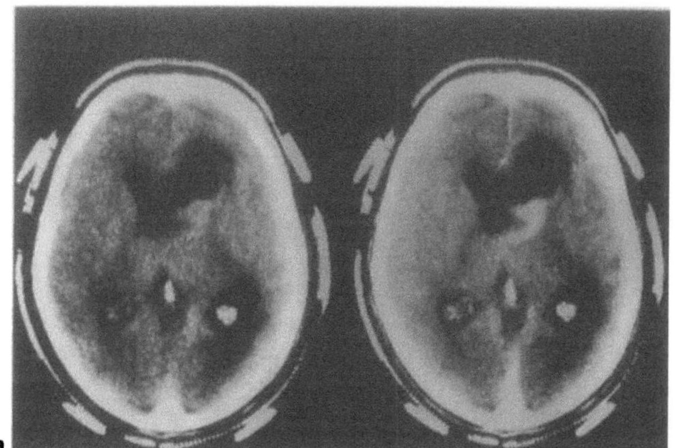

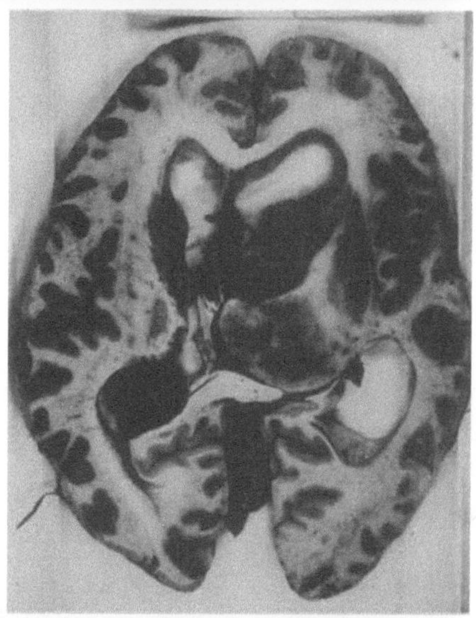

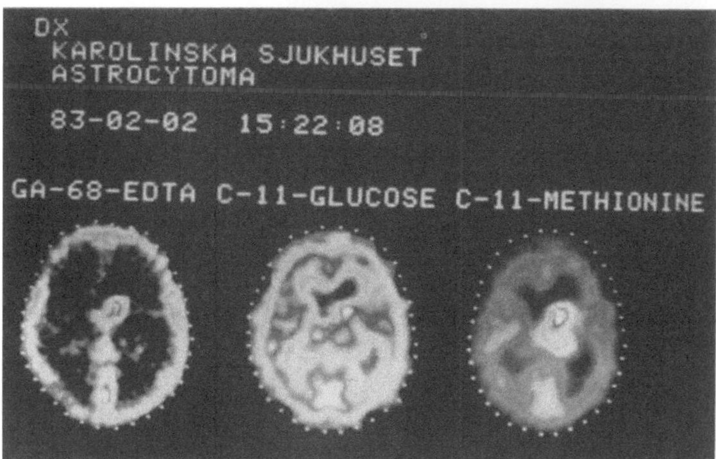

c

Hypophysenadenome können sich aus hormonell aktiven oder inaktiven Zellen zusammensetzen. Aufgrund der hohen Konzentration von D_2-Rezeptoren an hormonell aktiven Zellen können besonders die endokrin wirksamen Prolactinome durch D_2-Rezeptor-Liganden (^{11}C-N-Methylspiperon, ^{11}C-Raclopride) dargestellt werden (Abb. 5.16). Diese Hypophysenadenome nehmen auch vermehrt ^{11}C-L-Methionin auf (Abb. 5.17), wobei dieses pathologische Wachstum durch gezielte Therapie mit Bromocryptin vermindert werden kann (Muhr et al. 1987).

Tumoren können auch mit markierten Markern (markierte Nucleotide, monoklonale Antikörper) dargestellt werden. Mit markierten Cytostatica (z. B. ^{11}C-BCNU) können Tumoren dargestellt und zusätzlich die spezifische Anreicherung des Therapeutikums gezeigt werden, die nicht von der Durchblutung abhängig ist (Tyler et al. 1986).

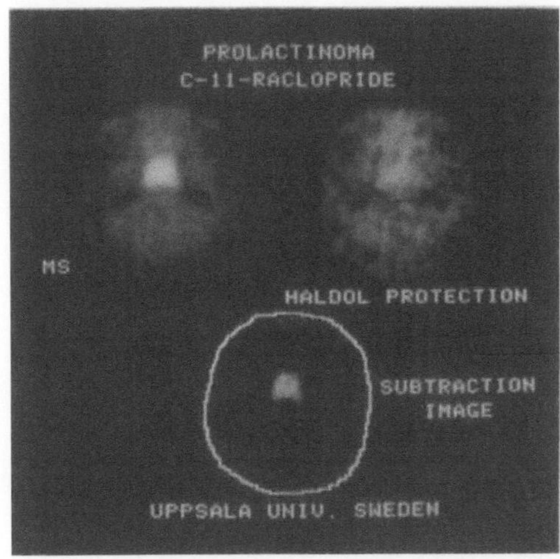

Abb. 5.16. PET-Darstellung eines Hypophysen-Adenoms (Prolactinoms) mittels des Dopamin-Rezeptor-Liganden ^{11}C-Raclopride vor und nach Blokkade der Dopaminrezeptoren durch nicht-markiertes Haloperidol. Subtraktionsbild zeigt die Anreicherung im Tumor an (zur Verfügung gestellt von Carin Muhr, Neurologisches Institut, Universität Uppsala, Schweden)

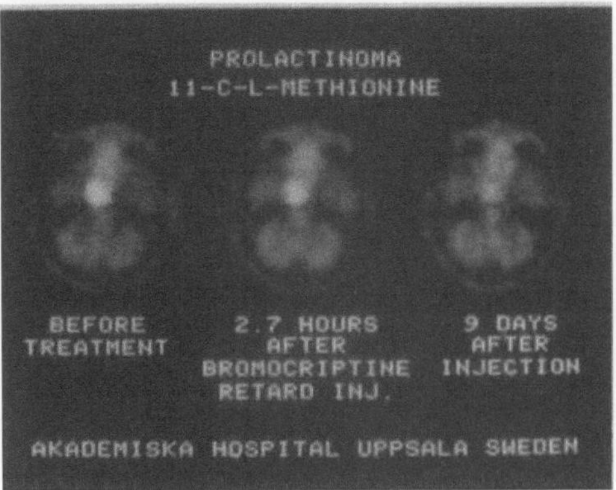

Abb. 5.17. PET-Darstellung eines Prolactinoms mit ^{11}C-L-Methionin vor, 2,7 Std. und 9 Tage nach Bromocriptin-Injektion. Nach der Bromocriptin-Therapie nimmt der Tumor in Aktivität und Volumen ab (zur Verfügung gestellt von Carin Muhr, Neurologisches Institut, Universität Uppsala, Schweden)

5.1.6 Bewegungsstörungen durch extrapyramidale Syndrome

Extrapyramidale Syndrome sind meist durch Degeneration von Neuronen in komplexen Funktionskreisen (Basalganglien, Hirnstammkernen, Cerebellum, Thalamus, Hirnrinde) verursacht. Durch gezielte Untersuchungen mittels PET können die primären Störungen oder krankheitsspezifischen Folgen der selektiven Zellverluste bildlich dargestellt und frühzeitig erkannt werden.

a) Morbus Parkinson

Bei den meisten Patienten mit symmetrisch ausgeprägter Symptomatik fanden sich keine lokalisierten Veränderungen von Durchblutung oder Stoffwechsel in den Basalganglien, auch therapeutische Interventionen (L-Dopa-Therapie) führten meist zu keinen meßbaren Veränderungen dieser Parameter (Übersichten bei Martin 1985, Leenders 1986). Nur bei fortgeschrittenen Fällen mit schwerer Bradykinese und deutlicher Demenz wurden diffuse Verminderungen des Glucosestoffwechsels beobachtet. Demgegenüber waren in akuten Hemiparkinson-Fällen Glucosestoffwechsel, Sauerstoffverbrauch und Durchblutung in den kontralateralen Basalganglien gesteigert (Wolfson et al. 1985). Diese Befunde stimmten mit Ergebnissen aus tierexperimentellen Untersuchungen nach einseitiger Läsion der Substantia nigra überein.

Im Gegensatz zu den wenig ausgeprägten Veränderungen von Stoffwechsel und Durchblutung bei M. Parkinson zeigten Untersuchungen der Verteilung und Dichte präsynaptischer dopaminerger Nervenendigungen mittels ^{18}Fluor-Dopa deutliche Störungen: Besonders vermindert war die Aktivität des Tracers im Putamen, während die radioaktive Konzentration im Nucleus caudatus weniger beeinträchtigt war (Abb. 5.18). Beim Hemiparkinson oder einseitig betonter Symptomatik waren solche Verteilungsunterschiede deutlich erkennbar (Nahmias et al. 1985, Leenders 1986). Wegen des komplexen Abbaus von Dopa und der Abhängigkeit der Dopa-Aufnahme ins Gehirn von mehreren schwer quantifizierbaren Faktoren, z. B. auch der Aminosäurenkon-

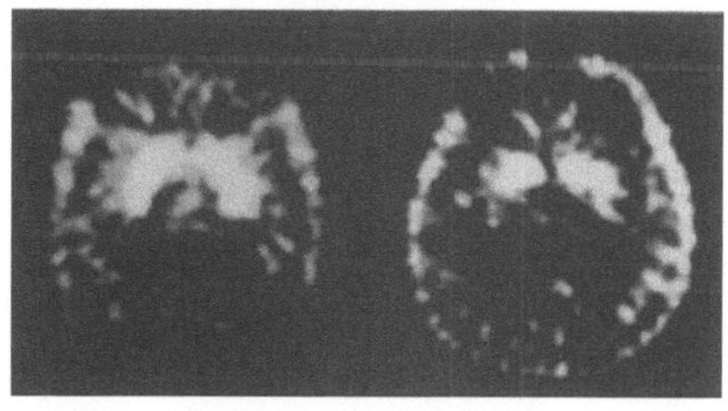

Abb. 5.18. PET-Bilder der Anreicherung von ^{18}F-Dopamin und seines Metaboliten 90 min nach i. v. Gabe von 4 mCi (148 MBeq) 6-(^{18}F)-Fluoro-L-Dopa bei normaler Versuchsperson (links) und bei Patienten mit M. Parkinson (rechts). Beim Gesunden deutliche Anreicherung in N. caudatus und Putamen, bei Parkinson-Patienten verminderte ^{18}F-Speicherung im Putamen beiderseits (zur Verfügung gestellt von C. Nahmias, E. S. Garnett und G. Firnau, Dept. of Nuclear Medicine, McMaster University, Hamilton, Canada)

zentration im Blut, kann der präsynaptische Einbau von Dopamin noch nicht quantifiziert werden. Eine solche Quantifizierung ist aber für eindeutige Aussagen über den Schweregrad der Erkrankung und über therapeutische Effekte notwendig. Die postsynaptischen Dopaminrezeptoren sind bei M. Parkinson nur wenig, evtl. erst in sehr späten Stadien, verändert.

b) Chorea Huntington

Im Zusammenhang mit dem progressiven Untergang kleiner Neuronen in den Basalganglien ist der Stoffwechsel im Putamen und Nucleus caudatus selektiv vermindert (Kuhl et al. 1982b), wobei die Stoffwechselverminderung den klinischen Symptomen vorausgeht und im Verlauf der Erkrankung zunimmt. Die Stoffwechselverminderung ist vor dem Auftreten einer Atrophie im CT ausgeprägt (Abb. 5.19) und auch schon vor klinischem Manifestwerden der Erkrankung nachweisbar, so daß Krankheitsträger in Chorea-Familien an der Verminderung des Stoffwechsels im Striatum erkannt werden können (Stoessl et al. 1986, Mazziotta et al. 1987).

Im Gegensatz zur Chorea, bei der die Veränderungen im Nucleus caudatus führend sind, ist beim M. Wilson – einem autosomal rezessiven Erbleiden mit Störung des Kupferstoffwechsels – die Stoffwechselverminderung besonders im Linsenkern ausgeprägt, doch ist hier auch im Cortex der Stoffwechsel diffus vermindert (Hawkins et al. 1983).

Ergebnisse bei anderen extrapyramidalen Bewegungsstörungen sind widersprüchlich oder noch wenig belegt: So fanden sich bei Torsionsdystonien verminderte Konzentrationen von [18]Fluor-Dopa in den Basalganglien

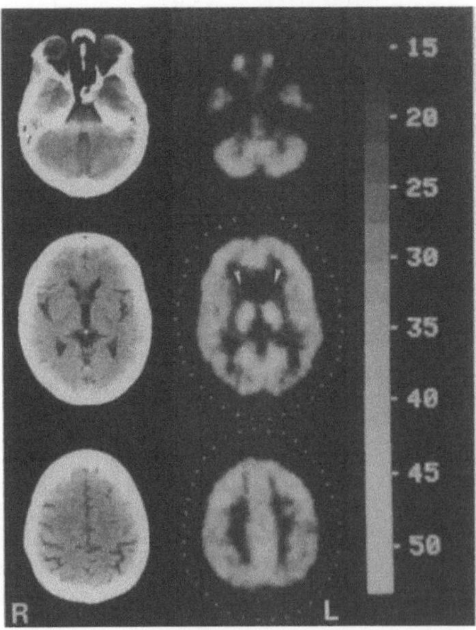

Abb. 5.19. CT- und PET-Bilder des Glukosestoffwechsels in Höhe Kleinhirn, Basalganglien/Thalamus und Zentrum semiovale bei einer 34jährigen Patientin mit Chorea Huntington. Deutliche Verminderung des Glukosestoffwechsels in N. caudatus (Pfeile) und Putamen beiderseits; im CT noch keine Erweiterung der Seitenventrikel nachweisbar

und veränderte Relationen des Glucosestoffwechsels zwischen Thalamus und Basalganglien bei Patienten mit Torticollis spasmodicus (Martin 1987). Bei Hemidystonie wurde verminderter Glucosestoffwechsel im morphologisch unauffälligen kontralateralen Striatum beobachtet, der in einem Fall mit Hyperperfusion kombiniert war (Schuier 1987, Perlmutter und Raichle 1984). Bei progressiver supranukleärer Lähmung (Steele-Richardsen-Olschewsky-Syndrom) wurde eine geänderte Relation der Dopaminrezeptoren zwischen Kleinhirn und Striatum beschrieben (Baron et al. 1986). Zusätzliche Erkenntnisse über die Neuropharmakologie extrapyramidaler Erkrankungen können durch kinetische Studien von spezifischen pharmakologischen Wirksubstanzen erhalten werden. Als Beispiel sei die Aufnahme des Neurotoxins MPTP (Methyl-phenyl-tetrahydropyridin), das selektiv das nigrostriäre dopaminerge System schädigt und damit ein Parkinsonsyndrom auslöst, in die Basalganglien erwähnt, die durch Monoaminooxydaseinhibitoren blockiert werden kann (Moerlein et al. 1986). Auch die Verteilung der Monoaminooxydase im Gehirn kann durch PET von ^{11}C-Deprenyl studiert werden (Fowler et al. 1987).

c) Demenzen

Demenzen, die vor allem als nicht lokalisierbare Störungen der Hirnleistung klinisch manifest werden, können durch konventionelle neurologische Zusatzuntersuchungen kaum diagnostiziert werden. Erst in späteren Stadien bei ausgeprägter Hirnatrophie sind CT-Veränderungen nachweisbar. Die progressiven Zellverluste führen zu einer Verminderung von Stoffwechsel und Durchblutung. Bei den PET-Untersuchungen muß die evtl. vorhandene Hirnatrophie berücksichtigt werden, da Partialvolumeneffekte bei relativ schlechtem räumlichem Auflösungsvermögen die Meßergebnisse verfälschen.

Sowohl bei der häufigsten Demenzform, der degenerativen Demenz vom Alzheimer-Typ, bei der es zu einem hochgradigen Verlust kortikaler Zellen kommt (Terry et al. 1981), als auch bei der weniger vertretenen vaskulären Demenz, bei der wiederholte regionale Durchblutungsstörungen multiple kleine Infarkte verursachen (Multi-Infarkt-Demenz), sind Durchblutung, Sauerstoffverbrauch und Glucosestoffwechsel in Abhängigkeit vom Schweregrad der Hirnleistungsstörung vermindert. Vergleichende Untersuchungen von Durchblutung und Sauerstoffverbrauch mit nicht-hochauflösender Technik zeigten keine signifikanten Unterschiede zwischen diesen Demenzformen (Frackowiak et al. 1981): Im Vergleich zum Kontrollkollektiv ($n = 14$, $CMRO_2 = 4,7$ ml/100 g min, $CBF = 50,0$ ml/100 g min, $OER = 0,52$) waren $CMRO_2$ und CBF in Beziehung zum Schweregrad (mäßige Demenz: $n = 11$, $CMRO_2 = 3,8$, $CBF = 40,2$, $OER = 0,52$; schwere Demenz: $n = 11$, $CMRO_2 = 3,0$, $CBF = 31,1$, $OER = 0,57$) vermindert, zwischen den Alzheimer- ($n = 13$, $CMRO_2 = 3,4$, $CBF = 35,0$, $OER = 0,54$) und den Multi-Infarkt-Patienten ($n = 9$, $CMRO_2 = 3,4$, $CBF = 36,7$, $OER = 0,54$) war aber kein Unterschied. Die Sauerstoffextraktionsrate war in diesen Fällen nicht gesteigert. Ein chronisches ischämisches Mangelsyndrom ($OER = 0,70$) mit Gefährdung des Gewebes durch weitere Ischämie fand sich aber bei einigen Patienten mit Stenosen der großen Halsarterien (Gibbs et al. 1986); in diesen Fällen sollte die

O$_2$-Versorgungskapazität durch gefäßchirurgische Maßnahmen verbessert werden.

Bei Patienten mit degenerativer Demenz ist der Glucosestoffwechsel des Gehirns umgekehrt proportional dem Schweregrad der Demenz, doch finden sich hier signifikante regionale Unterschiede: Die beidseitigen lokalen Verminderungen sind besonders im parieto-temporalen und frontalen Cortex ausgeprägt (Abb. 5.20) und betreffen nicht den primären visuellen und sensomotorischen Cortex sowie subkortikale Strukturen (Kuhl et al. 1983, DeLeon et al. 1983). Bei Vorwiegen mnestischer Störungen waren die Stoffwechselminderungen symmetrisch ausgebildet, bei Vorwiegen aphasischer Symptome war die Stoffwechselrate links fronto-temporal um 18% niedriger als rechts, bei visuell-räumlichen Störungen war die Stoffwechselminderung besonders parietal rechts ausgeprägt (Seitenunterschied 31%) (Forster et al. 1983). Im Gegensatz zu diesem parietal betonten Störungsmuster bei Alzheimer-Demenz ist beim M. Pick vor allem der Stoffwechsel in Frontal- und Temporallappen

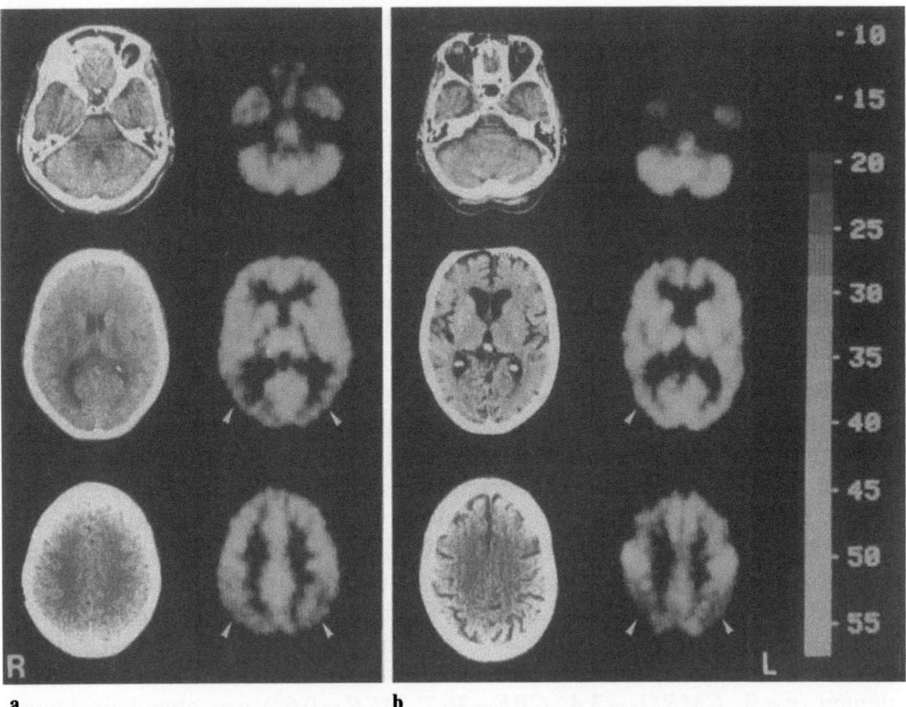

Abb. 5.20 a, b. CT- und PET-Bilder des Glukosestoffwechsels einer 62jährigen Patientin mit leichter Alzheimer-Demenz (links) und einer 71jährigen Patientin mit schwerer Alzheimer-Demenz (rechts). Im Frühstadium Verminderung des Glukosestoffwechsels parieto-occipital beiderseits (Pfeile) ohne Atrophie im CT, im späteren Stadium ausgedehnte Stoffwechselstörung mit Aussparung primärer Zentren (z. B. Zentralregion) und äußere und innere Atrophie im CT

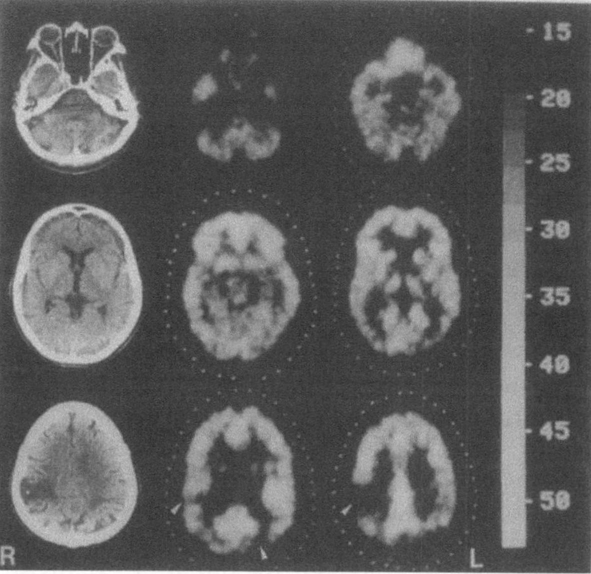

Abb. 5.21. Ausgewählte CT (5, 44 und 64 mm über CML) und PET-Bilder des Glukosestoffwechsels (5 bis 64 mm über CML) einer 45jährigen Patientin mit Multi-Infarkt-Syndrom. Den multiplen hypodensen Arealen entsprechen mehrere Regionen mit vermindertem Glukosestoffwechsel (Pfeile)

vermindert (Szelies und Karenberg 1986). Bei Multi-Infarkt-Demenzen betrifft die Stoffwechselstörung vor allem die Regionen der kleinen Infarkte (Abb. 5.21), bei vorwiegend in der weißen Substanz subkortikal gelegenen Durchblutungsstörungen – die besonders gut mit MRT nachweisbar sind – finden sich fokale Stoffwechselminderungen in den darüber liegenden kortikalen Arealen (Heiss et al. 1986). Durch Glucosestoffwechseluntersuchungen kann die Wirksamkeit einer Therapie bei Patienten mit Demenzen verschiedenen Typs überprüft werden, wobei Verbesserungen der Hirnleistung von regionalen Steigerungen des Glucosestoffwechsels begleitet waren. Auch der Stoffwechsel von Aminosäuren (^{11}C-Methionin) steht in Beziehung zum Schweregrad der Demenz: Die Einbaurate von ^{11}C-Methionin im Frontallappen war bei leichter Demenz um 19, bei schwerer um 67% vermindert (Bustany et al. 1983).

5.1.7 Psychiatrische Erkrankungen

Eine Anzahl klassischer psychiatrischer Erkrankungen sind wahrscheinlich durch – noch unbekannte – biochemische Störungen verursacht, deren unmittelbare oder mittelbare Folgen evtl. durch PET-Techniken dargestellt werden können. Da diesen Erkrankungen keine morphologischen Veränderungen zugrundeliegen, wurden mit den konventionellen bildgebenden Verfahren auch keine krankheitsspezifischen Befunde erhoben.

Eine Anzahl von Untersuchungen des Glucosestoffwechsels bei Patienten mit Schizophrenie haben eine Verminderung der Stoffwechselrate frontal gezeigt (Übersicht bei Buchsbaum und Haier 1987), die zu der früher beobachteten frontalen Durchblutungsminderung bei diesen Patienten paßte (Ingvar und Franzen 1974). Der frontale Hypometabolismus Schizophrener wurde aber nicht von allen Untersuchern bestätigt (Wiesel et al. 1987); dies wurde teils auf die Heterogeneität der Krankheit Schizophrenie, teils auf den Effekt einer Behandlung mit Neuroleptika, die selbst den Stoffwechsel in den Basalganglien beeinflussen (Buchsbaum und Haier 1987), zurückgeführt. Da es sich bei der Verminderung des frontalen Stoffwechsels bei Schizophrenen evtl. um eine Folgeerscheinung der Erkrankung handelt, die in Beziehung zur Ausprägung negativer oder autistischer Symptome steht (Wiesel et al. 1987), ist der frontale Hypometabolismus nicht als diagnostisches Kriterium bei Schizophrenie brauchbar.

In Übereinstimmung mit der Hypothese, daß Erkrankungen des schizophrenen Formenkreises durch Veränderungen im dopaminergen System (mit-)verursacht und/oder ausgestaltet werden (Seeman 1980), konnte nachgewiesen werden, daß bei unbehandelten Schizophrenen die Dichte von D2-Dopamin-Rezeptoren, die durch ^{11}C-Methylspiperon oder ^{11}C-Raclopride bestimmt werden kann (Farde et al. 1986), in den Basalganglien erhöht ist (Wong et al. 1986) (Tabelle 5.4). Durch die Besetzung dieser D2-Rezeptoren durch Neuroleptika kann die Wirksamkeit einer antipsychotischen Therapie objektiviert werden; Blutspiegeluntersuchungen sind für diese Indikation unzureichend.

Für die Untersuchungen affektiver Störungen können aus PET-Studien wichtige differentialdiagnostische Hinweise erhalten werden. Depressive Verstimmungen sind eine wichtige klinische Manifestation einer Reihe von organischen Hirnerkrankungen, die durch regionale Glucosestoffwechselveränderungen (z. B. Alzheimer-Demenz, Chorea Huntington) charakterisiert sind. Hier kann eine Glucosestoffwechselstudie mittels PET die Unterscheidung zwischen Pseudodemenz bei Depression und Demenz bei organischen Erkrankungen erleichtern. Veränderungen des Glucosestoffwechsels und der

Tabelle 5.4. Dopamin (D2)-Rezeptordichte im Striatum bei Gesunden und schizophrenen Patienten (berechnet aus der maximalen Bindung des Liganden (B_{max}))

	Rezeptordichte (pmol/cm³)	*N*	Autoren
Normale Kontrollgruppe	14,4 ± 1,9	4	Farde et al. 1986
	16,6 ± 2,5	11	Wong et al. 1986
Unbehandelte Schizophrene	41,7 ± 4,6	10	Wong et al. 1986
Behandelte Schizophrene	43,3 ± 4,7	5	Wong et al. 1986
Blockade durch Neuroleptika-Therapie	85–90%	3	Farde et al. 1986

Durchblutung sind bei Erkrankungen aus dem manisch-depressiven Formen-
kreis weniger ausgeprägt: mäßige unipolare Depressionen zeigten eine
10%-Verminderung des Glucosestoffwechsels im Caudatum bei normalen
Werten in der Hirnrinde und im gesamten Gehirn; bei bipolaren Depressiven
war dagegen der globale Glucosestoffwechsel nur 10% vermindert, während
hypomane Bipolare eine stärkere Variabilität bei gleichen Mittelwerten wie
die Kontrollgruppe aufwiesen (Baxter et al. 1985). In Einzelfällen konnten
verschiedene Stoffwechselniveaus in Abhängigkeit von der Phase der
manisch-depressiven Erkrankung beobachtet werden.

Untersuchungen der Verteilung, Dichte und Pharmakologie von Dopaminrezeptoren mittels PET haben bereits einen festen Platz im Studium neu-
rologischer und psychiatrischer Erkrankungen. Die Wertigkeit von Untersuchungen anderer Rezeptoren ist noch nicht geklärt. Opioid-Rezeptoren, die
mit ^{11}C-Carfentanil oder ^{11}C-Diprenorphin dargestellt werden können, sind in
hoher Dichte in Thalamus, Basalganglien und frontalem Cortex vorhanden;
die spezifische Bindung kann durch Naloxon gehemmt werden (Frost et al.
1984). Serotonin-Rezeptoren können spezifisch durch ^{11}C-Ketanserin (Berridge et al. 1983) oder gemeinsam mit Dopaminrezeptoren durch ^{18}F-Fluor-
ethylspiperon (Coenen et al. 1987) dargestellt werden. Sie finden sich besonders in basalen Anteilen des Frontalhirns und sind eventuell für endogene
Depressionen von Bedeutung. Auch für eine Reihe anderer Rezeptoren sind
spezifische Liganden entwickelt worden, deren Einsatz bisher sehr begrenzt
war. Auch pharmakokinetische Studien von markierten Medikamenten haben
bisher nur theoretisches Interesse, aber noch keine breitere klinische Anwendung gefunden.

5.2 Untersuchungen des Herzens

Konventionelle invasive und nicht-invasive Untersuchungstechniken (Herzka-
theter, Koronarangiographie, Ventrikulographie, Echokardiographie und Iso-
topenventrikulographie) erlauben weitgehende Aussagen über Anatomie und
pathologische Veränderungen der Koronararterien, über die gesamte und
regionale Funktion der Ventrikel während Systole und Diastole und über die
Beweglichkeit der Wand des linken Ventrikels. Mit Katheteruntersuchungen
können Aussagen über die gesamte Herzperfusion und den globalen Stoffwechsel getroffen werden, sie ermöglichen aber keine quantitative Bestimmung der regionalen Nutritionsdurchblutung und des regionalen Stoffwechsels des Herzmuskels. Auch mit den gängigen Gamma-emittierenden Radionukliden (^{201}Tl, ^{133}Xe) sind Messungen der regionalen Perfusion mit großen
methodischen Fehlern behaftet, wobei die variable Abschwächung der Strahlung im überlagernden Gewebe und die Ungenauigkeit bei der Scattererfas-
sung die Quantifizierung von Tracerkonzentrationen im Gewebe erschweren.
Die quantitative Bestimmung von regionalem Stoffwechsel und Durchblutung im Myocard, wie sie mit PET möglich erscheint, ist für die genaue Diagnostik myocardialer Funktionsstörungen bedeutsam. Ergebnisse aus diesem

nicht-invasiven Untersuchungsverfahren könnten bei der Selektion von Patienten für invasive weiterführende Diagnostik helfen und als Grundlage bei der Beurteilung therapeutischer Interventionen herangezogen werden.

Aufgrund der Besonderheiten der Anatomie und seiner Bewegung während der Funktion sind PET-Untersuchungen des Herzens erschwert: Das Herz liegt asymmetrisch im Thorax, die Achse weicht von der Körperachse nach links und vorn ab. Es besteht aus vier blutgefüllten Höhlen mit unterschiedlicher Wanddicke. Größe und Form der verschiedenen Anteile des Herzens ändern sich rhythmisch, wobei diesen rotatorischen und translatorischen inhärenten Herzaktionen respiratorische Bewegungen überlagert sind. Für quantitative Bestimmungen der Tracerkonzentration müssen diese Besonderheiten in Betracht gezogen werden: Um Aktivitäten in definierten Gewebsvolumina zu messen, ist neben einer reproduzierbaren Position des Patienten, Einstellung des Scanners transversal zur Achse des Organs und Messung der Abschwächung der anderen Anteile des Thorax durch Transmissionsscan eine genaue Abgrenzung der zu untersuchenden anatomischen Struktur (z. B. Wandanteil des Herzens) notwendig. Dies erfolgt am besten durch Computertomographie oder Kernspintomographie von Thorax und Herzen, wobei die gewonnenen Transversalbilder zur Identifikation einzelner Strukturen dienen. Das begrenzte räumliche Auflösungsvermögen der Scanner (derzeit optimal 5-7 mm in x-, y- und z-Richtung) muß bei der Untersuchung des Myocards (Wanddicke des linken Ventrikels während Diastole 8-12 mm) als weitere Fehlerquelle berücksichtigt werden. Zusätzlich macht die Eigenbewegung und respiratorische Verschiebung des Herzens eine Triggerung der Aufnahme in Abhängigkeit von Herzaktion und Atmung notwendig, wobei meist EKG-Triggerung während willkürlicher Atempause angewandt wird. Auch bei durch EKG-Triggerung erreichter Beschränkung der Abbildung auf eine definierte Phase der Herzaktion (Abb. 5.22) begrenzt das Auflösungsvermögen der Scanner die Genauigkeit der Quantifizierung von Tracerkonzentrationen: Durch den Partialvolumeneffekt wird die Aktivitätsrate im Herzmuskel unterschätzt und die Abgrenzung der Herzwand gegenüber dem mit Tracer beladenen blutgefüllten Hohlraums erschwert. Zusätzlich ergeben sich Fehler bei der Bestimmung der Gewebsaktivität durch den hohen Anteil von Blutgefäßen im Myocard (8-11%). Zusammenfassend ist somit trotz aufwendiger Korrekturverfahren (Henze et al. 1983) die Quantifizierung von physiologischen Parametern im Herzen mittels PET noch limitiert. PET-Untersuchungen des Herzens sind auf wenige Zentren begrenzt, deren Ergebnisse bei Fehlen eigener Erfahrungen hier kurz dargestellt werden sollen. Eine genaue Darstellung der Verfahren und der damit erzielten Ergebnisse findet sich in mehreren Übersichten (Schelbert et al. 1980, Schelbert und Schwaiger 1986, Geltman et al. 1985).

5.2.1 Untersuchungsbefunde am gesunden Herzen

a) Durchblutung des Myocards

Da die Sauerstoffextraktion über einen weiten Bereich der Myocarddurchblutung konstant ist, gibt die Messung der regionalen myocardialen Durchblu-

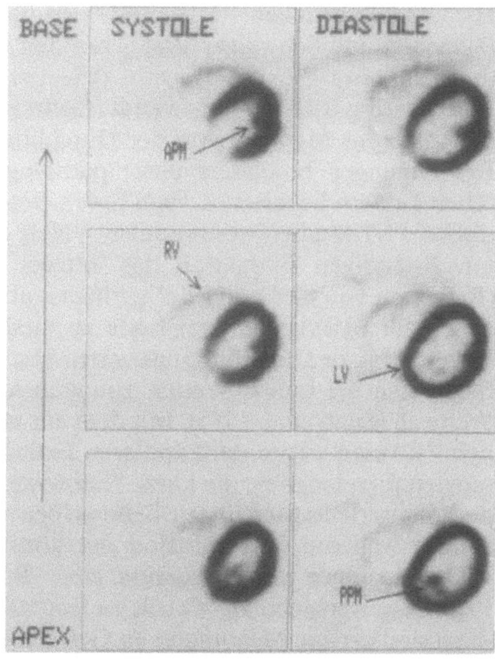

Abb. 5.22. Getriggerte PET-Abbildungen des Herzens nach Gabe von FDG bei einer gesunden Versuchsperson: Drei Schnittbilder durch die Herzmitte während Systole und Diastole in der Ansicht von caudal zeigen homogene Tracerverteilung im Myocard des linken Ventrikels (LV). Gute Auflösung der Wand des rechten Ventrikels (RV) sowie des anterioren und posterioren Papillarmuskels (APM und PPM). Deutlicher Unterschied der Wanddicke und Ausdehnung des linken Ventrikels zwischen Systole und Diastole (zur Verfügung gestellt von H. R. Schelbert, UCLA, Los Angeles, USA)

tung (rMBF) Aufschluß über die Sicherstellung der Sauerstoffversorgung des Gewebes. Bei ischämischen Herzerkrankungen kann somit aus den regionalen Durchblutungsstudien auf Lokalisation und Ausdehnung der Mangelversorgung mit Sauerstoff rückgeschlossen werden. Das Ausmaß der Veränderungen an Herzkranzgefäßen kann aus der Verminderung des rMBF während Ruhe und aus der Beeinträchtigung der Durchblutungsreserve während physikalischer oder pharmakologischer Belastung abgeschätzt werden.

Zur Untersuchung des MBF können mit Positronenstrahlern markierte Tracer verwendet werden, die aus extrahierbaren Partikeln oder diffusiblen Substanzen bestehen. Markierte Microsphären als Partikel enthaltende Tracer müssen in den linken Vorhof oder Ventrikel appliziert werden, so daß ihre klinische Anwendung begrenzt ist. Mit ^{11}C-markierten Microsphären wurden im normalen Myocard Werte zwischen 30 und 150 ml/100 g min (Mittelwert 82,0 ± 32,0 ml/100 g min) gemessen (Selwyn et al. 1986). Diffusible Tracer können im Myocard entsprechend der Durchblutung angereichert oder nach Eintritt ins Myocard entsprechend der Durchblutung ausgewaschen werden. Von den im Myocard in Abhängigkeit von der Durchblutung angereicherten und retinierten Tracern ^{13}NH$_3$, ^{38}K, ^{81}Rb oder ^{82}Rb, ^{18}F- oder ^{11}C-Alkohole,

$H_2^{15}O$ sind vor allem $^{13}NH_3$ und ^{82}Rb für die klinische Anwendung wichtig (Schelbert und Schwaiger 1986), von den in Abhängigkeit von der Durchblutung ausgewaschenen Tracern (Clearance-Verfahren) ^{18}F-Antipyrin, ^{77}Kr, $H_2^{15}O$ wird nur $H_2^{15}O$ angewandt (Geltman et al. 1985). Da die Diffusion dieser Tracer ins Myocard von der Durchblutung abhängig ist, sind quantitative Bestimmungen besonders unter pathologischen Bedingungen mit methodischen Fehlern behaftet (s. auch S.49). Besonders mit dem am meisten für klinische PET-Studien verwendeten $^{13}NH_3$ (s. Abb. 5.26A) werden wegen der unvollständigen Extraktion des Tracers während der ersten Boluspassage (Retention von 82%) und der geringen, aber meßbaren Rezirkulation im Vergleich zur Microsphärenmethode zu niedere Werte gemessen. Dabei ist die Relation bis zu Durchblutungswerten von 180 ml/100 g min linear, die Kurve flacht sich bei hohen Werten zuungunsten der mit Ammoniak gemessenen Werte ab (Shah et al. 1985). Mit dem aus einem ^{82}Sr-^{82}Rb-Generator gewonnenen ^{82}Rb sind wegen der kapillaren Extraktionsrate von etwa 50% nur Verteilungsstudien möglich, die kurze Halbwertszeit dieses Isotops erlaubt aber wiederholte serielle Messungen beim selben Patienten. Durch Äquilibriumsmessungen während ^{82}Rb-Infusion mit konstanter Rate bzw. mit wiederholten PET-Messungen nach Injektion eines Bolus wird eine Quantifizierung der Ergebnisse versucht. $H_2^{15}O$ tritt zu fast 100% aus dem Blut ins Myocard über, doch sind genaue Messungen im Gewebe wegen der hohen Konzentration des Tracers in den Herzkammern, in den Koronargefäßen und in den Lungen erschwert. Mit einer $H_2^{15}O$-Methode waren aber lineare Durchblutungsmessungen zwischen 13 und 314 ml/100 g min im Myocard möglich (Bergmann et al. 1984). Da im Myocard die Durchblutung sehr von der Herzfunktion (Unterschied zwischen Diastole und Systole) und der Belastung (Ruhe und Aktivität) abhängig ist, wurden bisher bei Normalen keine regionalen Standardwerte erarbeitet. Regionale Unterschiede stehen in Beziehung zur Dicke des Myocards (unterschiedliche Partialvolumen-Effekte) und sind weniger ausgeprägt als Variationen entsprechend des Herzfunktionszustandes.

b) Stoffwechsel des Myocards
Freie Fettsäuren (FFS) sind das primäre Stoffwechselsubstrat des gesunden Myocards unter aeroben Bedingungen, doch können auch Glucose, Lactat, Pyruvat, Ketone und Aminosäuren als Substrat des Energiestoffwechsels herangezogen werden (Bing 1965). Die Anreicherung dieser Substrate im Myocardium ist von vielen Faktoren abhängig, wobei neben der Substratanlieferung (Durchblutung und Substratkonzentration im Blut) das Ausmaß der Myocardbelastung, der Anteil des oxidativen Stoffwechsels und die Verfügbarkeit alternativer Energiequellen bedeutsam sind.

c) Stoffwechsel freier Fettsäuren
Unter üblichen physiologischen Bedingungen werden 60–80% der notwendigen Energie über β-Oxidation freier Fettsäuren produziert (Neely und Morgan 1974). Die Extraktionsrate für freie Fettsäuren, die von deren Bindung an Albumin abhängt, beträgt im Mittel 28%, doch bestehen große Unterschiede für einzelne Fettsäuren in Abhängigkeit von Kettenlänge und Sättigung

(45,5% Ölsäure, 32% Palmitinsäure, 10% Stearinsäure). Da Extraktionsraten durch Markierung mit fremden Isotopen (z. B. ^{18}F) oder Änderungen des Moleküls beeinträchtigt werden, wird für Untersuchungen des FFS-Stoffwechsels mittels PET üblicherweise (1-^{11}C)-Palmitinsäure verwendet (Padgett et al. 1982), das als natürliche FFS durch β-Oxidation zu Acetyl Coenzym A und über den Tricarbonsäurezyklus zu ^{11}CO$_2$ abgebaut wird. Im Gegensatz dazu kann die auch angewandte künstliche β-Methyl-(1-^{11}C)-heptadekansäure nicht abgebaut werden, so daß sich dieser Tracer im Myocard anreichert (Abendschein et al. 1984). Nach intrakoronarer Applikation von ^{11}C-Palmitinsäure an Hunden können – nach einem kurzen vaskulären Aktivitätspeak von 20 sek – aus der Clearancefunktion zwei Kompartimente herausgeschält werden: eine frühe rasche Komponente (42 ± 14% relative Größe, Clearance-Halbwertszeit 3,4 ± 0,7 min) und eine langsame Phase (relative Größe 22 ± 46,63, *HWZ* 167 ± 47 min) (Schön et al. 1982). Die Summe beider Kurvenanteile entspricht der Retention des Tracers im Myocard, die biexponentielle Clearance zeigt nach Schön et al. (1982) die Verteilung des Tracers in unterschiedlichen Stoffwechselproben an (Oxidation und Triglyzerid/Phospholipid-Speicher). Die frühe Komponente der Clearancefunktion entspricht somit der β-Oxidation von Palmitinsäure, ihre Steilheit nimmt bei Herzarbeit zu. Der Anteil des Kompartiments steht in Beziehung zum Sauerstoffvolumen des Myocards. Die an Hunden mit intrakoronarer Applikation des Tracers gewonnenen Ergebnisse können auch bei Probanden und Patienten nach intravenöser Tracergabe bestätigt werden, doch sind in Abhängigkeit von den geringeren Pulsfrequenzen und den niedrigeren Blutdruckwerten beim Menschen die Oxidationsraten und damit ^{11}C-Clearanceraten vermindert. Bei gesunden Personen sind ^{11}C-Palmitinsäureaufnahme und Clearance im Myocard des linken Ventrikels homogen, im rechten Ventrikel, Vorhof und Klappen deutlich niedriger; etwa 50% der extrahierten ^{11}C-Palmitinsäure treten in den raschen Stoffwechselanteil ein und werden zu CO$_2$ abgebaut. Die Abbaurate ist mit 12,9 min deutlich gegenüber den Werten bei Hunden verlängert (Schelbert und Schwaiger 1986). Bei Steigerung der Herzarbeit, die durch Erhöhung der Frequenz mittels Schrittmacher reproduzierbar erreicht werden konnte, nahm bei gesunden Kontrollpersonen die Größe des Kompartiments zu und die Halbwertszeit der Clearancekurve ab. Damit wurde die Steigerung der FS-Oxidation mit zunehmender Herzarbeit beim Menschen bewiesen. Die Utilisation von FFS hängt aber stark von deren Verfügbarkeit und Plasmakonzentration ab. Bei höheren Plasmakonzentrationen von Kohlehydraten nehmen die Spiegel von FFS ab, ihre Verfügbarkeit und damit die Umsatzrate im Herzmuskel ist vermindert. Die alternative Verwendung verschiedener Substrate zur Energiegewinnung in Abhängigkeit von ihrer Verfügbarkeit ist wahrscheinlich charakteristisch für den normalen Herzmuskel und bei Myocarderkrankungen eingeschränkt.

Bei Darstellung des Herzens in mehrere Schichten und Rekonstruktion in unterschiedliche Ebenen nach Abgrenzung der Herzkammern mittels ^{11}CO, können die einzelnen Anteile des Herzens entsprechend ihres FFS-Stoffwechsels abgegrenzt werden: Die ^{11}C-Palmitinsäuren-Anreicherung war hoch in allen Anteilen des linken Ventrikels (Vorderwand, Hinterwand, Septum), in

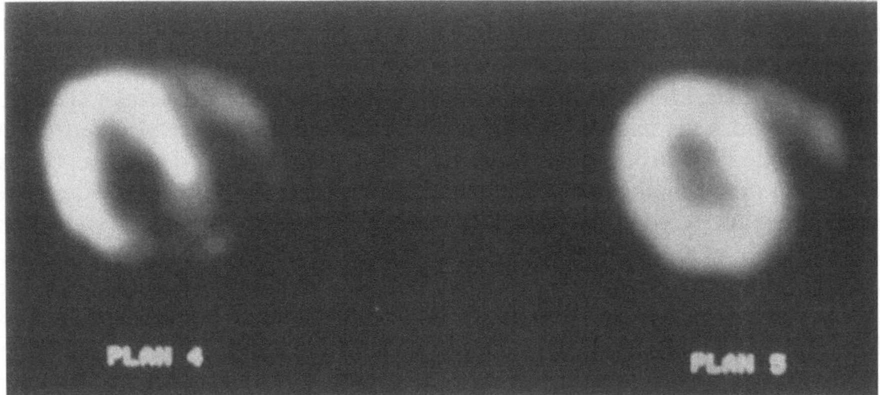

Abb. 5.23. PET-Darstellung der Acetylcholin-Rezeptoren im Herzen einer gesunden Versuchsperson mit ^{11}C-MQNB. Hohe Konzentration von Rezeptoren im Septum und in der freien Wand des linken Ventrikels, die Aktivität in der Wand des rechten Ventrikels ist deutlich niedriger. Keine Restaktivität im Blut nachweisbar (zur Verfügung gestellt von A. Syrota, Service Hospitalier, Frédéric Joliot, Départment de Biologie, Commissariat a l'Energie Atomique, Orsay, Frankreich)

den Anteilen des rechten Ventrikels, im Vorhof und im Ansatzbereich der Klappen und den Klappen selbst deutlich niedriger (Abb. 5.27). Eine Quantifizierung in den Bereichen mit dünner Wand ist jedoch wegen des Partialvolumen-Effekts mit zu großen Fehlern behaftet.

d) Glucosestoffwechsel

Unter normalen Bedingungen sind FFS das Hauptsubstrat des Energiestoffwechsels des Herzmuskels, doch kann bei niederen Konzentrationen von FFS oder hohen Konzentrationen von Glucose diese jederzeit als Hauptenergieträger herangezogen werden. Der gesunde Herzmuskel verstoffwechselt simultan viele Substrate (Keul et al. 1965), das ischämische und hypoxische Myocard beschränkt sich aber vor allem auf Glucose, so daß deren Bestimmung besonders bei der Abgrenzung pathologischer Prozesse wichtig ist.

In Analogie zur Bestimmung des Glucosestoffwechsels im Gehirn kann auch bei dessen Untersuchung am Herzen ^{18}Fluor-2-Deoxyglucose (FDG) verwendet werden (Abb. 5.22) (Phelps et al. 1978). Dabei muß berücksichtigt werden, daß die Werte stark von der Nahrungszufuhr abhängen: Im nüchternen Zustand werden vornehmlich FFS zur Energiegewinnung herangezogen, nach Nahrungszufuhr wird besonders Glucose im Herzmuskel angereichert. Durch Aufzeichnung der Zeitaktivitätskurven mittels dynamischer Positronen-Emissions-Tomographie und iterativer Anpassungsprogramme können die kinetischen Konstanten individuell bestimmt und daraus die metabolische Rate für Glucose errechnet werden. Die kinetischen Konstanten variieren interindividuell sehr stark, was auf Überlappung der Aktivitäten von Myocard und Blut und auf die schlechte zeitliche Auflösung der Tomographen zurückzuführen ist. Untersuchungen an normalen Versuchspersonen ergaben eine durchschnittliche metabolische Rate des Myocards für Glucose (*MMRGl*)

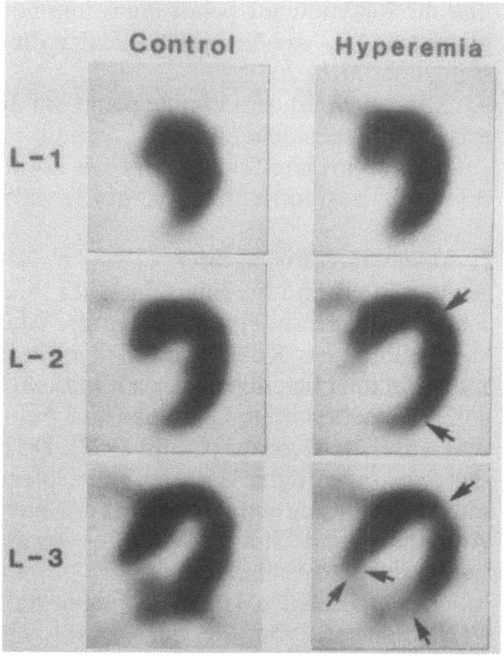

Abb. 5.24. PET-Bilder der regionalen Myocarddurchblutung (nach $^{13}NH_3$) in 3 aufeinanderfolgenden Schichten bei einem 60jährigen Patienten mit hochgradigen Coronararterien-Stenosen (linker vorderer absteigender Ast, linker zirkumflexer Ast, linker hinterer absteigender Ast). Homogene Verteilung der $^{13}NH_3$-Aktivität in Ruhe, während Dipyridamol-induzierter Hyperämie stellen sich segmentale Durchblutungsverminderungen dar (zur Verfügung gestellt von H. R. Schelbert, UCLA, Los Angeles, USA)

von 40 ± 22 µmol/100 g min, wodurch 50% des Sauerstoffverbrauchs (10 ml/ 100 g min) ausgenutzt wurden. Zu dieser Berechnung wurde eine lumped constant von 0,67 aus experimentellen Studien am Hund herangezogen, da eine direkte Bestimmung der *LC* am Menschen noch nicht erfolgt ist. Die Meßergebnisse sind auch durch die hohen Glycogenreserven des Herzens und den Einbau von Glucose bzw. auch FDG in Glycogen relativiert (Robinson 1981).

e) Intermediärstoffwechsel

(^{11}C)-Brenztraubensäure (BTS), (^{11}C)-Milchsäure (MS) und (^{11}C)-Essigsäure (ES) können auch zum Studium des Myocardstoffwechsels mittels PET herangezogen werden, da sie simultan mit FFS und Glucose vom Herzmuskel als Energieträger verbraucht werden können (Keul et al. 1965). Da BTS und ES die Glycolyse und β-Oxidation umgehen und direkt in den Tricarbonsäurezyklus eingeschleust werden, können diese Tracer die Umsatzraten im Intermediärstoffwechsel abschätzen. Bei gesunden Probanden konnte nach intravenöser Gabe von (^{11}C)-ES mittels PET die monoexponentielle Clearancerate mit einer *HWZ* von $8,3 \pm 0,5$ min gemessen werden, die während Belastung auf $7,9 \pm 0,7$ min absank (Pike et al. 1982). Die Extraktions- und Clearancerate und die Reaktion auf Belastung waren beim Gesunden im gesamten Myocard gleichartig, im ischämischen Areal nahm die Clearancerate während Belastung aber nicht zu.

Mit diesen Tracern könnte somit ein Teil des Stoffwechsels (Tricarbonsäurezyklus) untersucht werden, womit sich interessante Ergänzungen zu (^{11}C)-Palmitinsäure-Studien ergeben könnten, da mit diesem Tracer β-Oxidation und Tricarbonsäurezyklus nur gemeinsam erfaßt werden.

f) Aminosäurenstoffwechsel

Aminosäuren sind die Bausteine aller Proteine, sie spielen aber auch im Intermediärstoffwechsel eine große Rolle: Alanin und Glutamin können zur Glucosynthese bei Kohlehydratmangel herangezogen werden; Asparaginsäure und Glutamat beteiligen sich am indirekten Transport des NADH vom Zytosol in Mitochondrien, Glutamin und Alanin transportieren außerdem Ammoniak aus dem Myocard (Cahill 1978). Da der Stickstoff-Stoffwechsel stark von der Substratverfügbarkeit und vom Spiegel verschiedener Hormone abhängt, müssen Nahrungsaufnahme und Arbeitsleistung bei der Bestimmung von Aufnahme und Stoffwechsel der Aminosäuren und der Proteinsynthese berücksichtigt werden.

Semiquantitative Untersuchungen am menschlichen Herzen zeigten eine Extraktionsrate von 6% der gesamt verabreichten L-(^{13}N)-Glutaminsäure-Dosis (Gelbard et al. 1980); bei besserer räumlicher Auflösung betrug die Extraktionsrate aber nur 2,4%. Von experimentellen Studien am Hund über die Clearance von ^{11}C- oder ^{13}N-markierten Aminosäuren müssen aus den unterschiedlichen Clearanceraten drei Kompartments angenommen werden (Henze et al. 1982):

- ein interstitielles Kompartment mit kurzer Halbwertszeit von 19 sek, in das Aminosäuren sofort eintreten und in dem die Aminogruppe auf andere Moleküle übertragen werden kann; von hier aus kann die Aminosäure ins Gefäßsystem rückdiffundieren oder in den weiteren Stoffwechsel übertreten;
- ein Stoffwechselkompartment mit langer Halbwertszeit von 61 min, das den Einbau von Aminosäuren in Proteine oder deren Einschleusen in den Intermediärstoffwechsel charakterisiert;
- ein intermediares Kompartment mit einer *HWZ* von 142 sek, das mit Freisetzung von ^{11}CO$_2$ einhergeht und der Aminosäurendekarboxylierung entspricht.

Da eine Verminderung der Proteinsynthese eine Beeinträchtigung der Kompensationsfähigkeit des Herzmuskels anzeigen könnte, wäre das Studium des Aminosäurenstoffwechsels für die Vorhersage mechanischer Dekompensation geeignet. Auch auf leichte hypoxische Schäden könnte aus der Verminderung des Intermediärstoffwechsels von Aminosäuren geschlossen werden. Da quantitative Meßmodelle aber noch fehlen, wurden Studien an Patienten noch nicht durchgeführt.

g) Rezeptorverteilung im Herzmuskel

Die Anpassung der Herztätigkeit an geänderte Bedingungen – Änderung des Blutdrucks, Streß, Arbeitsbelastung – erfolgt über chemische Überträgerstoffe, die an spezifischen Rezeptoren wirksam werden. Für die Therapie von Herzerkrankungen spielt die Interaktion mit Rezeptorfunktionen – über Rezeptorspezifische Stimulation oder Blocker – eine große Rolle. Die Untersuchung der Verteilung und Konzentration unterschiedlicher Rezeptoren ist somit von großem klinischem Interesse bei Gesunden und Herzkranken. Bei diesen Studien muß die unterschiedliche Dichte aktiver Rezeptoren bei verschiedenen physiologischen Zuständen („Up"- und „Down"-Regulation) berücksichtigt werden.

Muscarinartige cholinerge Rezeptoren können mittels (^{11}C)-Methyl-quinuclidinyl-benzylat (MQNB) und PET untersucht werden (Syrota et al. 1985). Die mit hohem Kontrast erfolgte Anreicherung des Tracers konnte durch nachfolgende Gabe von Atropin zu 86% verdrängt werden, woraus auf eine hohe Spezifität der Rezeptorbindung geschlossen werden konnte. Mit der Ver-

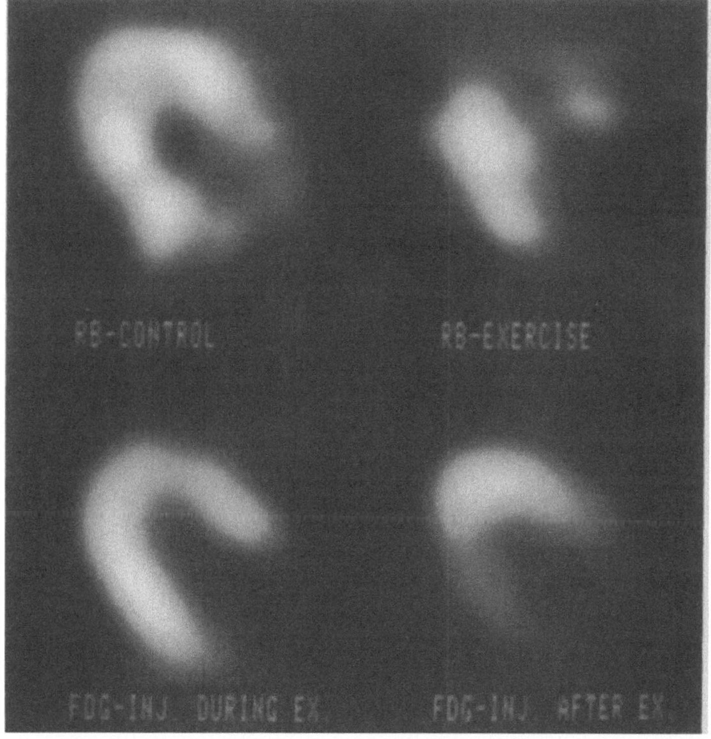

Abb. 5.25. PET-Bilder der Myocardperfusion (bestimmt mittels ^{82}Rubidium) und des Myocardglukosestoffwechsels (bestimmt mittels FDG) bei einem Patienten mit stabiler Angina pectoris. Im Ruhezustand (links) ist die Rb-Verteilung homogen. Während Ergometerbelastung (rechts) stellt sich ein mangelperfundiertes Segment in der Vorderwand dar, in dem die FDG-Aufnahme leicht vermindert ist. Nach Erholung ist die Glukoseaufnahme gesteigert (rechts unten) (zur Verfügung gestellt von P.G.Camici, Istituto di Fisiologia Clinica del CNR, Pisa, Italien)

drängung ging auch eine Steigerung der Herzfrequenz einher. Besonders hoch war die Anreicherung von MQNB im Ventrikelseptum (Rezeptordichte 98 pmol/g) und in der Seitenwand des linken Ventrikels (89 pmol/g), während die Konzentration der Rezeptoren in der Wand des rechten Ventrikels niedrig war (Abb. 5.23). Obwohl die Dichte muscarinerger Rezeptoren in den Vorhofwänden am höchsten ist, können diese wegen der dünnen Wand bisher nicht dargestellt werden.

Beta-adrenerge Rezeptoren, die besonders in den Vorhofwänden in hoher Konzentration vorkommen, können mittels (^{11}C)-Pindolol oder dem hydrophilen Liganden (^{11}C)-CGP 12177 dargestellt werden. Beide Tracer werden vom Myocard angereichert, ihre Aufnahme kann durch unmarkierte β-Blokker gehemmt werden; nach Anreicherung können die Tracer durch unmarkierte Liganden selektiv verdrängt werden (Syrota 1987). Die Verdrängung des Liganden steht in Beziehung zur Abnahme der Herzfrequenz, wodurch für CGP 12177 der Nachweis erbracht wurde, daß es vor allem an die aktiven Rezeptoren der Zelloberfläche bindet. Die beim Hund mit PET gemessene Dichte von β-Rezeptoren betrug 113 pmol/g.

Alpha-adrenerge Rezeptoren können durch (^{11}C)-Prazosin dargestellt werden. Verdrängungsexperimente zeigten aber eine hohe unspezifische Bindung dieses Liganden.

Auch Benzodiazepin-Rezeptoren konnten im Herzen mittels PET nachgewiesen werden. Aufgrund der Bindungscharakteristik waren sie nicht mit den Rezeptoren im Zentralnervensystem identisch und entsprachen somit dem peripheren Typ. Nach Gabe von (^{11}C)-PK 11195 zeigte sich eine Anreicherung im Myocard, die bei hohen Konzentrationen ein Plateau erreichte. Aus dieser Anreicherungscharakteristik konnte im Hundeherzmuskel eine Rezeptordichte von 6000 pmol/cm^3 errechnet werden. Eine spezifische Verdrängung des Liganden bzw. Behinderung der Anreicherung konnte durch peripher aktive unmarkierte Liganden (RO5-4864, Diazepam), nicht aber durch nur zentral wirksame Benzodiazepine (RO15-1788, Clonazepam) erreicht werden. Die Benzodiazepin-Rezeptoren sind im Herzmuskel homogen verteilt (Charbonneau et al. 1986). Diese ersten Ergebnisse des Studiums rezeptoraffiner Liganden zeigen die hohe Wertigkeit, die PET für pharmakologische Untersuchungen erhalten könnte.

h) Bestimmung der Myocardfunktion

EKG-getriggerte Bildrekonstruktion mittels PET nach Inhalation von ^{11}C- oder ^{15}O-markiertem Kohlenmonoxyd, das sich rasch an Carboxyhämoglobin bindet, erlaubt die quantitative Bestimmung des Volumens des rechten und linken Ventrikels und der Auswurfleistung des Herzens. Die Herzaktion kann dabei in 16 bis 32 Bildern pro Zyklus aufgezeichnet werden. Damit können die Auswurfleistung des linken Ventrikels, der Füllungsgrad während Diastole und die Entleerung während Systole quantifiziert sowie die Bewegungen der Herzwände bildlich reproduziert dargestellt werden (Hoffman et al. 1983). Auch die Bestimmung veränderter Dicke der Ventrikelwand ist damit möglich.

5.2.2 Koronare Herzkrankheit (KHK)

Auch bei mäßigen bis schweren Stenosierungen der Herzkranzgefäße bleibt die regionale Myocarddurchblutung (*rMBF*) üblicherweise im normalen Bereich, so daß aus den Durchblutungsmessungen unter Ruhebedingungen eine Koronarerkrankung nicht erkannt werden kann. Dazu muß die koronare Durchblutungsreserve durch Steigerung des Sauerstoffverbrauchs des Myocards bestimmt werden; dies kann durch physische Belastung oder pharmakologische Vasodilatation erfolgen (Gould 1978). Durch PET von $^{13}NH_3$ konnten während Dipyridamol induzierter Hyperämie bei 32 Patienten 52 von 58 stenosierten Koronargefäßen richtig erkannt werden: die von den stenosierten Arterien versorgten Herzmuskelsegmente waren durch verminderte $^{13}NH_3$ Anreicherung während der Belastung charakterisiert (Abb. 5.24) (Schelbert et al. 1982).

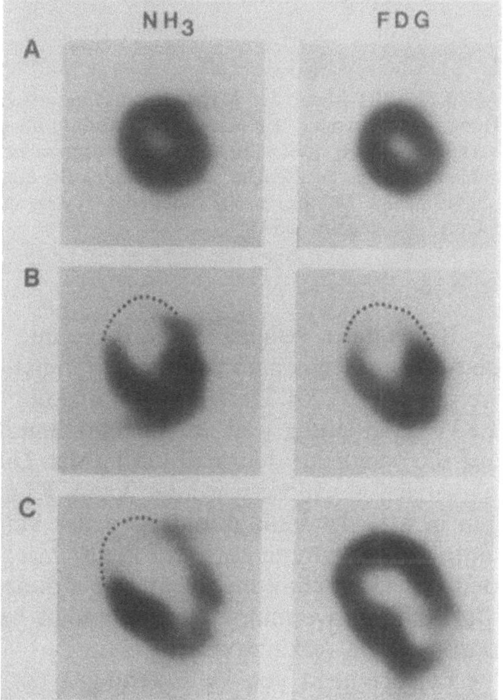

Abb. 5.26 A–C. PET-Bilder der Myocarddurchblutung ($^{13}NH_3$) und des Myocardglukosestoffwechsels (FDG) von 3 Personen: **A** Gesunde Versuchsperson mit normaler Durchblutung und homogener Glukoseaufnahme im Herzmuskel. **B** Patient mit altem transmuralem Infarkt in der Vorderwand des linken Ventrikels. Durchblutung und Stoffwechsel sind regional gleichermaßen vermindert entsprechend dem verminderten Bedarf des Infarktgewebes. **C** Patient mit Dreigefäßerkrankung und regional verminderter Durchblutung im Vorderwand/Septum-Bereich des linken Ventrikels. Die gesteigerte Glukoseaufnahme („mismatch") deutet auf aufrechterhaltene Stoffwechselaktivität bei verminderter Durchblutung hin (zur Verfügung gestellt von H. R. Schelbert, UCLA, Los Angeles, USA)

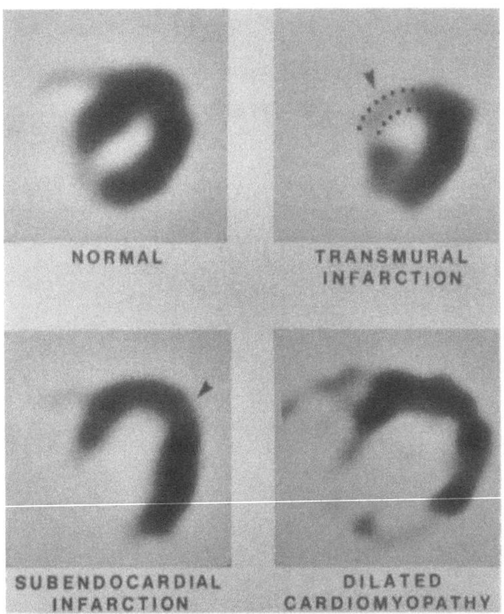

Abb. 5.27. PET-Bilder des Myocard-Fettsäurestoffwechsels (dargestellt mit ^{11}C-Palmitinsäure). Homogene Verteilung der markierten Fettsäure im gesunden Herzmuskel. Deutliche regionale Verminderung der Traceraufnahme bei transmuralem Infarkt, leicht verminderte regionale Aufnahme bei subendocardialem Infarkt (Pfeile). Bei dilatierender Cardiomyopathie findet sich eine unregelmäßige heterogene Verteilung des Tracers (zur Verfügung gestellt von H.R.Schelbert, UCLA, Los Angeles, USA)

Bei stabiler Angina pectoris konnte die rMBF-Verminderung in den betroffenen Segmenten während Ergometer-Belastung durch [82]Rb dargestellt werden (Abb. 5.25). Die Verminderung der [82]Rb-Anreicherung überdauerte die EKG-Veränderung und die Anginaschmerzen (Deanfield et al. 1984), womit auf die verzögerte Normalisierung der Durchblutung im stenosierten Koronarbereich geschlossen werden kann. Klinische Angina pectoris-Anfälle gingen in 97% der Fälle mit segmentaler Verminderung der [82]Rb-Anreicherung einher; diese konnte auch durch psychische Streß-Situationen ausgelöst werden, ohne daß klinische Symptome auftraten. Mittels Nitrat-Gabe konnte die Durchblutungsverminderung verhindert bzw. die verzögerte Normalisierung der Perfusion verkürzt werden.

Entsprechend den Veränderungen des Stoffwechsels während Myocardischämie – Verminderung der β-Oxidation von FFS, Steigerung der anaeroben Glycolyse, Beeinträchtigung des Tricarbonsäurezyklus und damit des Stoffwechsels von Brenztraubensäure, vermehrte Bildung von Milchsäure (Übersicht bei Taegtmeier 1986) – können während und nach Angina pectoris-Attacken typische Stoffwechselmuster im PET nachgewiesen werden. Die Extraktionsrate und die Clearance von (^{11}C)-Palmitinsäure waren während Belastung (Schrittmacher-Stimulation-induzierte Ischämie = „Pacing") im mangelversorgten Areal signifikant vermindert und verzögert, die *HWZ* der

FFS-Clearance war während der Belastung im Gegensatz zu Gesunden (Abnahme um 40%) um 34,6% verlängert (Schelbert und Schwaiger 1986).

Auch die Clearanceraten von (^{11}C)-Essigsäure waren während Belastung in ischämischen Arealen vermindert (*HWZ* 10,1 gegenüber 7,1 min), wodurch eine Störung des Tricarbonsäurezyklus angezeigt wurde. Die gesteigerte Aufnahme von (^{13}N)-Glutaminsäure in Arealen mit verminderter *rMBF* könnte ebenfalls als Hinweis für Störung des Oxidations-Stoffwechsels gewertet werden (Knapp et al. 1982).

Die Glucoseaufnahme im ischämischen Gewebe ist im Vergleich zur regionalen Durchblutung relativ und im Vergleich zu den normalen Glucoseumsatzraten absolut erhöht (Abb. 5.25). Die Kopplung zwischen MBF und MMRGl, die im normalen Herzmuskel und auch im Infarkt (beide erniedrigt) besteht, ist somit zugunsten der Glucoseaufnahme aufgehoben („mismatch", Marshall et al. 1981). Bei Patienten mit stabiler Angina pectoris (Beschwerden nur während Belastung) trat die regionale Steigerung der Glucoseaufnahme nur während der Belastung und in der Erholungsphase auf (Abb. 5.25), während in Ruhe keine Änderungen des Stoffwechsels nachzuweisen waren. Die über die regionale Durchblutungsstörung hinaus andauernde Glucosestoffwechseländerung kann als vermehrte Glycolyse und Glycogensynthese zur Auffüllung der erschöpften Reserven gedeutet werden. Bei Patienten mit instabiler Angina pectoris (Beschwerden und Episoden von ST-Senkungen im EKG auch unter Ruhebedingungen) fanden sich regionale oder globale Steigerungen der Glucoseumsatzraten auch in Ruhe und in Regionen mit unauffälliger Perfusion (Camici und Araujo 1987). Die Entkopplung von Durchblutung und Glucoseaufnahme („mismatch") im ischämischen Gewebe unterstützt die Diagnose der Angina pectoris und zeigt die Gefährdung des Gewebes, die in der Verschiebung des Substrats für den Energiestoffwechsel von freien Fettsäuren auf Glucose ihren Ausdruck findet. Der gesteigerte Glucosestoffwechsel („mismatch") (Abb. 5.26) weist darüber hinaus, im Gegensatz zur gekoppelten Verminderung, von *rMBF* und *rMMRGl* („match"), auf lebendes Gewebe hin: Nach koronarer Bypassoperation normalisierte sich das *rMBF/rMMRGl*-Muster in 86% der vorher gestörten Regionen, während es in 92% der als infarziert gedeuteten Segmente mit Verminderung von *rMBF* und *rMMRGl* unverändert blieb (Tillisch et al. 1986). PET-Studien sind somit auch für die Auswahl von Patienten für Bypassoperationen wertvoll.

a) Myocardinfarkt

Die Ausdehnung und Lokalisation eines Infarkts kann durch verminderte Anreicherung von (^{11}C)-Palmitinsäure im PET dargestellt werden (Abb. 5.27), wobei sich aus der Größe und dem Schweregrad der segmentalen Aktivitätsverminderung auch Hinweise auf transmurale oder intramurale Infarkte ergeben (Geltman et al. 1982, Ter-Pogossian et al. 1980). Die Ausdehnung der Infarkte im PET korrelierte mit Veränderungen im EKG und Erhöhung der CPK. In den von der Mangeldurchblutung betroffenen Arealen (Abb. 5.28) kann das lebensfähige Gewebe im akuten Stadium nach Infarkt anhand der gesteigerten Glucoseaufnahme erkannt und vom nekrotischen Areal (verminderte Glucoseaufnahme) abgegrenzt werden (Abb. 5.26) (Schwaiger et al.

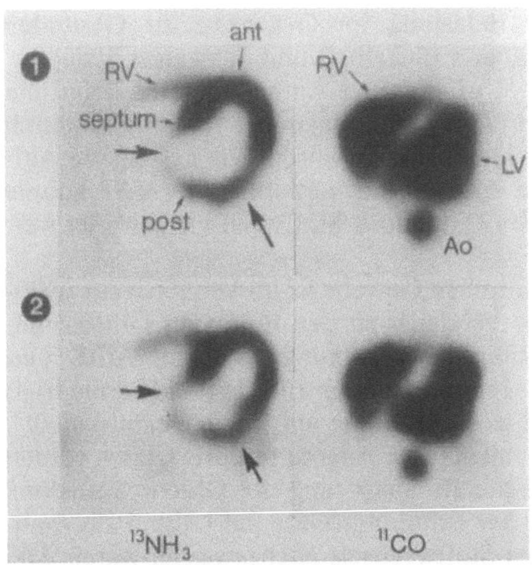

Abb. 5.28. PET-Bilder der regionalen Myocarddurchblutung (bestimmt mittels ^{13}NH$_3$) und des cardialen Blutvolumens (bestimmt durch Inhalation von ^{11}CO) bei einem Patienten mit altem Myocardinfarkt und Herzvergrößerung. Zwei aufeinanderfolgende Schnitte (1 und 2) sind dargestellt. ant: Vorderwand; post: Hinterwand; Ao: Aorta; RV und LV: rechter und linker Ventrikel. Die Durchblutung ist in den Infarktsegmenten in der Hinterseitenwand und im hinteren Septum vermindert (Pfeile) (zur Verfügung gestellt von H. R. Schelbert, UCLA, Los Angeles, USA)

1986). Diese Unterscheidung kann mittels EKG nicht getroffen werden, worunter besonders die exakte Differenzierung transmuraler von intramuralen Infarkten leidet. Auch subendocardiale (Innenschicht-)Infarkte, die das EKG nicht verändern, sind im PET erkennbar (Parodi 1987). Die sichere Diagnose von auch nur partiellen Infarkten und der Nachweis von noch lebensfähigem Gewebe ist für die Planung und Kontrolle eingreifender therapeutischer Maßnahmen (Fibrinolysetherapie, perkutane, transluminale koronare Angioplastie, Koronar-Bypass im Akutstadium) entscheidend (De Landsheere et al. 1987).

b) Myocardiopathien

Während bei sekundären Myocardiopathien die Ursachen der Veränderung des Herzmuskels bekannt sind (Koronarerkrankung, chronische Exposition mit Giften, z. B. Alkohol), ist bei den primären oder idiopathischen Formen die Ursache unklar, so daß nur die Phänomenologie beschrieben werden kann (z. B. kongestive, dilatierende, hypertrophe Myocardiopathie). Die regionale Untersuchung von Stoffwechsel, Durchblutung und Rezeptorverteilung kann bei allen diesen Formen eventuell pathophysiologische Mechanismen erkennen und damit zu einer gezielten Therapie beitragen.

Bei dilatierenden Myocardiopathien ist die Aufnahme von (^{11}C)-Palmitinsäure im Herzmuskel heterogen mit multiplen, nicht aneinanderliegenden Arealen verschiedener Form und Ausdehnung, die eine verminderte Traceraufnahme zeigen (Abb. 5.27), die nicht in Beziehung zu Durchblutung oder pathologischer Herzwandbeweglichkeit steht (Geltman et al. 1983). Diese fleckförmige Störung des Fettsäurestoffwechsels steht in Beziehung zur regionalen Destruktion des Herzmuskels. Anhand von verminderter Fettsäureextraktion und vermindertem Eintritt von (^{11}C)-Palmitinsäure ins Kompartment mit kurzer HWZ kann bei sekundären Myocardiopathien eine Erschöpfung der metabolischen Reserve diagnostiziert werden (Schelbert und Schwaiger 1986).

Bei Duchenne'scher Muskeldystrophie, einer x-Chromosom gekoppelten Erbkrankheit mit Manifestation nur beim männlichen Geschlecht, tritt eine charakteristische regionale Myocardiopathie im posterobasalen Anteil des linken Ventrikels auf. In diesen Regionen ist die Glucoseaufnahme gesteigert und die ^{13}NH$_3$-Speicherung vermindert. Diese Entkopplung des Glucosestoffwechsels („mismatch") fand sich auch bei Fehlen von segmentalen Funktionsstörungen des linken Ventrikels, so daß die regionale Myocardiopathie aus der charakteristischen Stoffwechselstörung schon vor Manifestwerden klinischer Symptome diagnostiziert werden kann (Perloff et al. 1984).

PET-Untersuchungen am Herzen stehen erst am Beginn der klinischen Anwendung. Für den breiten klinischen Einsatz sind noch technische Entwicklungen zur Verbesserung des räumlichen und zeitlichen Auflösungsvermögens der Tomographen und die Erarbeitung quantitativer Meßmodelle notwendig. Die bisherigen Ergebnisse an relativ kleinen Patientenkollektiven zeigen aber die Wertigkeit dieses Verfahrens für Diagnostik und Management von Patienten, insbesondere mit ischämischer Herzerkrankung, an, so daß eine breite klinische Anwendung gerechtfertigt und zu erwarten ist.

5.3 Untersuchungen der Lunge

PET-Studien der Lunge sind bisher sehr begrenzt gewesen, da sich dieses Organ schlecht für Untersuchungen im „steady state" mit ungünstiger Zeitauflösung eignet. Das Organ bewegt sich während der Respiration, und aufgrund des niederen Anteils von Gewebszellen im untersuchten Volumen (10% Lungengewebszellen, 10% Blut, 80% Gas) können kontrastreiche Aktivitätsbilder in den üblicherweise möglichen kurzen Atempausen nur schwer registriert werden. Wegen der noch begrenzten klinischen Wertigkeit von PET-Studien der Lunge sollen im folgenden nur einige Untersuchungen als Beispiele angeführt werden. Ausführliche Darstellungen und Hinweise auf die bisherige Literatur sind in einigen Übersichtsartikeln enthalten (Valind et al. 1985, Hughes et al. 1985, 1987).

5.3.1 Messung der regionalen Volumenkompartments (Strukturparameter)

Bevor physiologische Parameter in der Lunge gemessen werden können, muß der Anteil der einzelnen strukturellen Kompartments innerhalb des Meßvolumens bestimmt werden. Die Dichte des Lungengewebes, die sich aus Blut, extravaskulärem Gewebe und Interstitialraum zusammensetzt, kann aus dem für die Abschwächungskorrektur bei quantitativen PET-Messungen notwendige Transmissionsscan (Abb. 5.29) ermittelt werden (Rhodes et al. 1981). Aus der Dichte kann das Gas- oder Alveolarvolumen unter Berücksichtigung des

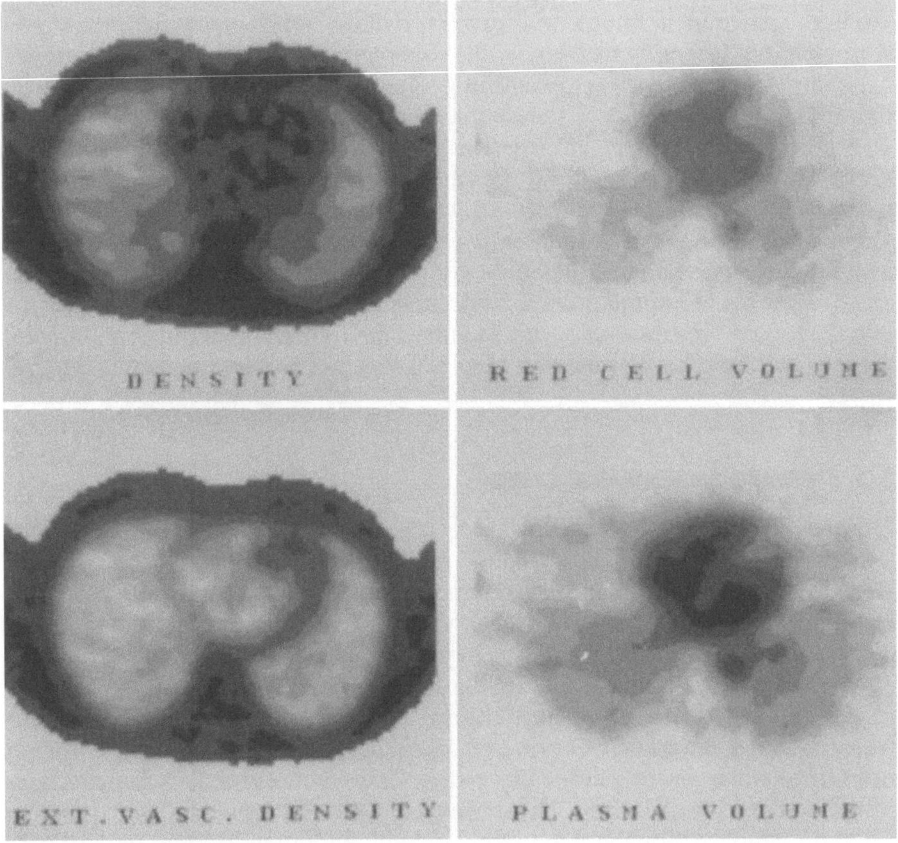

Abb. 5.29. Transaxiale PET-Bilder durch den Thorax in mittlerer Herzhöhe bei einer gesunden Versuchsperson. Die Dichte wird aus dem Transmissionsscan ermittelt, das Volumen der roten Blutkörperchen aus der [11]CO-Verteilung, das Plasmavolumen nach i.v. Gabe von ^{11}C-Methylalbumin. Die Dichte des extravaskulären Gewebes wird durch Subtraktion des Erythrozytenvolumens (nach Korrektur für Hämatokrit) vom Dichtescan errechnet. Dichte und Volumina nehmen beim liegenden Probanden nach dorsal zu. Die Herzkammern treten stark hervor, beim Scan der Dichte des extravaskulären Gewebes stellt sich die Wand des linken Ventrikels dar (zur Verfügung gestellt von J. M. B. Hughes, Dept. of Medicine, Hammersmith Hospital, London, UK)

spezifischen Gewichts des Lungengewebes (1,04) direkt errechnet werden. Der bestimmte Wert für die Lungendichte hängt aber vom Ausmaß der Inspiration und von der Region ab: beim liegenden Patienten ist die Dichte in apikalen vorderen Lungenanteilen niederer, in basalen hinteren Anteilen deutlich höher als der Mittelwert von 0,3. Nach Messung des regionalen pulmonalen Blutvolumens (Rhodes et al. 1981) aus der relativen Konzentration von (^{11}C)-Carboxyhämoglobin im Gewebe, verglichen mit Blut nach Inhalation von ^{11}CO, kann aus der Differenz aus Lungen-Dichte und Blutvolumen (korr. für spez. Gewicht 1,06) die Dichte des extravasalen Gewebes (DEV) errechnet werden (Abb. 5.29). Auch für diese Parameter nehmen die Werte entsprechend der Schwerekraft in apicobasaler Richtung zu und schwanken um den jeweiligen Mittelwert (Gefäßvolumen 0,16 ml/cm^3, extravaskuläre Lungendichte 0,13 g/cm^3). Zusätzlich können das Alveolarvolumen nach Inhalation von ^{13}N$_2$ bestimmt und damit die errechneten Werte überprüft werden (0,75 ml/cm^3 ventral, 0,59 ml/cm^3 dorsal).

Für besondere Untersuchungen kann das vaskuläre Kompartment in den Anteil aus Erythrozyten (mit ^{11}CO) und Plasma (durch (^{11}C)-Methylalbumin) unterteilt werden (Abb. 5.29). Der Hämatokrit in den Lungenkapillaren wurde mit dieser Technik mit 0,3 gemessen (Brudin et al. 1986). Auch der Gehalt an Wasser im extravaskulären Lungengewebe kann mittels konstanter Infusion von H$_2$^{15}O bestimmt werden. Diese Untersuchung hat für die Quantifizierung des Lungenödems besondere Bedeutung (Schober et al. 1985).

Bei den Erkrankungen der Lunge sind die relativen Anteile der einzelnen Kompartments verschoben: Chronische Lungenstauung durch Herzinsuffizienz verursacht interstitielles Ödem und damit eine Zunahme der extravaskulären Lungendichte besonders in dorsalen Abschnitten. Die Veränderungen der extravaskulären Dichte auf Kosten des intravasalen Raums sind in den abhängigen Lungenpartien stärker ausgeprägt (Wollmer et al. 1983). Das Blutvolumen ist bei den Patienten mit gesteigertem Zentralvenendruck vermindert, der übliche ventrodorsale Gradient fehlt. Die Abnahme des Blutvolumens korreliert zum Schweregrad der klinischen Symptome dieser Patienten. Auch bei Asthma, chronischer Bronchitis und Emphysem ist das Gefäßvolumen meßbar vermindert, wobei aber beim Asthma das extravaskuläre Kompartment erhöht, bei Bronchitis und Emphysem vermindert ist.

5.3.2 Erkrankungen im Interstitium der Lunge (z. B Sarkoidose und Lungenfibrose)

In Frühstadien der Sarkoidose wurden massive, regional unterschiedliche Zunahmen der extravaskulären Lungendichte (auf 0,34 ml/cm^3 bei normalem Blutvolumen von 0,16 ml/cm^3) beobachtet. Es fand sich zusätzlich eine starke Zunahme der metabolischen Rate für Glucose (normales Lungengewebe 1,21, Sarkoidose 3,24 μmol/gh) (Hughes 1987). Im Gegensatz zur Sarkoidose ist bei Lungenfibrose, bei der die extravaskuläre Dichte auf 0,29 ml/cm^3 und die Glucoseaufnahme auf 2,17 μmol/g/h erhöht ist, der vaskuläre Volumenanteil häufig vermindert, wodurch auf die Beteiligung der Gefäße bei dieser Erkrankung geschlossen werden kann.

5.3.3 Lungenfunktionsstudien

Die regionale alveoläre Ventilation ($\dot{V}_A$) kann durch kontinuierliche Inhalation von ^{19}Ne ($t_{1/2} = 19$ sek) bestimmt werden, wobei die Radioaktivität des Inhalationsgases mittels eines kreuzkalibrierten NaI-Detektors gemessen wird. Für die Berechnung der regionalen Ventilation muß das regional unterschiedliche Alveolarvolumen (bestimmt nach Inhalation von ^{13}N$_2$) berücksichtigt werden (Abb. 5.30). Die regionale Ventilation pro Alveolarvolumen errechnet sich dann bei gesunden Probanden mit $3,1 \pm 0,7$ l/min l dorsal und $1,1 \pm 0,2$ l/min l ventral.

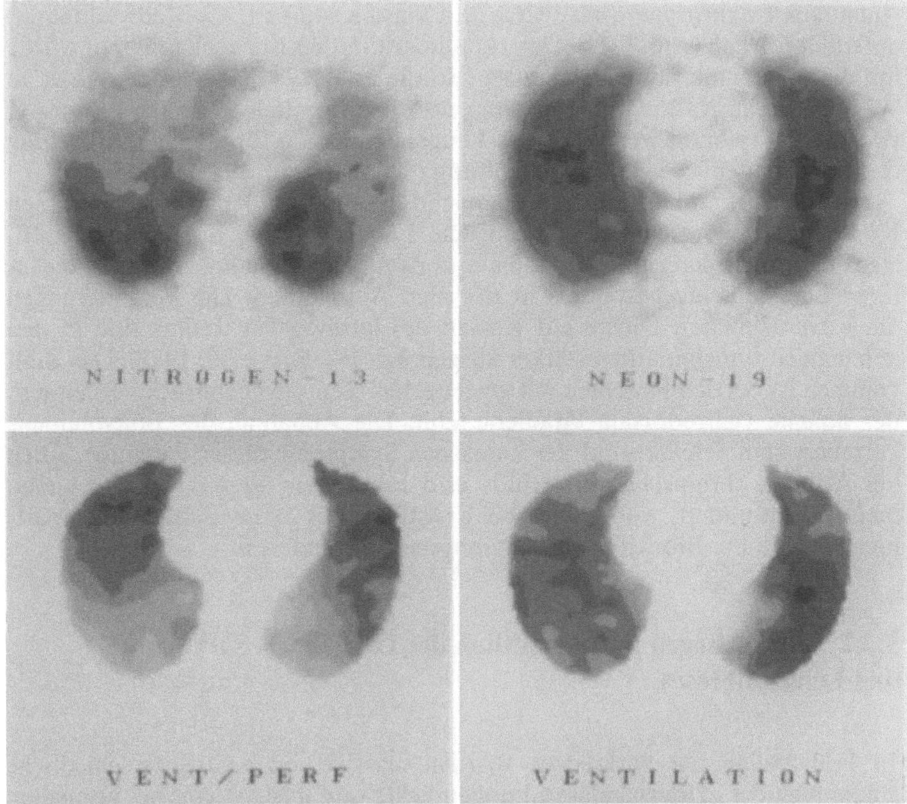

Abb. 5.30. Transaxiale PET-Bilder durch den Thorax einer gesunden Versuchsperson im Äquilibriumszustand während ^{13}N$_2$-Infusion und während ^{19}Ne-Inhalation. Die daraus errechneten Ventilations- und Ventilations/Perfusionsbilder zeigen ventrodorsale Zunahme der Ventilation bei leicht abnehmendem Vent./Perf. Quotienten (zur Verfügung gestellt von J. M. B. Hughes, Dept. of Medicine, Hammersmith Hospital, London, UK)

Die regionalen Ventilations/Perfusions-Quotienten ($\dot{V}_A/f$) können nach kontinuierlicher intravenöser Infusion von $^{13}N_2$-Lösungen bestimmt werden, da $^{13}N_2$ als inertes Gas mit niederem Blut/Gas-Verteilungskoeffizienten (0,017) sofort in die Alveolen übertritt, so daß im steady state die Konzentration des Tracers von der Durchblutung und der Ventilation abhängt. Nach getrennter Bestimmung der Ventilation kann damit auf die Durchblutung rückgerechnet werden. Da die Inputfunktion von $^{13}N_2$ im rechten Ventrikel gemessen werden kann, ist die Errechnung absoluter Werte zulässig. Solche quantitativen Messungen sind somit nur mit PET möglich. Bezogen auf extravaskuläres Lungengewebe wurden für Normalpersonen Werte der alveolaren Ventilation mit 14,1 ml/g min und der regionalen Durchblutung mit 17,6 ml/g min ($\dot{V}_A/f = 0,8$) errechnet. Bei den verschiedenen Erkrankungen fanden sich entsprechend dem Schweregrad verminderte Werte für alveolare Ventilation und Durchblutung, z.B. bei Asthma 4,75 und 7,19, bei chronischer Bronchitis 9,0 und 14,6 und bei Emphysem 12,5 und 10,3 ml/g min. Aber auch bei Rauchern waren die alveolare Ventilation (10,5 ml/g min) deutlich, die Durchblutung (16,7 ml/g min) gering vermindert (Hughes et al. 1987).

Die regionale metabolische Rate für Glucose kann mittels ^{18}FDG bestimmt werden, wobei der Anteil von extravaskulärem Gewebe in der Volumeneinheit berücksichtigt werden muß. Die *MRGl* ist abhängig von der Nahrungsaufnahme und beträgt beim nüchternen Gesunden 1,21 µmol/g h. Bei Sarkoidose und Lungenfibrose ist die Glucoseaufnahme signifikant erhöht.

5.3.4 Verteilung von Pharmaka

Mittels PET kann die Verteilung von Antibiotika, z.B. (^{11}C)-Erythromycin, bei Patienten mit Pneumonie quantifiziert werden. Dabei muß nach Messung der Volumensaktivität die Blutkonzentration des Tracers im peripheren Blut mittels Probenwechsler gemessen und das vaskuläre Volumen (gemessen mittels ^{11}CO-Hb) abgezogen werden. Die gemessenen (^{11}C)-Erythromycin-Mengen waren zwar in pneumonischen Herden (2,24 µg/cm^3) höher als im normalen Lungengewebe (0,82 µg/cm^3), nach Korrektur auf Gewebsdichte (mit 0,43 höhere DEV in Pneumonieherden als im normalen Gewebe 0,14 g/cm^3) waren die Antibiotikakonzentrationen aber gleich (5,5 bzw. 6,6 µg/g Lungengewebe). Eine Quantifizierung in Absolutwerten war aufgrund der bekannten Gesamtmenge von injiziertem Erythromycin möglich. Bakterizide Konzentrationen wurden somit in Pneumonieherden 10 min nach Injektion erreicht (Wollmer et al. 1982).

Die Extraktion basischer Amine (z.B. (^{11}C)-Propanolol und (^{11}C)-Imipramine) ist sehr hoch, so daß Gewebs-/Blut-Konzentrationsquotienten von 80–150 nach 10 min erreicht werden. Da keine spezifische Hemmung der Anreicherung nach Gabe des nicht markierten Amins beobachtet wurde, muß eine unspezifische Bindung aufgrund der hohen Lipidlöslichkeit der Amine angenommen werden. Bei Patienten mit Sarkoidose war die Bindung von Aminen in der Lunge verlängert; dieser Befund wurde in Beziehung zu spezifischen Membranveränderungen gebracht (Pascal et al. 1982).

Serotonin-Rezeptoren an den Membranen der Makrophagen der Lungen-alveolen können mittels (^{11}C)-Ketanserin dargestellt werden, doch ist ihre Konzentration dort im Vergleich zum Myocard niedrig. Bei Rauchern fanden sich im Vergleich zu Nichtrauchern höhere Konzentrationen von Serotoninrezeptoren, wobei die Ligandenkonzentration linear zum Zigarettenkonsum korreliert war (Charbonneau et al. 1986). Damit wird die erhöhte Konzentration von Makrophagen in den Alveolarwänden von Rauchern bewiesen.

Diese wenigen Beispiele von PET-Studien in der Lunge zeigen, daß mit dieser Methode neben der Zusammensetzung des Lungengewebes auch Funktionsparameter quantifiziert und spezifische Krankheitsprozesse objiviert werden können. Darüber hinaus können verschiedene biologische Funktionen der Lunge sichtbar gemacht werden.

5.4 PET in der Onkologie

Tumoren haben als Fremdgewebe unterschiedliche Durchblutung und unterschiedlichen Stoffwechsel im Vergleich zum beherbergenden Organ. Die in Neoplasmen gebildeten Gefäße sind sehr variabel: im Vergleich zu denen im normalen umgebenden Gewebe sind die neugebildeten Kapillaren länger, weiter, haben veränderte Permeabilität und befinden sich in sehr variablen Distanzen voneinander. Häufig fehlt das begleitende Bindegewebe und die autonome Gefäßmotilität ist aufgehoben. Zusätzlich bestehen häufig arteriovenöse Shunts, so daß das Verhältnis zwischen Vaskularisation und Nutritionsdurchblutung verändert ist. Da die Gefäßneubildung häufig mit der Proliferation der Tumorzellen nicht Schritthalten kann, sind alte Geschwulstanteile häufig schlecht vaskularisiert und werden degenerativ umgewandelt.

Das neoplastische Gewebe hat zusätzlich zur veränderten Blutversorgung auch einen geänderten Stoffwechsel. Wie schon von Warburg (1930) beschrieben, nehmen maligne Tumoren vermehrt Glucose auf, bauen sie im Energiestoffwechsel aber nur bis zur Milchsäure ab (anaerobe Glycolyse). Da in den meisten Tumoren kein Sauerstoffmangel besteht, dürfte ein geändertes Enzymmuster (höhere Aktivität und veränderte Isoenzymanteile von Hexokinase und Pyravatkinase (Weber 1977)) für die Verschiebung im Energiestoffwechsel verantwortlich sein. Diese Änderungen des Glucosestoffwechsels könnten durch genetische Transformatoren der Zellen gesteuert sein, wodurch auch ein erhöhter Glucosetransport in die Zellen sowie gesteigerte Proteinsynthese bewirkt werden. Mit PET können die geänderten Perfusions- und Stoffwechselmuster regional im Tumor bestimmt werden. Quantitative regionale Untersuchungen betreffen Durchblutung (rBF), Sauerstoffextraktion ($rOER$), metabolische Rate für Sauerstoff ($rMRO_2$) und Blutvolumen (rBV); Glucosestoffwechsel und Aminosäureneinbau in Proteine können bildlich dargestellt, wegen schlecht definierter Modell-Konstanten aber nicht verläßlich quantifiziert werden. Mit Ausnahme von Untersuchungen an Hirntumoren (s. S. 141) sind die klinischen Erfahrungen noch gering und die Ergebnisse noch nicht hinreichend abgesichert (Übersicht bei Beaney und Lammertsma 1985).

Besonders bei Mamma-Karzinomen, aber auch bei Lymphomen und Weichteilmalignomen zeigten Multitraceruntersuchungen mittels PET, daß die Durchblutung in nicht-nekrotischen Tumoranteilen gegenüber dem Normalgewebe gesteigert ist (Abb. 5.31). Obwohl die OER im Tumorgewebe vermindert war, fand sich ein leicht erhöhter Sauerstoffverbrauch (Abb. 5.32). Damit konnte bewiesen werden, daß im nicht-nekrotischen Tumorgewebe keine Behinderung der Gewebsatmung besteht (Beaney et al. 1984). Das Blutvolumen war im Tumor nicht proportional zur Durchblutung verändert, so daß aus der Vaskularisation nicht auf die Durchblutung geschlossen werden kann. Bei Messung der Durchblutung mit $^{13}NH_3$ kommt es zusätzlich in Tumoren zu einer Akkumulation des Tracers (Aktivitätsverhältnis 5:1), wodurch einzelne Tumortypen (z. B. Mamma-Ca, Lymphome, Bronchus Ca, Lymphknotenmetastasen, Melanome, Ovarial-Ca, Hypernephrommetastasen) besonders gut nachgewiesen werden können (Schelstraete 1987). Diese Anreicherung nahm während erfolgreicher Chemotherapie ab. Da einige maligne Tumoren und die meisten benignen Neoplasien trotz gesteigerter Durchblutung $^{13}NH_3$ nicht

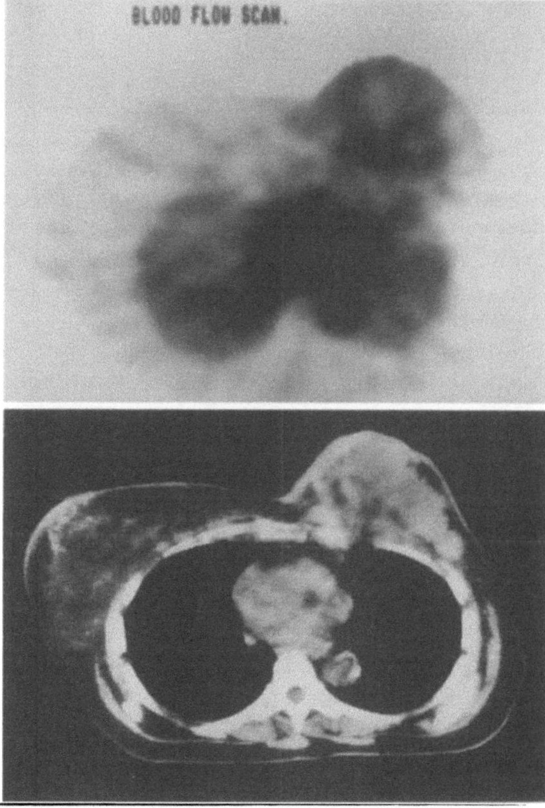

Abb. 5.31. CT und PET der Durchblutung einer Patientin mit ausgedehntem Mamma-Carcinom links. Im aktiven Tumorteil ist die Durchblutung erhöht, im Zentrum (Nekrose?) vermindert (zur Verfügung gestellt von R. P. Beaney, Dept. of Radiotherapy, The Queen Elizabeth Hospital, Birmingham, UK)

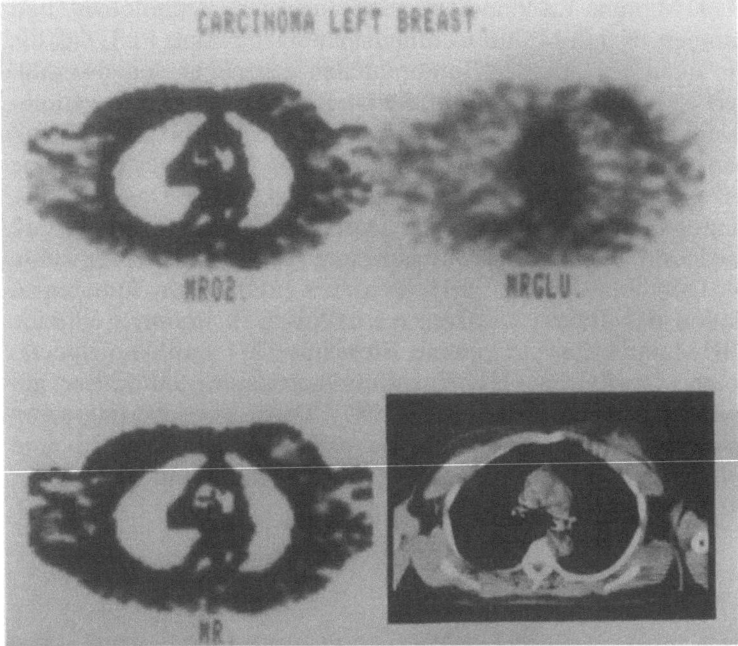

Abb.5.32. PET-Bilder der Sauerstoff- *(MRO₂)* und Glucoseaufnahme *(MRGlu)*, errechnete metabolische Rate und CT einer Patientin mit mittelgroßem Mamma-Carcinom links. Die Glucoseaufnahme ist deutlich erhöht, der Sauerstoffverbrauch wenig verändert. Die erniedrigte metabolische Rate weist auf anaerobe Glykolyse im Tumor hin (zur Verfügung gestellt von R. P. Beaney, Dept. of Radiotherapy, The Queen Elizabeth Hospital, Birmingham, UK)

anreicherten, muß für diesen Effekt eine komplexe Interaktion zwischen Kapillarperfusion und Tracerextraktion durch Tumorzellen angenommen werden.

Der Glucoseverbrauch kann wegen der geänderten Enzymaktivität und des veränderten transmembranalen Transportes nicht verläßlich quantifiziert werden, doch ist in den meisten malignen Tumoren (so wie beim malignen Gliom, s. S. 143) die Glucoseaufnahme gesteigert: eine vermehrte Glucoseaufnahme fand sich in Lebermetastasen (4fach), Lungentumoren (6,6fach) und Mammacarzinom, wobei in Mammacarzinomen eine überproportionale Zunahme der Glucoseaufnahme im Vergleich zum Sauerstoffverbrauch festgestellt wurde (Beaney 1987). Auch dieser Befund weist auf anaerobe Glycolyse hin (Abb. 5.32).

Der aufgrund der gesteigerten Proteinsynthese in Neoplasien vermehrte Einbau von Aminosäuren kann zum Nachweis maligner Neubildungen mittels PET verwendet werden. Von den vielen getesteten markierten Aminosäuren haben sich folgende als nützlich erwiesen:

[11]C-L-Methionin wird in Pankreastumoren vermindert (Syrota et al. 1982), in Bronchus-Carzinomen vermehrt aufgenommen (Kubota et al. 1985); ^{11}C-DL-Tryptophan reichert sich in Pankreas-Carzinomen an (Buonocore und

Hübner 1979). Auch die vermehrte Anreicherung von ^{13}N-Glutamat kann als Marker für aktive Tumorzellen verwendet werden: mit effizienter Chemotherapie nimmt die ^{11}C-Glutamat-Aktivität in osteogenen Sarkomen ab (Reiman et al. 1981). Besonders hohe Aktivitätsunterschiede zwischen Tumor und Normalgewebe ließen sich durch die künstliche Aminosäure ^{11}C-Aminocyclopentan-Carbonsäure (Cycloleucin) erreichen: Aktivitätsquotienten für Osteo- und Synovialsarkome, Mammacarzinom und retrobulbäre Metastasen lagen zwischen 3 und 4,7. Auch mit diesem Tumormarker kann das Ansprechen auf Chemotherapie überprüft werden (Schelstraete 1987).

Besonders vielversprechende Anwendungsgebiete für PET in der Onkologie, die sich noch im Entwicklungsstadium befinden, sind pharmakokinetische Studien von cytotoxischen Substanzen (z. B. ^{11}C-BCNU bei Hirntumoren, Tyler et al. 1986), der Nachweis von Tumoren durch markierte Liganden für spezifische Rezeptoren (z. B. Oestrogenrezeptoren beim Mamma-Carzinom) oder durch markierte Nucleotide, sowie die Markierung mit polyklonalen oder monoklonalen Antikörpern. Solche Studien könnten weitere Anwendungsgebiete für die PET in der Onkologie eröffnen.

Literatur

Kapitel 1

Bergström M, Eriksson L, Bohm C, Blomqvist G, Litton J (1983) Correction for scattered radiation in a ring detector positron camera by integral transformation of the projections. J Comput Assist Tomogr 7: 42–50

Bergström M, Litton J, Eriksson L, Bohm C, Blomqvist G (1982) Performance evaluation of a ring detector positron camera system. Department of Radiation Physics, Karolinska Institute Internal Report: RI 1982-03

Bigler RE, Sgouros G (1983) Biological analysis and dosimetry for ^{15}O-labeled O_2; CO_2 and CO gases administered continuously by inhalation. J Nucl Med 24: 431–437

Budinger TF (1982) Time-of-flight positron emission tomography: status relative to conventional PET. J Nucl Med 24: 73–78

Huang SC, Carson RE, Phelps ME, Hoffman EJ, Schelbert HR, Kuhl DE (1981) A boundary method for attenuation correction in positron computed tomography. J Nucl Med 22: 627–637

Jeavons A, Hood K, Herlin G, Parkman C, Townsend D, Magnanini R, Frey P, Donath A (1983) The high-density avalanche chamber for positron emission tomography. IEEE Trans in Nucl Sci NS-30: 640–645

Jones SC, Alavi A, Christman D, Montanez I, Wolf AP, Reivich M (1982) The radiation dosimetry of 2-F-18-fluoro-2-deoxy-D-glucose in man. J Nucl Med 23: 613–617

Litton J, Bergström M, Eriksson L, Bohm C, Blomqvist G, Kesselberg M (1984) Performance study of the PC-384 positron camera system for emission tomography of the brain. J Comput Assist Tomogr 8: 74–87

Phelps ME, Hoffman EJ, Huang SC, Kuhl DE (1979) Design considerations in positron computed tomography (PCT). IEEE Trans in Nucl Sci NS-26: 2746–2751

Phelps ME, Huang SC, Hoffman EJ, Plummer D, Carson R (1982) An analysis of signal amplification using small detectors in positron emission tomography. J Comput Assist Tomogr 6: 551–565

Qaim SM (1986) Recent developments in the production of ^{18}F, ^{75,76,77}Br and ^{123}I. Appl Radiat Isot Vol 37, pp 803–810, Int J Radiat Appl Instrum Part A

Radon J (1917) Über die Bestimmung von Funktionen durch ihre Integralwerte längs gewisser Mannigfaltigkeiten. Ber Verh Sächs Akad Wiss. Leipzig, Math Phys Kl 69: 262–277

Turko BT, Zizka G, Lo CC, Leskovar B, Cahoon JL, Huesman RH, Derenzo SE, Geyer AB, Budinger TF (1987) Scintillation photon detection and event selection in high resolution positron emission tomography. IEEE Trans Nucl Sci NS 34: 326–331

Kapitel 2

Alpert NM, Eriksson L, Chang JY, Bergström M, Litton JE, Correia JA, Bohm C, Ackerman RH, Taveras JM (1984) Strategy for the measurement of regional cerebral blood flow using short-lived tracers and emission tomography. J Cereb Blood Flow Metab 4: 28–34

Blomqvist G, Bergström K, Bergström M, Ehrin E, Eriksson L, Garmelius B, Lindberg B, Lilja A, Litton JE, Lundmark L, Lundqvist H, Malmborg P, Moström U, Nilsson L, Stone-Elander S, Widén L (1985) Models for ^{11}C-glucose. In: Greitz T, Ingvar DH, Widén L (eds) The Metabolism of the Human Brain Studied with Positron Emission Tomography. Raven, New York, pp 185–194

Bustany P, Henry JF, Sargent T, Zarifian E, Cabanis E, Collard P, Comar D (1983) Local brain protein metabolism in dementia and schizophrenia: in vivo studies with ^{11}C-L-methionine and positron emission tomography. In: Heiss WD, Phelps ME (eds) Positron Emission Tomography of the Brain. Springer, Berlin Heidelberg New York, pp 208–211

Buxton RB, Wechsler LR, Alpert NM, Ackerman RH, Elmaleh DR, Correia JA (1984) Measurement of brain pH using $^{11}CO_2$ and positron emission tomography. J Cereb Blood Flow Metab 4: 8–16

Coenen HH, Wienhard K, Stöcklin G, Laufer P, Hebold I, Pawlik G, Heiss WD (1988) PET measurement of D_2 and S_2 receptor binding of 3-N-([2'-^{18}F]Fluoroethyl) spiperone in baboon brain. Eur J Nucl Med 14: 80–87

Crone C (1964) Permeability of capillaries in various organs as determined by use of the indicator diffusion method. Acta Physiol Scand 58: 292–305

Farde L, Hakan H, Ehrin E, Sedvall G (1986) Quantitative analysis of D2-dopamine receptor binding in the living human brain by PET. Science 231: 258–261

Farde L, Wiesel FA, Hall H, Halldin Ch, Stone-Elander S, Sedvall G (1987) No D_2 receptor increase in PET study of schizophrenia. Arch Gen Psychiatry 44: 671–672

Feinendegen LE, Herzog H, Wieler H, Patton DD, Schmid A (1986) Glucose transport and utilization in the human brain: model using carbon-11 methylglucose and positron emission tomography. J Nucl Med 27: 1867–1877

Garnett ES, Nahmias C, Firnau G (1984) Central dopaminergic pathways in hemiparkinsonism examined by positron emission tomography. Can J Neurol Sci 11: 174–179

Gjedde A, Wienhard K, Heiss WD, Kloster G, Diemer NH, Herholz K, Pawlik G (1985) Comparative regional analysis of 2-fluorodeoxyglucose and methylglucose uptake in brain of four stroke patients. J Cereb Blood Flow Metab 5: 163–178

Heyman MA, Payne BD, Hoffman JIE, Rudolph AM (1977) Blood flow measurements with radionuclide-labeled particles. Prog Cardiovasc Dis 20: 55–79

Holden JE, Gatley SJ, Hichwa RD, Ip WR, Shaughnessy WJ, Nickles RJ, Polcyn RE (1981) Cerebral blood flow using PET measurements of fluoromethane kinetics. J Nucl Med 22: 1084–1088

Huang SC, Barrio JR, Phelps ME (1986) Neuroreceptor assay with positron emission tomography: equilibrium versus dynamic approaches. J Cereb Blood Flow Metab 6: 515–521

Huang SC, Carsson RE, Phelps ME (1982) Measurement of local blood flow and distribution volume with short-lived isotopes: A general input technique. J Cereb Blood Flow Metab 2: 99–108

Jones T, Chesler DA, Ter-Pogossian MM (1976) The continuous inhalation of oxygen-15 for assessing regional oxygen extraction in the brain of man. Br J Radiol 49: 339–343

Koeppe RA, Holden JE, Polcyn RE, Nickles RJ, Hutchins GD, Weese JL (1985) Quantitation of local cerebral blood flow and partition coefficient without arterial sampling: Theory and validation. J Cereb Blood Flow Metab 5: 214–223

Mintun MA, Raichle ME, Martin WRW, Herscovitch P (1984) Brain oxygen utilization measured with O-15 radiotracers and positron emission tomography. J Nucl Med 25: 177–187

Patlak C, Blasberg RG (1985) Graphical evaluation of blood-to-brain transfer constants from multiple-time uptake data. Generalizations. J Cereb Blood Flow Metab 5: 584–590

Patlak C, Blasberg RG, Fenstermacher JD (1983) Graphical evaluation of blood-to-brain transfer constants from multiple-time uptake data. J Cereb Blood Flow Metab 3: 1–7

Perlmutter JS, Larson KB, Raichle ME, Markham J, Mintun MA, Kilbourn MR, Welch MJ (1986) Strategies for in vivo measurement of receptor binding using positron emission tomography. J Cereb Blood Flow Metab 6: 154–169

Phelps ME, Barrio JR, Huang SC, Keen RE, Chugani H, Mazziotta JC (1984) Criteria for the tracer kinetic measurement of cerebral protein synthesis in humans with positron emission tomography. Ann Neurol 15 (suppl) S 192–S 202

Phelps ME, Huang SC, Hoffman EJ, Kuhl DE (1979a) Validation of tomographic measurement of cerebral blood volume with C-11 labeled carboxyhemoglobin. J Nucl Med 20: 328–334

Phelps ME, Huang SC, Hoffman EJ, Selin C, Kuhl DE (1981) Cerebral extraction of N-13 ammonia: Its dependence on cerebral blood flow and capillary permeability – surface area product. Stroke 12: 607–619

Phelps ME, Huang SC, Hoffman EJ, Selin C, Sokoloff L, Kuhl DE (1979b) Tomographic measurement of local cerebral glucose metabolic rate in humans with (F-18)2-fluoro-2-deoxy-D-glucose: Validation of method. Ann Neurol 6: 371–388

Raichle ME, Grubb RL, Higgins SC (1979) Measurement of brain tissue carbon dioxide content in vivo by emission tomography. Brain Res 166: 413–417

Raichle ME, Martin WRW, Herscovitch P, Mintun MA, Markham J (1983) Brain blood flow measured with intravenous $H_2^{15}O$. II. Implementation and validation. J Nucl Med 24: 790–798

Reivich M, Alavi A, Wolf A (1982) Use of 2-deoxy-D-(1-^{11}C)-glucose for the determination of local cerebral glucose metabolism in humans: Variation within and between subjects. J Cereb Blood Flow Metab 2: 307–319

Renkin EM (1959) Transport of potassium-42 from blood to tissue in isolated mammalian skeletal muscles. Am J Physiol 197: 1205–1210

Rhodes CG, Wollmer P, Fazio F, Jones T (1981) Quantitative measurement of regional extravascular lung density using positron emission and transmission tomography. J Comput Assist Tomogr 5: 783–791

Rottenberg DA, Ginos JZ, Kearfott KJ, Junck L, Bigner DD (1984) In vivo measurement of regional brain tissue pH using positron emission tomography. Ann Neurol 15 (suppl): S98–S102

Schober O, Meyer GJ (1987) Lung edema: clinical efficacy of positron emission tomography. In: Heiss WD, Pawlik G, Herholz K, Wienhard K (eds) Clinical Efficacy of Positron Emission Tomography. Martinus Nijhoff Publishers, Dordrecht Boston Lancaster, pp 315–328

Schön HR, Schelbert HR, Najafi A, Robinson G, Huang SC, Barrio J, Phelps ME (1982) C-11 labeled palmitic acid for the noninvasive evaluation of regional myocardial fatty acid metabolism with positron computed tomography: I. Kinetics of C-11 palmitic acid in normal myocardium. Am Heart J 103: 532–547

Sokoloff L, Reivich M, Kennedy C, DesRosiers MH, Patlak CS, Pettigrew KD, Sakurada O, Shinohara M (1977) The (^{14}C) deoxyglucose method for the measurement of local cerebral glucose utilization: theory, procedure, and normal values in the conscious and anesthetized albino rat. J Neurochem 28: 897–916

Syrota A, Castaing M, Rougemont D, Berridge M, Maziere B, Baron JC, Bousser MG, Pocidalo JJ (1985) Regional tissue pH and oxygen metabolism in human cerebral infarction studied with positron emission tomography. In: Greitz T, Ingvar DH, Widén L (eds) The Metabolism of the Human Brain Studied with Positron Emission Tomography. Raven, New York, pp 285–303

Wienhard K, Pawlik G, Herholz K, Wagner R, Heiss WD (1985) Estimation of local cerebral glucose utilization by positron emission tomography of (^{18}F)-fluoro-2-deoxy-D-glucose: A critical appraisal of optimization procedures. J Cereb Blood Flow Metab 5: 115–125

Wong DF, Gjedde A, Wagner HN Jr, Dannals RF, Douglass KH, Links JM, Kuhar MJ (1986a) Quantification of neuroreceptors in the living human brain. II. Inhibition studies of receptor density and affinity. J Cereb Blood Flow Metab 6: 147–153

Wong DF, Wagner HN Jr, Dannals RF, Links JM, Frost JJ, Ravert HT, Wilson AA, Rosenbaum AE, Gjedde A, Douglass KH, Petronis JD, Folstein JK, Toung JKT, Burns HD, Kuhar MJ (1984) Effects of age on dopamine and serotonin receptors measured by positron tomography in the living human brain. Science 226: 1393–1396

Wong DF, Wagner HN, Tune LE, Dannals RF, Pearlson GD, Links JM, Tamminga CA, Brousolle EP, Ravert HT, Wilson AA, Toung JKT, Malat J, Williams JA, O'Tuama LA, Snyder SH, Kuhar MJ, Gjedde A (1986b) Positron emission tomography reveals elevated D_2 dopamine receptors in drug-naive schizophrenics. Science 234: 1558–1563

Kapitel 3 und 4

Adam MJ (1986) The demetallation reaction in radiohalogen labelling: Synthesis of bromine and fluorine labelled compounds. Int J Appl Radiat Isot 37: 811–815

Adam MJ, Ruth TJ, Grierson JR, Abeysekaera B, Pate BD (1986) Routine synthesis of L-(^{18}F)6-fluorodopa with fluorine-18 acetyl hypofluorite. J Nucl Med 27: 1462–1466

Alexoff DL, Russell JAG, Shiue CY, Wolf AP, Fowler JS, MacGregor RR (1986) Modular automation in PET tracer manufacturing: Application of an autosynthesizer to the production of 2-deoxy-2-(F-18)fluoro-D-glucose. Appl Radiat Isot 37: 1045–1061

Antoni G, Langström B (1987) Synthesis of DL-(3-(^{11}C))valine using (2-(^{11}C)) isopropyl iodide, and preparation of L-(3-(^{11}C)) valine by treatment with D-amino acid oxidase. Appl Rad Isot 38: 655–659

Arnett CD, Fowler JS, Wolf AP, Shiue CY, McPherson DW (1985) F-18-N-methyl-spiroperidol:

The radioligand of choice for PET studies of the dopamine receptor in human brain. Life Sci 36: 1359–1366

Barrio JR (1986) Biochemical principles in radiopharmaceutical design and utilization. In: Phelps ME, Mazziotta J, Schelbert H (eds) Positron Emission Tomography and Autoradiography: Principles and Applications for the Brain and Heart. Raven, New York, pp 451–492

Barrio JR, Baumgartner FJ, Henze E, Stauber MS, Egbert JE, MacDonald ND, Schelbert HR, Phelps ME, Liu FT (1983) Synthesis and myocardial kinetics of N-13 and C-11 labeled branch chain L-amino acids. J Nucl Med 24: 937–944

Beeley PA, Szarek WA, Hay GW, Perlmutter MM (1984) A synthesis of 2-deoxy-2-(F-18)fluoro-D-glucose using accelerator-produced F-18-fluoride ion generated in a water target. Can J Chem 62: 2709–2711

Berger G, Maziere M, Knipper R, Prenant C, Comar D (1979) Automated synthesis of C-11 labeled radiopharmaceuticals: Imipramine, chlorpromazine, nicotine and methionine. Int J Appl Radiat Isot 30: 393

Berger G, Prenant C, Sastre J, Comar D (1983) Separation of isotopic methanes by capillary gas chromatography. Application to the improvement of C-11-CH$_4$ specific radioactivity. Int J Appl Radiat Isot 34: 1525–1530

Berger G, Prenant C, Sastre J, Syrota A, Comar D (1983) Synthesis of a beta-blocker for heart visualization: C-11-practolol. Int J Appl Radiat Isot 34: 1556–1557

Berridge M, Comar D, Crouzel C, Baron JC (1983) C-11-labeled ketanserin: A selective serotonin S2 antagonist. J Lab Comp Radiopharm 20: 73–78

Berridge M, Comar D, Roeda D, Syrota A (1982) Synthesis and in-vivo characteristics of (2-C-11)5,5-dimethyloxazolidine 2,4,dione (DMO). Int J Appl Radiat Isot 33: 647–651

Berridge M, Tewson TJ, Welch MJ (1983) Synthesis of F-18-labeled 6- and 7-fluoropalmitic acids. Int J Appl Radiat Isot 34: 727–730

Bida GT, Ehrenkaufer RL, Wolf AP, Fowler JS, MacGregor RR, Ruth TJ (1980) The effect of target gas purity on the chemical form of F-18 during F-18-F$_2$-production using the Ne/F$_2$ target. J Nucl Med 21: 758–762

Bida GT, Satyamurthy N, Barrio JR (1984) The synthesis of 2-(F-18)fluoro-2-deoxy-D-glucose using glycals. A reexamination. J Nucl Med 25: 1327–1334

Bida G, Wieland BW, Ruth TJ, Schmidt DG, Hendry GO, Keen RE (1986) An economical target for nitrogen-13 production by proton bombardment of a slurry of ^{13}C powder in ^{16}O water. J Lab Comp Radiopharm 23: 1217

Blessing G, Coenen HH, Franken K, Qaim SM (1986) Production of ^{18}F-F$_2$, H^{18}F, ^{18}F-fluoride using the ^{20}Ne(d,a)^{18}F process. Appl Radiat Isot 37: 1135–1139

Blessing G, Weinreich R, Qaim SM, Stöcklin G (1982) Production of ^{75}Br via the ^{75}As(^{3}He,3n)^{75}Br and ^{75}As(α,2n)^{77}Br reactions using Cu$_3$As-alloy as a high current target material. Int J Appl Radiat Isot 33: 333–339

Block D, Coenen HH, Laufer P, Stöcklin G (1986a) NCA (^{18}F)-fluoroalkylation via nucleophilic fluorination of disubstituted alkanes and application to the preparation of N-(^{18}F)-fluoroethylspiperone. J Lab Comp Radiopharm 23: 1042–1044

Block D, Klatte B, Knoechel A, Beckmann R, Holm U (1986b) N.C.A. (F-18)-labelling of aliphatic compounds in high yields via aminopolyether - supported nucleophilic substitution. J Lab Comp Radiopharm 23: 467–477

Boullais C, Crouzel C, Syrota A (1986) Synthesis of 4-(3-t-butylamino-hydroxypropoxy)-benzimidazol-2-(C-11)-one (CGP 12177). J Lab Comp Radiopharm 23: 565–567

Brinkmann GA, Hass-Lisewska I, Venboer JT, Lindner L (1978) Preparation of C-11-COCl$_2$. Int J Appl Radiat Isot 29: 701

Brodack JW, Kilbourn MR, Welch MJ (1986) Application of robotics to radiopharmaceutical preparation: Controlled synthesis of F-18-16α-fluoroestradiol-17β. J Nucl Med 27: 714–721

Burns HD, Lever JR, Frost JJ, Wilson AA, Ravert HT, Subramanian B, Zemyan SE, Langström B, Wagner HN Jr (1984) Synthesis of ligands for imaging opiate receptors by PET: Carbon-11 labeled diprenorphine. J Lab Comp Radiopharm 21: 1167

Camsone R, Crouzel C, Comar D, Maziere M, Prenant C, Sastre J, Moulin MA, Syrota A (1984) Synthesis of N-C-11-methyl, N-methyl-1-propyl, chloro-2-phenyl-1-isoquinone carboxamide-3 (PK 11195): A new ligand for peripheral benzodiazepine receptors. J Lab Comp Radiopharm 21: 985–991

Casella V, Ido T, Wolf AP, Fowler JS, Ruth J (1980) Anhydrous F-18-F_2 for radiopharmaceutical preparation. J Nucl Med 21: 750–757

Celesia GG, Polcyn RE, Holden JE, Nickles RJ, Koeppe RA, Gatley SJ (1983) F-18-fluoromethane positron emission tomography: Determination of regional cerebral blood flow in cerebral infarction. J Cereb Blood Flow Metab 3 (Suppl 1): S 23

Chaly T, Diksic M (1986) High yield synthesis of 6-F-18-fluoro-L-dopa by regioselective fluorination of protected L-dopa with F-18 acetylhypofluorite. J Nucl Med 27: 1896–1901

Channing MA, Eckelmann WC, Bennet JM, Burke TR Jr, Rice KC (1985) Radiosynthesis of F-18-3-acetylcyclofoxy: A high affinity opiate antagonist. Int J Appl Radiat Isot 36: 429–433

Chi DY, Kilbourn MR, Katzenellenbogen JA, Brodack JW, Welch MJ (1986) Synthesis of no-carrier-added N-((F-18)fluoralkyl)spiperone derivatives. Appl Radiat Isot 37: 1173–1180

Chirakal R, Firnau G, Couse J, Garnett ES (1984) Radiofluorination with F-18-labelled acetyl hypofluorite: (F-18)L-6-fluorodopa. Int J Appl Radiat Isot 35: 651–653

Chirakal R, Firnau G, Garnett ES (1986a) High yield synthesis of 6-(F-18)-fluoro-L-dopa. J Nucl Med 27: 417–421

Chirakal R, Firnau G, Garnett ES (1986b) Direct fluorination of melatonin and 5-hydroxy-L-tryptophan with (^{18}F)F_2. J Lab Comp Radiopharm 23: 1101

Clark JC, Buckingham P (1975) Short lived radioactive gases for clinical use. Butterworth, London

Clark JC, Crouzel C, Meyer GJ, Strijckmans K (1987) Current methodology for oxygen-15 production for clinical use. Appl Radiat Isot 38: 597–600

Coenen HH, Colosimo M, Schüller M, Stöcklin G (1986a) Preparation of N.C.A. (F-18)-CH_2BrF via aminopolyether supported nucleophilic substitution. J Lab Comp Radiopharm 23: 587–595

Coenen HH, Franken K, Metwally S, Stöcklin G (1986b) Electrophilic radiofluorination of aromatic compounds with (^{18}F)-F_2 and (^{18}F)-CH_3CO_2F and regioselective preparation of L-p-(^{18}F)-fluorophenylalanine. J Lab Comp Radiopharm 23: 1179

Coenen HH, Moerlein SM (1987a) Regiospecific aromatic fluorodemetallation of group IVb metalloarenes using elemental fluorine or acetyl hypofluorite. J Fluor Chem (in press)

Coenen HH, Moerlein SM, Stöcklin G (1983) No-carrier added radiohalogenation methods with heavy halogens. In: Stöcklin G, Wolf AP (ed) Radiochemistry Related to Life Science. Oldenbourg München. Special Issue of Radiochim Acta 34: 47–68

Coenen HH, Pike VW, Stöcklin G, Wagner R (1987b) Recommendation for a practical production of 2-(F-18)fluoro-2-deoxy-D-glucose. Appl Radiat Isot 38: 605–610

Comar D, Crouzel C, Maziere B (1987) Positron emission tomography: Standardization of labelling procedures. Appl Radiat Isot 38: 587–596

Crouzel C, Langström B, Pike VW, Coenen HH (1987) Recommendations for a practical production of (C-11)methyl iodide. Appl Radiat Isot 38: 601–603

Crouzel C, Roeda D, Berridge M, Knipper R, Comar D (1983) C-11 labelled phosgene: An improved procedure and synthesis device. Int J Appl Radiat Isot 34: 1558–1559

Dahl JR, Myers WG, Graham MC (1986) The cyclotron production of short half-lived radioactive noble gases for bio-medical use. J Lab Comp Radiopharm 23: 1335

Dannals RF, Burns HD, Ravert HT, Langström B, Duelfer T, Wilson AA, Zemyan SE, Wagner HN Jr (1984) Radiosynthesis of a dopamine receptor-binding radiotracer for PET: (^{11}C)methyl-3-N-methylspiperone. J Lab Comp Radiopharm 21: 1146

Dannals RF, Frost JJ, Ravert HT, Wilson AA, Wagner HN (1986b) Radiosynthesis and biodistribution of a serotonin receptor radiotracer for positron emission tomography: ^{11}C-N-methyl-ketanserin. J Nucl Med 27: 983

Dannals RF, Ravert HT, Frost JJ, Wilson AA, Burns HD, Wagner HN Jr (1985) Radiosynthesis of an opiate receptor binding radiotracer: C-11-carfentanil. Int J Appl Radiat Isot 36: 303–306

Dannals RF, Ravert HT, Wilson AA, Wagner HN Jr (1986) An improved synthesis of 3-N-(C-11)methylspiperone. Appl Radiat Isot 37: 433–434

Diksic M (1984) A new, simple, high-yield synthesis of "no carrier added" ^{11}C-labeled DMO. Int J Appl Radiat Isot 35: 1035–1038

Diksic M, DiRaddo P (1985) A convenient, high-yield synthesis of F-18-fluoro-antipyrine using F-18-acetylhypofluorite. Int J Appl Radiat Isot 36: 643–645

Diksic M, Jolly D (1983) New high-yield synthesis of F-18-labelled 2-deoxy-2-fluoro-D-glucose. Int Appl Radiat Isot 34: 893–896

Diksic M, Jolly D (1986) Remotely operated synthesis of 2-deoxy-2-F-18-fluoro-D-glucose. Appl Radiat Isot 37: 1159–1161

Diksic M, Yaffe L (1978) Production of carrier-free ^{77}Kr and ^{133}Xe by proton irradiations. J Comput Assist Tomogr 2: 640

Ehrenkaufer RE, Potocki JF, Jewett DM (1984) Simple synthesis of F-18-labeled 2-fluoro-2-deoxy-D-glucose: Concise communication. J Nucl Med 25: 333–337

Ehrin E, Farde L, DePaulis T, Eriksson L, Greitz T, Johnström P, Litton JE, Nilsson JLG, Sedvall G, Stone-Elander S, Oegren SO (1985) Preparation of C-11-labelled raclopride, a new potent dopamine receptor antagonist: Preliminary PET studies of cerebral dopamine receptors in the monkey. Int J Appl Radiat Isot 36: 269–273

Ehrin E, Luthra SK, Crouzel C, Pike VW (1986) Preparation of carbon-11 labelled prazosin, a potent and selective α1-adrenoreceptor antagonist. J Label Comp Radiopharm 23: 1410–1411

Ehrin E, Westman E, Nilsson SO, Nilsson JLG, Larson C-M, Tillberg JE, Malmborg P (1980) A convenient method for production of ^{11}C labeled glucose. J Label Comp Radiopharm 17: 453–461

Farrokhzad S, Diksic M (1985) The synthesis of no-carrier-added F-18-labelled haloperidol. J Lab Comp Radiopharm 22: 721–733

Finn RD, Christman DR, Ache HJ, Wolf AP (1971) The preparation of cyanide-C-11 for use in the synthesis of organic radiopharmaceuticals. Int J Appl Radiat Isot 22: 735–744

Finn RD, Christman DR, Wolf AP (1979) A novel synthesis of C-11-labelled phosgene. Abstract, 10th Int Hot Atom Chemistry Symposium, Loughborough

Firnau G, Chirakal R, Garnett ES (1984) Aromatic radiofluorination with (F-18) fluorine gas: 6-(F-18)fluoro-L-dopa. J Nucl Med 25: 1228–1233

Firnau G, Chirakal R, Garnett ES (1986a) Aromatic radiofluorination with (^{18}F)F$_2$ in anhydrous hydrogen fluoride. J Lab Comp Radiopharm 23: 1106

Firnau G, Garnett ES, Chirakal R, Sood S, Nahmias C, Schrobilgen G (1986b) (^{18}F)fluoro-L-dopa for the in vivo study of intracerebral dopamine. Appl Radiat Isot 37: 669–675

Fowler JS, Arnett CD, Wolf AP, Shiue CY, MacGregor RR, Halldin C, Langström B, Wagner HN Jr (1986) A direct comparison of the brain uptake and plasma clearance of N-(C-11)methylspiroperidol and (F-18)N-methylspiroperidol in baboon using PET. Nucl Med Biol 13: 281–284

Fowler JS, MacGregor RR, Wolf AP, Farrell AA, Karlstrom KI, Ruth TJ (1981) A shielded synthesis system for production of 2-deoxy-2(F-18)fluoro-D-glucose. J Nucl Med 22: 376–380

Fowler JS, MacGregor RR, Wolf AP, Tesoro A (1986) An improved synthesis of (1-11-C)putrescine. J Lab Comp Radiopharm 23: 1091

Fowler JS, Wolf AP (1982) The synthesis of C-11, F-18 and N-13 labeled radiotracers for biomedical applications NAS-NS 3101. National Academy of Sciences, National Research Council, National Technical Information Service

Fowler JS, Wolf AP (1986a) Positron emitter labeled compounds: Priorities and problems. In: Phelps ME, Mazziotta J, Schelbert H (eds) Positron Emission Tomography and Autoradiography: Principles and Applications for the Brain and Heart. Raven, New York, pp 391–450

Fowler JS, Wolf AP (1986b) 2-deoxy-2-(^{18}F)fluoro-D-glucose for metabolic studies: Current status. Appl Radiat Isot 37: 663–668

Fukuda H, Matsuzawa T, Tada M, Takahashi T, Ishiwata K, Yamada K, Abe Y, Yoshioka S, Sato T, Ido T (1986) 2-deoxy-2-(^{18}F)fluoro-D-galactose: A new tracer for the measurement of galactose metabolism in the liver by positron emission tomography. Eur J Nucl Med 11: 444–448

Garnett ES, Firnau G, Nahmias C (1983) Dopamine visualized in the basal ganglia of living man. Nature 305: 137–138

Gatley SJ (1982) Silver oxide assisted synthesis of fluoroalkanes. Measurements with a fluoride electrode and with F-18. Int J Appl Radiat Isot 33: 255–258

Gatley SJ, Hichwa RD, Shaughnessy WJ, Nickles RJ (1981) F-18 labeled lower fluoroalkanes: Reactor-produced gaseous physiological tracers. Int J Appl Radiat Isot 32: 211–214

Gelbard AS, Nieves E, Filc-DeRicco S, Rosenspire KC (1986) Enzymatic synthesis of L-(13-N)tyrosine. J Lab Comp Radiopharm 32: 1055

Ginos JZ (1985) Synthesis of 2-(C-11)5,5-dimethyl-2,4-oxazolidinedione with and without added dimethyl carbonate as a carrier for studies with positron tomography. Int J Appl Radiat Isot 36: 793–802

Grant PM, Miller DA, Gilmore JS, O'Brien HA Jr (1982) Medium energy spallation cross sections. 1. RbBr irradiation with 800 MeV protons. Int J Appl Radiat Isot 33: 415

Green MA, Welch MJ, Mathias CJ, Fox KAA, Knabb RM, Huffman JC (1985) Ga-68 1,1,1Tris(5-methoxysalicyldiminomethyl) ethane: A potential tracer for evaluation of regional myocardial blood flow. J Nucl Med 26: 170–180

Halldin C, Fowler J, Bjurling P, MacGregor R, Arnett C, Wolf AP, Langström B (1986) Synthesis of ^{11}C-labelled tracers for studies of functional MAO activity in brain using PET. J Lab Comp Radiopharm 23: 1400

Hamacher K, Coenen HH, Stöcklin G (1986a) Efficient stereospecific synthesis of no-carrier-added 2-(F-18)-fluoro-2-deoxy-D-glucose using aminopolyether supported nucleophilic substitution. J Nucl Med 27: 235–238

Hamacher K, Coenen HH, Stöcklin G (1986b) Stereospecific synthesis of NCA 2-(^{18}F)-fluoro-2-deoxy-d-mannose and 2-(^{18}F)-fluoro-2-deoxy-D-glucose and the influence of added carrier (KF) on FDG synthesis. J Lab Comp Radiopharm 23: 1095

Hamacher K, Coenen HH, Stöcklin G (1986c) N.c. a radiofluorination of spiperone and N-methylspiperone via aminopolyether supported direct nucleophilic substitution. J Lab Comp Radiopharm 23: 1047

Hanrahan TJ, Yano Y, Welch MJ (1982) Longterm stability of high level Ga-68 generators. J Lab Comp Radiopharm 19: 1537–1538

Hara T, Iio M, Izuchi R, Tsukiyama T, Yokoi F (1985) Synthesis of pyruvate-1-C-11 as a radiopharmaceutical for tumor imaging. Eur J Nucl Med 11: 275–278

Haradahira T, Maeda M, Kai Y, Kojima M (1985) A new high yield synthesis of 2-deoxy-2-fluoro-D-glucose. J Chem Soc Chem Commun 364–365

Hattner RS, Lim CB, Swann SJ, Chu D, Kaufman L, Perez-Mendez V (1976) Brain imaging using Ga-68 DTPA and a multiwire proportional chamber positron camera. J Nucl Med 17: 546

He Y, Qaim SM, Stöcklin G (1982) Excitation functions for ^{3}He-particle induced nuclear reactions on ^{76}Se, ^{77}Se and ^{nat}Se: Possibilities of production of ^{77}Kr. Int J Appl Radiat Isot 33: 13–19

Helus F, Gasper H, Maier-Borst W (1980) Routine production of ^{38}K for medical use. J Radioanal Chem 55: 191–195

Helus F, Wolber G, Mahunka I, Layer K, Maier-Borst W (1986) Vertical target system for the cyclotron production of positron emitters from melted targets. J Lab Comp Radiopharm 23: 1193

Heselius SJ, Lindblom P, Solin O (1982) Optical studies of the influence of an intense ion beam on high-pressure gas targets. Int J Appl Radiat Isot 33: 653–659

Heselius SJ, Maekelae P, Solin O, Saarni H (1984) An on-line system for long-distance transport of O-15-labelled gases. Nucl Instr Meth Phys Res 227: 576–583

Hutchins LG, Bosch AL, Rosenthal MS, Nickles RJ, Gatley SJ (1985) Synthesis of F-18-2-deoxy-2-fluoro-D-glucose from highly reactive F-18 tetraethylammonium fluoride prepared by hydrolysis of F-18-fluorotrimethylsilane. Int J Appl Radiat Isot 36: 375–378

Hwang DR, Feliu AL, Wolf AP, MacGregor RR, Fowler JS, Arnett CD (1986) Synthesis and evaluation of fluorinated derivatives of fentanyl as candidates for opiate receptor studies using positron emission tomography. J Lab Comp Radiopharm 23: 277–293

Ido T, Wan CN, Casella V, Fowler JS, Wolf AP, Reivich M, Kuhl DE (1978) Labeled 2-deoxy-D-glucose analogs. F-18-labeled 2-deoxy-2-fluoro-D-glucose, 2-deoxy-2-fluoro-D-mannose and 14-C-2-deoxy-2-fluoro-D-glucose. J Lab Comp Radiopharm 14: 175–183

Ido T, Wan CN, Fowler JS, Wolf AP (1977) Fluorination with F_2-2. A convenient synthesis of 2-FDG. J Org Chem 42: 2341–2342

Ishiwata K, Ido T, Yanai K, Kawashima K, Miura Y, Monma M, Watanuki S, Takahashi T, Iwata R (1985) Biodistribution of a positron-emitting suicide inactivator of monoamine oxidase, carbon-11 pargyline in mice and a rabbit. J Nucl Med 26: 630–636

Ishiwata K, Monma M, Ido T (1987a) A convenient method of preparing pure (^{11}C) glucose by photo-synthesis. Appl Radiat Isot 38: 475–477

Ishiwata K, Monma M, Iwata R, Ido T (1987b) Automated synthesis of 5-(^{18}F)fluoro-2'-deoxyuridine. Appl Radiat Isot 38: 467–473

Iwata R, Ido T, Brady F, Takahashi T, Ujiie A (1987) (F-18)fluoride production with a circulation (O-18) water target. Appl Rad Isotopes-Inter. J Rad Appl Instrum, Part A, 38: 979–984

Jewett DM, Ehrenkaufer RL, Ram S (1985) A captive solvent method for rapid radiosynthesis: Application to the synthesis of 1-(C-11)palmitic acid. Int J Appl Radiat Isot 36: 672–674

Jewett DM, Potocki JF, Ehrenkaufer RE (1984) A gas-solid-phase microchemical method for the synthesis of acetyl hypofluorite. J Fluor Chem 24: 477–484

Jewett DM, Potocki JF, Ehrenkaufer RE (1984) A preparative gas-solid-phase synthesis of acetyl hypofluorite. Synth Comm 14: 45–51

Kabalka GW, Lambrecht RM, Sajjad M, Fowler JS, Kunda SA, McCollum GW, MacGregor R (1985) Synthesis of O-15 labeled butanol via organoborane chemistry. Int J Appl Radiat Isot 36: 853–855

Kearfott KJ, Rottenberg DA, Volpe BT (1983) Design of steady-state positron emission tomography protocols for neurobehavioral studies CO(O-15) and ^{19}Ne. J Comput Assist Tomogr 7: 51–58

Kiesewetter DO, Finn RD, Eckelman WC (1986) Radiochemical synthesis of (^{18}F) fluoroethyl-spiperone. J Lab Comp Radiopharm 23: 1040

Kilbourn MR, Hood JT, Welch MJ (1984) A simple (18-O) water target for (F-18) production. Int J Appl Radiat Isot 35: 599–602

Kilbourn MR, Jerabek PA, Welch MJ (1985) An improved (O-18) water target for (F-18)fluoride production. Int J Appl Radiat Isot 36: 327–328

Kilbourn MR, Welch MJ (1982) No-carrier-added synthesis of 1-(C-11)pyruvic acid. Int J Appl Radiat Isot 33: 359–361

Kloster G, Coenen HH, Szabo Z, Ritzl F, Stöcklin G (1982) Radiohalogenated L-a-methyltyro-sines as potential pancreas imaging agents for PECT and SPECT (Br-75). Progress in Radio-pharmacology 3: 97–107

Kloster G, Laufer P, Stöcklin G (1983) D-glucose derivatives labelled with 75/77-Br and 123-I. J Lab Comp Radiopharm 20: 391–415

Kloster G, Müller-Platz C, Laufer P (1981) 3-(^{11}C)-methyl-D-glucose. A potential agent for region-al cerebral glucose utilization studies: Synthesis, chromatography and tissue distribution in mice. J Lab Comp Radiopharm 18: 855–863

Knapp WH, Helus F, Oberdorfer F, Layer K, Sinn H, Ostertag H (1985) C-11-butanol for imag-ing of the blood-flow distribution in tumor-bearing animals. Eur J Nucl Med 10: 540–548

Knust EJ, Kupfernagel Ch, Stöcklin G (1979) Long chain F-18 fatty acids for the study of region-al metabolism in heart and liver; odd-even effects of metabolism in mice. J Nucl Med 20: 1170–1175

Knust EJ, Machulla HJ, Roden W (1986) Production of fluorine-18 using an automated water tar-get and a method for fluorinating aliphatic and aromatic compounds. Appl Radiat Isot 37: 853–856

Kothari PJ, Finn RD, Vora MM, Boothe TE, Emran AM, Kabalka GW (1985) 1-(C-11) butanol: Synthesis and development as a radiopharmaceutical for blood-flow measurements. Int J Appl Radiat Isot 36: 412–413

Kovac P (1986) A short synthesis of 2-deoxy-2-fluoro-D-glucose. Carbohydrate Res 153: 168–170

Kumar B, Miller TR, Siegel BA, Mathias CJ, Markham J, Ehrhardt GJ, Welch MJ (1981) Positron tomographic imaging of the liver: ^{68}Ga iron hydroxide colloid. AJR 136: 685–690

Lambrecht RHD, Slegers G, Cleays A, Gillis E, Vandecasteele C (1983) Enzymatic synthesis of radiopharmaceutically pure N-13-labelled L-glutamate. Radiochem Radioanal Lett 58: 39–48

Lambrecht RHD, Slegers G, Mannens G, Cleays A (1986) Enzymatic synthesis of ^{13}N-labeled GABA. J Lab Comp Radiopharm 23: 1114

Lambrecht RM (1983) Radionuclide generators. Radiochim Acta 34: 9–24

Landais P, Crouzel C (1987) A new synthesis of carbon-11 labelled phosgene. Appl Radiat Isot 38: 297–300

Langström B, Antoni G, Gullberg P, Halldin C, Nagren K, Rimland A, Svaerd H (1986) The syn-thesis of 1-(11-C)-labelled ethyl, propyl, butyl and isobutyl iodides and examples of alkylation reactions. Appl Radiat Isot 37: 1141–1154

Langström B, Lundqvist H (1976) The preparation of C-11-methyl iodide and its use in the syn-thesis of C-11-methyl-L-methionine. Int J Appl Radiat Isot 27: 357–363

Lemaire C, Guillaume M, Christiaens L, Cantineau R (1986) A new route for the synthesis of ^{18}F-fluoroaromatic substituted amino acids such as p-fluorophenylalanine. J Lab Comp Radio-pharm 23: 1109

Levy S, Elmaleh DR, Livni E (1982) A new method using anhydrous [^{18}F]fluoride to radiolabel 2-[^{18}F]fluoro-2-deoxy-D-glucose. J Nucl Med 23: 918–922

Loc'h C, Maziere B, Comar D (1980) A new generator for ionic gallium-68. J Nucl Med 21: 171–173

Luthra SK, Pike VW, Brady F (1985) The preparation of carbon-11 labelled diphrenorphine: A new radioligand for the study of the opiate receptor system in vivo. J Chem Soc Chem Commun 873

Luxen A, Barrio JR, Bida GT, Satyamurthy N (1986a) Regioselective radiofluorodemercuration: a simple high yield synthesis of 6-(^{18}F)fluorodopa. J Lab Comp Radiopharm 23: 1066–1067

Luxen A, Satyamurthy N, Bida GT, Barrio JR (1986b) Stereospecific approach to the synthesis of F-18-2-deoxy-2-fluoro-D-mannose. Appl Radiat Isot 5: 409–413

MacGregor RR, Fowler JS, Wolf AP, Shiue CY, Lade RE, Wan CN (1981) A synthesis of 2-deoxy-D-(1-^{11}C)-glucose for regional metabolic studies: concise communication. J Nucl Med 22: 800–803

MacGregor RR, Halldin C, Fowler JS, Wolf AP, Arnett CD, Langström B, Alexoff D (1985) Selective, irreversible in vivo binding of (^{11}C)clorgyline and (^{11}C)-L-deprenyl in mice: potential for measurement of functional monoamine oxidase activity in brain using positron emission tomography. Biochem Pharmacol 34: 3207–3210

Machulla HJ, Stöcklin G, Kupfernagel C, Freundlieb C, Höck A, Vyska K, Feinendegen LE (1978) Comparative evaluation of fatty acids labeled with C-11, Cl-34M, Br-77, and I-123 for metabolic studies of the myocardium: Concise communication. J Nucl Med 19: 298–302

Maranzano C, Maziere M, Berger G, Comar D (1977) Synthesis of methyl iodide-C-11 and formaldehyde-C-11. Int J Appl Radiat Isot 28: 49

Mathis CA, Lagunas-Solar MC, Sargent IT, Yano Y, Vuletich A, Harris LJ (1986a) A 122-Xe-122 J generator for remote radio-iodinations. Appl Radiat Isot 37: 258–260

Mathis CA, Moerlein SM, Yano Y, Shulgin AT, Hanson RN, Kung HF (1986b) Rapid labeling of radiopharmaceuticals with iodine-122. J Lab Comp Radiopharm 23: 1259

Maziere M, Berger G, Godat JM, Prenant C, Sastre J, Comar D (1983) C-11-methiodide quinuclidinyl benzilate: A muscarinic antagonist for in vivo studies of myocardial muscarinic receptors. J Radioanal Chem 76: 305–309

Maziere M, Hantraye P, Camsonne R, Prenant C, Sastre J, Crouzel C (1984) ^{11}C-benzodiazepine (BDZ) ligands for PET studies. J Lab Comp Radiopharm 21: 1157

Maziere M, Loc'h C, Baron JC, Sgouropoulos P, Duquesnoy N, D'Antona R, Cambon H (1985) In vivo quantitative imaging of dopamine receptors in human brain using positron emission tomography and (Br-76)bromospiperone. Eur J Pharm 114: 267–272

Maziere M, Loc'h C, Steinling M, Comar D (1986) Stable labelling of serum albumin microspheres with gallium-68. Int J Appl Radiat Isot 37: 360–361

McElvani KD, Hopkins KT, Welch MJ (1984) Comparison of 68-Ge/68-Ga generator systems for radiopharmaceutical production. Int J Appl Radiat Isot 35: 521–524

Meyer GJ (1982) Some aspects of radioanalytical quality control of cyclotron-produced short-lived radiopharmaceuticals. In: Stöcklin G, Wolf AP (eds) Radiochemistry Related to Life Science. Oldenbourg München. Special Issue of Radiochim Acta 30: 175–184

Meyer GJ, Osterholz A, Hundeshagen H (1986) O-15 water constant infusion system for clinical routine application. J Lab Comp Radiopharm 23: 1209

Meyer GJ, Schober O, Gielow P, Hundeshagen H (1982) Functional imaging of the pancreas by positron emission tomography. Routine production of C-11 L-methionine, quality control, methodology. Nucl Med Biol 2: 1977–1980

Moerlein SM, Laufer P, Stöcklin G, Pawlik G, Wienhard K, Heiss WD (1986) Evaluation of 75-Br-labelled butyrophenone neuroleptics for imaging cerebral dopaminergic receptor areas using positron emission tomography. Eur J Nucl Med 12: 211–216

Moerlein SM, Stöcklin GL (1985) Synthesis of high specific activity (75-Br)- and (77-Br)bromperidol and tissue distribution studies in the rat. J Med Chem 28: 1319–1324

Neirinckx RD, Layne WW, Sawan SD, Davis MA (1982) Development of an ionic 68-Ge-68-Ga-generator III Chelate resins as chromatographic substrates for germanium. Int J Appl Radiat Isot 33: 259–266

Nickles RJ, Daube ME, Ruth TJ (1984) An 18-O_2-target for the production of (F-18)F_2. Int J Appl Radiat Isot 35: 117–122

Nickles RJ, Gatley SJ, Hichwa RD, Simpkin DJ, Martin JL (1978) The synthesis of 13-N labelled nitrous oxide. Int J Appl Radiat Isot 29: 225–227

Nickles RJ, Hichwa RD, Daube ME, Hutchins GD, Congdon DD (1983) An 18-O_2-target for the high yield production of F-18-fluoride. Int J Appl Radiat Isot 34: 625–629

Nieves E, Rosenspire KC, Filc-DeRicco S, Gelbard AS (1986) High-performance liquid chromatographic on-line flow-through radioactivity detector system for analyzing amino acids and metabolites labeled with nitrogen-13. J Chromatogr 383: 325–337

Oberdorfer F, Hanisch M, Helus F, Maier-Borst W (1985) A new procedure for the preparation of C-11-labeled methyl iodide. Int J Appl Radiat Isot 36: 435–438

Phillips L, Wray V (1971) Stereospecific electronegative effects. Part I. The 19-F nuclear magnetic resonance spectra of deoxyfluoro-D-glucopyranoses. J Chem Soc (B): 1619–1624

Pike VW, Horlock PL, Brown C, Clark JC (1984) The remotely-controlled preparation of a C-11-labelled radiopharmaceutical-1(C-11)acetate. Int J Appl Radiat Isot 35: 623–627

Prenant C, Sastre J, Crouzel C, Syrota A (1987) Synthesis of 11-C-pindolol. J Lab Comp Radiopharm 23: 227–232

Qaim SM (1982) Nuclear data relevant to cyclotron produced short-lived medical radioisotopes. In: Stöcklin G, Wolf AP (eds) Radiochemistry Related to Life Science. Oldenbourg München. Special Issue of Radiochim Acta 30: 147–162

Qaim SM (1986) Recent developments in the production of F-18, 75, 76, 77-Br and 123-I. Appl Radiat Isot 37: 803–810

Qaim SM, Stöcklin G (1983) Production of some medically important short-lived neutron-deficient radioisotopes of halogens. In: Stöcklin G, Wolf AP (eds) Radiochemistry Related to Life Science. Oldenbourg München. Special Issue of Radiochim Acta 34: 25–40

Ram S, Ehrenkaufer RE, Jewett DM (1986) Rapid reductive-carboxylation of secondary amines, one pot synthesis of N'-(4-C-11-methyl)imipramine. Appl Radiat Isot 37: 391–395

Reiffers S, Vaalburg W, Wiegman T, Wynberg H, Woldring MG (1980) C-11 labelled methyllithium as methyl donating agent: The addition to 17-keto steroids. Int J Appl Radiat Isot 31: 535–539

Richards P, Ku TH (1979) The Xe122/I-122 system: A generator for the 3,62 min positron emitter I-122. Int J Appl Radiat Isot 30: 250–254

Robinson GD Jr (1985) Generator systems for positron emitters. In: Reivich M, Alavi A (eds) Positron Emission Tomography. Allan R. Liss, New York

Roeda D, Crouzel C, van Zanten B (1978) The production of C-11 phosgene without added carrier. Radiochem Radioanal Lett 33: 175–178

Rosenthal MS, Bosch AL, Nickles RJ, Gatley SJ (1985) Synthesis and some characteristics of no-carrier-added (F-18) fluorotrimethylsilane. Int J Appl Radiat Isot 36: 318–319

Rozen S, Lerman O, Kol U (1981) Acetylhypofluorite, the first member of a new family of organic compounds. J Chem Soc Chem Comm 443–444

Ruiz HV (1988) Report on an International-Atomic-Energy-Agency Consultants Meeting on F-18. Reactor production and utilization. Appl Rad Isotopes Inter, J Rad Appl Instrum, Part A, 39: 31–39

Ruiz HV, Wolf AP (1978) Direct synthesis of O-15 labeled water at high specific activities. J Lab Comp Radiopharm 15: 185–189

Ruiz VR, Wolf AP (1977) Excitation function for O-15 production via the ^{14}N(d,n)O-15-reaction. Radiochim Acta 24: 65–67

Ruth TJ (1985) The production of F-18-F_2 and O-15-O_2 sequentially from the same target chamber. Int J Appl Radiat Isot 36: 107–110

Ruth TJ, Adam MJ, Morris D, Jivan S (1986) Microprocessor controlled system for automatic and semi-automatic syntheses of radiopharmaceuticals. J Lab Comp Radiopharm 23: 1185

Ruth TJ, Wolf AP (1979) Absolute cross sections for the production of F-18 via the 18-O(p, n)F-18-reaction. Radiochim Acta 26: 21–24

Sajjad M, Lambrecht RM, Wolf AP (1986) Cyclotron isotopes and radiopharmaceuticals. XXXVII. Excitation functions for the ^{16}O(p, a)^{13}N and ^{14}N(p, pn)^{13}N-reactions. Radiochim Acta 39: 165–168

Sajjad RM, Lambrecht RM, Wolf AP (1984) Excitation function for the ^{15}N(p, n)^{15}O reaction. J Lab Comp Radiopharm 21: 1260

Sako K, Diksic M, Kato A, Yamamoto YL, Feindel W (1984) Evaluation of (F-18)-4-fluoroantipyrine as a new blood flow tracer for multiradionuclide autoradiography. J Cereb Blood Flow Metab 4: 259–263

Sambre J, Vandecasteele C, Goethals P, Rabi NA, van Haver D, Slegers G (1985) Routine production of H(C-11)N and (C-11)-1-aminocyclopentane-carboxylic acid. Int J Appl Radiat Isot 36: 275-278

Satyamurthy N, Bida GT, Luxen A, Barrio FR (1986) Syntheses of 3-(2'-(^{18}F)fluoroethyl)spiperone, a dopamine receptor-binding radiopharmaceutical for positron emission tomography. J Lab Comp Radiopharm 23: 1045

Schelbert HR, Schwaiger M (1986) PET studies of the heart. In: Phelps ME, Mazziotta J, Schelbert H (eds) Positron Emission Tomography and Autoradiography: Principles and Applications for the Brain and Heart. Raven, New York, pp 581-662

Shiue CY, Bai LQ, Teng R, Wolf AP (1986) Application of the nucleophilic substitution reactions to the synthesis of no-carrier-added (NCA) 18F-labelled radioligands. J Lab Comp Radiopharm 23: 1038

Shiue CY, Bai LQ, Teng RR, Wolf AP (1987) Synthesis of no-carrier-added (NCA) (^{18}F)fluoroalkyl halides and their application in the synthesis of (^{18}F) fluoroalkyl derivatives of neurotransmitter receptor active compounds. J Lab Comp Radiopharm 24: 55-64

Shiue CY, Fowler JS, Wolf AP, Alexoff D, MacGregor RR (1985b) Gas-liquid chromatographic determination of relative amounts of 2-deoxy-2-fluoro-D-glucose and 2-deoxy-2-fluoro-D-mannose synthesized from various methods. J Lab Comp Radiopharm 22: 503-508

Shiue CY, Fowler JS, Wolf AP, McPherson DW, Arnett CD, Zecca L (1986) No-carrier-added fluorine-18-labeled-N-methylspiroperidol: Synthesis and biodistribution. J Nucl Med 27: 226-234

Shiue CY, Salvadori PA, Wolf AP, Fowler JS, MacGregor RR (1982) A new improved synthesis of 2-deoxy-2-(F-18)fluoro-D-glucose from F-18-labeled acetyl hypofluorite. J Nucl Med 23: 899-903

Shiue CY, To KC, Wolf AP (1983) A rapid synthesis of 2-FDG from Xenon difluoride suitable for labelling with F-18. J Lab Comp Radiopharm 20: 157-162

Shiue CY, Wolf AP (1985a) The synthesis of 1-(C-11)-D-glucose and related compounds for the measurement of brain glucose metabolism. J Lab Comp Radiopharm 22: 171-182

Slegers G, Lambrecht RHD, Vandewalle T, Vandecasteele C (1984) Enzymatic synthesis of C-11 formaldehyde: Concise communication. J Nucl Med 25: 338-342

Sipilae HT, Heselius SJ, Saarni HK, Ahlfors T (1985) A compact low-voltage ionization chamber for monitoring positron- and photon-emitters in flowing gases. Nucl Instr Meth Phys Res A238: 542-545

Sokoloff L, Reivich M, Kennedy C, Des Rosiers MH, Patlak CS, Pettigrew KD, Sakurada O, Shinohara M (1977) The (^{14}C)-deoxyglucose method for the measurement of local cerebral glucose utilization: Theory, procedure, and normal values in the conscious and anesthetized albino rat. J Neurochem 28: 897-916

Solin O (1983) Counting of positron-emitting radionuclides on thin layer chromatograms. Int J Appl Radiat Isot 34: 1653-1654

Solin O, Firnau G, Haaparanta M, Chirakal R, Sipilae H, Garnett ES, Nahmias C (1986) 2-(^{18}F)fluoro-L-dopa. J Lab Comp Radiopharm 23: 1103

Sood S, Firnau G, Garnett ES (1983) Radiofluorination with xenon difluoride: A new high yield synthesis of (F-18)2-fluoro-2-deoxy-D-glucose. Int J Appl Radiat Isot 34: 743-745

Steinling M, Baron JC, Maziere B, Lasjaunias P, Loc'h C, Cabanis EA, Guillon B (1985) Tomographic measurement of cerebral blood flow by the 68-Ga-labelled-microsphere and continuous-(15-O)O$_2$-inhalations methods. Eur J Nucl Med 11: 29-32

Still WC, Kahn M, Mitra A (1978) Rapid chromatographic technique for preparative separations with moderate resolution. J Org Chem 43: 2923-2925

Stöcklin G (1969) Chemie heißer Atome. Verlag Chemie, Weinheim

Stöcklin G (1987) Spezielle Syntheseverfahren mit kurzlebigen Radionukliden und Qualitätskontrolle. In: Handbuch der Med Radiologie, Band XI/1 B: Kurzlebige zyklotron-produzierte Radiopharmaka. Springer Verlag

Stone-Elander S, Johnström P, Roland P, Eriksson L, Litton JE, Widén L (1986) Fluoromethane labelled with carbon-11 for PET studies of regional cerebral blood flow. J Lab Comp Radiopharm 23: 1074-1075

Stone-Elander S, Nilsson JLG, Blomqvist G, Ehrin E, Eriksson L, Garmelius B, Greitz T, Johnström P, Sjoergren I, Widén L (1985) (C-11)-2-deoxy-D-glucose: Synthesis and preliminary comparison with (C-11)-D-glucose as a tracer for cerebral energy metabolism in PET studies. Eur J Nucl Med 10: 481-486

Strijckmans K, Vandecasteele C, Sambre J (1985) Production and quality control of O-15-O$_2$ and O-15-CO$_2$ for medical use. Int J Appl Radiat Isot 36: 279–283

Suzuki K, Tamate K (1984) Automatic production of 13-NH3 and L-(13-N)glutamate ready for intravenous injection. Int J Appl Radiat Isot 35: 771–777

Takahashi K, Murakami M, Hagami E, Sasaki H, Kondo Y, Mizusawa S, Nakamichi H, Iida H, Miura S, Kanno I, Uemura K, Ido T (1986) Radiosynthesis of 15-O-labeled butanol available for clinical use. J Lab Comp Radiopharm 23: 1111

Tewson TJ, Soderlind M (1985) 1-propenyl 4,6-O-benzylidene-beta-D-mannopyranoside-2,3-cyclic sulfate: A substrate for the synthesis of (F-18)2-deoxy-2-fluoro-D-glucose. J Carbohydr Chem 4: 529–543

Tominaga T, Inoue O, Suzuki K, Yamasaki T, Hirobe M (1986) Synthesis of N-13-labeled amines by reduction of N-13-labeled amides. Appl Radiat Isot 37: 1209–1212

Tominaga T, Inoue O, Suzuki K, Yamasaki T, Hirobe M (1987) (N-13)-beta-phenethylamine ((N-13)Pea) – A prototype tracer for measurement of MAO-B activity in heart. Biochem Pharmacol 36: 3671–3675

Turton DR, Brady F, Pike VW, Selwyn AP, Shea MJ, Wilson RA, De Landsheere CM (1984a) Preparation of human serum (methyl-C-11)methylalbumin microspheres and human serum (methyl-C-11)methylalbumin for clinical use. Int J Appl Radiat Isot 35: 337–344

Turton DR, Pike VW, Cartoon M, Widdowson DA, Matthews RW (1984a) A method for the preparation of 2-(11-C)methyl-spiperone – an agent for studying dopamine receptor distribution in vivo. J Lab Comp Radiopharm 21: 1148

Tyler JL, Yamamoto YL, Diksic M, Théron J, Villemure JG, Worthington C, Evans AC, Feindel W (1986) Pharmacokinetics of superselective intra-arterial and intravenous (^{11}C)BCNU evaluated by PET. J Nucl Med 27: 775–780

Van Haver D, Rabi NA, Vandewalle T, Goethals P, Vandecasteele C (1985) Routine production of 2-deoxy-D-1-(C-11)glucose: An alternative. J Lab Comp Radiopharm 22: 657–666

Van Rijn CJS, Herscheid JDM, Visser GWM, Hoekstra A (1985) On the stereo-selectivity of the reaction of F-18-acetylhypofluorite with glucals. Int J Appl Radiat Isot 36: 111–115

Vine EN, Young D, Vine WH, Wolf W (1979) An improved synthesis of F-18-fluorouracil. Int J Appl Radiat Isot 30: 401–405

Vogt M, Huszar I, Argentini M, Oehninger H, Weinreich R (1986) Improved production of (F-18)fluoride via the O-18(p, n)F-18-reaction for no-carrier-added nucleophilic syntheses. (Techn Note) Appl Radiat Isot 37: 448–449

Vora MM, Boothe TE, Finn RD, Kothari PJ, Emran AM, Carroll ST, Gilson AJ (1985) Multimillicurie preparation of 2-(F-18)-fluoro-2-deoxy-D-glucose via nucleophile displacement with fluorine-18 labelled fluoride. J Lab Comp Radiopharm 22: 953–960

Wagner HN, Burns H, Dannals RF, Wong DF, Langström B, Duelfer T, Frost JJ, Hayden TR, Links JM, Rosenbloom SB, Lukas SE (1983) Imaging dopamine receptors in the human brain by positron tomography. Science 221: 1264–1266

Wagner R (1984) A fast, high yield synthesis of F-18-fluoromethane from F-18-F$_2$. J Lab Comp Radiopharm 21: 1229

Wagner R (1986a) Synthesis of F-18 labelled 4-fluoroantipyrine via gaseous acetylhypofluorite: Optimization of reaction parameters and remote controlled production. J Lab Comp Radiopharm 23: 1100

Wagner R (1986b) A simple and inexpensive TLC-scanning device for use with positron emitters: Qualitative and quantitative capabilities. Proc of the 4th Symposion on the Medical Application of Cyclotrons, Turku (in press)

Wagner R (1987) A simple F-18 F$_2$-target for routine use. In: Helus F, Ruth TJ (eds) Proceedings of the First Workshop on Targetry and Target Chemistry. DKFZ Heidelberg

Wagner R, Stöcklin G (1981) In-target preparation of C-11-CH$_3$I by C-11-recoil reactions in the N$_2$/HI-system. J Lab Comp Radiopharm 18: 189

Wagner R, Stöcklin G, Schaack W (1981) Production of carbon-11 labelled methyl iodide by direct recoil synthesis. J Lab Comp Radiopharm 18: 1557–1566

Waters SL, Kensett MJ, Horlock PL, Bateman DM (1986) A 82Sr/82Rb generator suitable for continuous infusion. J Lab Comp Radiopharm 23: 1378

Weinreich R, Knieper J (1983) Production of 77-Kr and 79-Kr for medical applications via proton irradiation of bromine: Excitation functions, yields and separation procedures. Int J Appl Radiat Isot 34: 1335–1338

Welch MJ, Dence CS, Marshall DR, Kilbourn MR (1983) Remote system for production of C-11 labeled palmitic acid. J Lab Comp Radiopharm 20: 1087–1095

Welch MJ, McElvany KD (1983) Radionuclides of bromine for use in biomedical studies. In: Stöcklin G, Wolf AP (eds) Radiochemistry Related to Life Science. Oldenbourg München. Special Issue of Radiochim Acta 34: 41–46

Welch MJ, Thakur ML, Coleman RE, Patel M, Siegel BA, Ter-Pogossian MM (1977) Gallium-68 red cells and platelets: new agents for PET. J Nucl Med 18: 558–562

Wieland BW, Hendry GO, Schmidt DG, Bida G, Ruth TJ (1986a) Efficient smallvolume O-18 water targets for producing ^{18}F fluoride with low energy protons. J Lab Comp Radiopharm 23: 1205

Wieland BW, Schmidt DG, Bida G, Ruth TJ, Hendry GO (1986b) Efficient, economical production of oxygen-15 labeled tracers with low energy protons. J Lab Comp Radiopharm 23: 1214–1216

Wolf AP, Fowler JS (1985) Positron emitter-labeled radiotracers – Chemical considerations. In: Reivich M, Alavi A (eds) Positron Emission Tomography. Allan R. Liss, New York

Wolf AP, Jones WB (1983) Cyclotrons for biomedical radioisotope production. In: Stöcklin G, Wolf AP (eds) Radiochemistry Related to Life Science. Oldenbourg München. Special Issue of Radiochim Acta 34: 1–7

Wolf AP, Redvanly CS (1977) Carbon-11 and radiopharmaceuticals. Int J Appl Radiat Isot 28: 29–48

Yagi M, Murano Y, Izawa G (1982) Rapid and high yield synthesis of carrier-free F-18-labeled alkylfluorides. Int J Appl Radiat Isot 33: 1335–1339

Kapitel 5

Gehirn

Ackerman RH, Correia JA, Alpert NM, Baron JC, Gouliamos A, Grotta JC, Brownell GL, Taveras JM (1981) Positron imaging in ischemic stroke disease using compounds labeled with oxygen 15. Initial results of clinicophysiologic correlations. Arch Neurol 38: 537–543

Baron JC (1983) The interrelationships of cerebral blood flow and cerebral metabolism and its study with positron emission tomography in man. In: Reba RC, Goodenough DJ, Davidson HF (eds) Diagnostic Imaging in Medicine, Martinus Nijhoff, Boston, pp 407–435

Baron JC, Bousser MG, Comar D, Castaigne P (1980) „Crossed cerebellar diaschisis" in human supratentorial brain infarction. Trans Am Neurol Ass 105: 459–461

Baron JC, Bousser MG, Comar D, Soussaline F, Castaigne P (1981) Noninvasive tomographic study of cerebral blood flow and oxygen metabolism in vivo: potentials, limitations and clinical applications in cerebral ischemic disorders. Eur Neurol 20: 273–284

Baron JC, Marzière B, Loc'h C, Cambon H, Sgouropoulos P, Bonnet AM, Agid Y (1986) Loss of striatal (76Br)Bromospiperone binding sites demonstrated by positron tomography in progressive supranuclear palsy. J Cereb Blood Flow Metabol 6: 131–136

Baxter LR Jr, Phelps ME, Mazziotta JC, Schwartz JM, Gerner RH, Selin CE, Sumida RM (1985) Cerebral metabolic rates for glucose in mood disorders. Studies with positron emission tomography and fluorodeoxyglucose F18. Arch Gen Psychiatry 42: 441–447

Berridge M, Comar D, Crouzel C, Baron JC (1983) 11C-labeled ketanserin: A selective serotonin S2-antagonist. J Lab Comp Radiopharm 20: 73–78

Buchsbaum MS, Holcomb HH, Johnson K, King AC, Kessler R (1983) Cerebral metabolic consequences of electrical cutaneous stimulation in normal individuals. Human Neurobiol 2: 35–38

Buchsbaum MS, Haier RJ (1987) Functional and anatomical brain imaging: Impact on schizophrenia research. Schizophrenia Bull 13: 115–132

Bustany P, Henry JF, Sargent T, Zarifian E, Cabanis E, Collard P, Comar D (1983) Local brain protein metabolism in dementia and schizophrenia: in vivo studies with 11C-L-methionine and positron emission tomography. In: Heiss WD, Phelps ME (eds) Positron Emission Tomography of the Brain. Springer, Berlin, Heidelberg, New York, pp 208–211

Coenen HH, Laufer P, Stöcklin G, Wienhard K, Pawlik G, Böcher-Schwarz HG, Heiss WD

(1987) 3-N-(2-(18F)-fluoroethyl)-spiperone: a novel ligand for cerebral dopamine receptor studies with PET. Life Sci 40: 81-88

Dal-Bianco P (1986) Klinischer Verlauf und zerebraler Glucosestoffwechsel beim Schlaganfall. Facultas Universitätsverlag, Wien

DeLeon MJ, Ferris SH, George AE, Reisberg B, Christman DR, Kricheff II, Wolf AP (1983) Computed tomography and positron emission transaxial tomography evaluations of normal aging and Alzheimer's disease. J Cereb Blood Flow Metabol 3: 391-394

DiChiro G (1987) Positron emission tomography using (18F)fluorodeoxyglucose in brain tumors. A powerful diagnostic and prognostic tool. Invest Radiol 22: 360-371

DiChiro G, Hatazawa J, Katz DA, Rizzoli HV, De Michele DJ (1987) Glucose utilization by intracranial meningiomas as an index of tumor aggressivity and probability of recurrence: a PET study. Radiology 164: 521-526

DiChiro G, Paz RL de la, Brooks RA, Sokoloff L, Kornblith PL, Smith BH, Patronas NJ, Kufta CV, Kessler RM, Johnston GS, Manning RG, Wolf AP (1982) Glucose utilization of cerebral gliomas measured by (18F)fluorodeoxyglucose and positron emission tomography. Neurology 32: 1323-1329

Duara R, Grady C, Haxby J, Ingvar D, Sokoloff L, Margolin RA, Manning RG, Cutler NR, Rapoport SI (1984) Human brain glucose utilization and cognitive function in relation to age. Ann Neurol 16: 702-713

Engel J Jr, Kuhl DE, Phelps ME et al. (1982) Comparative localization of epileptic foci in partial epilepsy by PCT and EEG. Ann Neurol 12: 529-537

Engel J, Kuhl DE, Phelps ME, Rausch R, Nuwer M (1983) Local cerebral metabolism during partial seizures. Neurology 33: 400-413

Engel J Jr, Lubens P, Kuhl DE, Phelps ME (1985) Local cerebral metabolic rate for glucose during petit mal absences. Ann Neurol 17: 121-128

Ericson K, Lilja A, Bergström M (1987) Positron emission tomography with 11C-methionine in brain tumors: methionine kinetics, tumor delineation, and follow-up studies after therapy. In: Heiss WD, Pawlik G, Herholz K, Wienhard K (eds) Clinical Efficacy of Positron Emission Tomography, Martinus Nijhoff, Dordrecht, Boston, Lancaster, pp 379-390

Farde L, Hall H, Ehrin E, Sedvall G (1986) Quantitative analysis of D2 dopamine receptor binding in the living brain by PET. Science 231: 258-261

Foster NL, Chase TN, Fedio P, Patronas NJ, Brooks RA, DiChiro G (1983) Alzheimer's disease: Focal cortical changes shown by positron emission tomography. Neurology (Cleveland) 33: 961-965

Fowler JS, MacGregor RR, Wolf AP et al. (1987) Mapping human brain monoamine oxidase A and B with 11C-labeled suicide inactivators and PET. Science 235: 481-485

Fox PT, Raichle ME (1985) Stimulus rate determines regional brain blood flow in striate cortex. Ann Neurol 17: 303-305

Frackowiak RSJ, Lenzi GL, Jones T, Heather JD (1980) Quantitative measurement of regional cerebral blood flow and oxygen metabolism in man using 15O and positron emission tomography: Theory, procedure, and normal values. J Comput Assist Tomogr 4: 727-736

Frackowiak RSJ, Pozzilli C, Legg NJ, Du Boulay GH, Marshall J, Lenzi GL, Jones T (1981) Regional cerebral oxygen supply and utilization in dementia. A clinical and physiological study with oxygen-15 and positron tomography. Brain 104: 753-778

Frost JJ, Dannals RF, Duelfer T, Burns HD, Ravert HT, Langström B, Balasubramanian V (1984) In vivo studies of opiate receptors. Ann Neurol 15 (Suppl): S85-S92

Gibbs JM, Frackowiak RSJ, Legg NJ (1986) Regional cerebral blood flow and oxygen metabolism in dementia due to vascular disease. Gerontology 32 (Suppl 1): 84-88

Gibbs JM, Wise RJ, Leenders KL, Herold S, Frackowiak RSJ, Jones T (1985) Cerebral haemodynamics in occlusive carotid-artery disease. Lancet I: 933-934

Gibbs JM, Wise RJS, Leenders KL, Jones T (1984) Evaluation of cerebral perfusion reserve in patients with carotid-artery occlusion. Lancet I: 310-314

Greenberg JH, Reivich M, Alavi A et al. (1981) Metabolic mapping of functional activity in human subjects with the (18F)fluorodeoxyglucose technique. Science 212: 678-680

Gur RC, Gur RE, Rosen AD et al. (1983) A cognitive-motor network demonstrated by positron emission tomography. Neuropsych 21: 601-606

Hawkins RA, Phelps ME, Mazziotta JC, Kuhl DE (1983) A study of Wilson's disease with F18-FDG and positron tomography. J Cereb Blood Flow Metabol 3 (Suppl 1): S498-S499

Heiss WD, Beil C, Herholz K, Pawlik G, Wagner R, Wienhard K (1985b) Atlas der Positronen-Emissions-Tomographie des Gehirns. Springer, Berlin, Heidelberg, New York, Tokyo

Heiss WD, Herholz K, Böcher-Schwarz HG, Pawlik G, Wienhard K, Steinbrich W, Friedmann G (1986) PET, CT, and MR imaging in cerebrovascular disease. J Comput Assist Tomogr 10: 903–911

Heiss WD, Pawlik G, Hebold I, Herholz K, Wagner R, Wienhard K (1987b) Metabolic pattern of speech activation in healthy volunteers, aphasics, and focal epileptics. J Cereb Blood Flow Metabol 7 (Suppl 1): S299

Heiss WD, Pawlik G, Herholz K, Wagner R, Wienhard K (1985a) Regional cerebral glucose metabolism during wakefulness, sleep, and dreaming. Brain Res 327: 362–366

Heiss WD, Pawlik G, Herholz K, Wienhard K (1987a) Clinical Efficacy of Positron Emission Tomography. Martinus Nijhoff Publ, Dordrecht, Boston, Lancaster

Heiss WD, Phelps ME (1983) Positron Emission Tomography of the Brain. Springer, Berlin, Heidelberg, New York

Ilsen HW, Sato M, Pawlik G, Herholz K, Wienhard K, Heiss WD (1984) (68Ga)-EDTA positron emission tomography in the diagnosis of brain tumors. Neuroradiology 26: 393–398

Ingvar DH, Franzen G (1974) Abnormalities of cerebral blood flow distribution in patients with chronic schizophrenia. Acta psychiat Scand 50: 425–462

Jones T, Wise RJS, Frackowiak RSJ, Gibbs JM, Lenzi GL, Herold S (1985) Uncoupling of flow and metabolism in infarcted tissue. In: Heiss WD (ed) Functional Mapping of the Brain in Vascular Disorders. Springer, Berlin, Heidelberg, New York, Tokyo, pp 43–57

Kuhl DE, Engel J, Phelps ME, Selin C (1980b) Epileptic patterns of local cerebral metabolism and perfusion in humans determined by emission computed tomography of 18FDG and 13NH3. Ann Neurol 8: 348–360

Kuhl DR, Metter EJ, Riege WH et al. (1983) Local cerebral glucose utilization in elderly patients with depression, multiple infarct dementia, and Alzheimer's disease. J Cereb Blood Flow Metabol 3 (Suppl 1): S494–S495

Kuhl DE, Metter EJ, Riege WH, Phelps ME (1982a) Effects of human aging on patterns of local cerebral glucose utilization determined by the (18F)fluorodeoxyglucose method. J Cereb Blood Flow Metabol 2: 163–171

Kuhl DE, Phelps ME, Kowell AP et al. (1980a) Effects of stroke on local cerebral metabolism and perfusion: Mapping by emission computed tomography of 18FDG and 13NH3. Ann Neurol 8: 47–60

Kuhl DE, Phelps ME, Markham CH et al. (1982b) Cerebral metabolism and atrophy in Huntington's disease determined by 18FDG and computed tomographic scan. Ann Neurol 12: 425–434

Kushner M, Alavi A, Reivich M et al. (1984) Contralateral cerebellar hypometabolism following cerebral insult: a positron emission tomographic study. Ann Neurol 15: 425–434

Lammertsma AA, Wise RJS, Heather JD et al. (1983) Correction for the presence of intravascular oxygen-15 in the steady-state technique for measuring regional oxygen extraction ratio in the brain: 2. Results in normal subjects and brain tumor and stroke patients. J Cereb Blood Flow Metabol 3: 425–431

Lassen NA (1966) The luxury-perfusion syndrome and its possible relation to acute metabolic acidosis localized within the brain. Lancet II: 1113–1115

Leenders KL (1986) Movement Disorders: A Study with Positron Emission Tomography. Rodopi, Amsterdam

Lenzi GL, Frackowiak RSJ, Jones T (1982) Cerebral oxygen metabolism and blood flow in human cerebral ischemic infarction. J Cereb Blood Flow Metabol 2: 321–335

Martin WRW (1985) Positron emission tomography in movement disorders. Can J Neurol Sci 12: 6–10

Martin WRW (1987) The contribution of PET scanning to understanding metabolism and drug actions in the basal ganglia. Pharmac Ther 32: 77–87

Martin WRW, Raichle ME (1983) Cerebellar blood flow and metabolism in cerebral hemisphere infarction. Ann Neurol 14: 168–176

Mazziotta JC, Phelps ME (1984) Human sensory stimulation and deprivation. PET results and strategies. Ann Neurol 15 (Suppl 1): S50–S60

Mazziotta JC, Phelps ME (1986) Positron emission tomography studies of the brain. In: Phelps M, Mazziotta J, Schelbert H (eds) Positron Emission Tomography and Autoradiography: Principles and Applications for the Brain and Heart. Raven, New York, pp 493–579

Mazziotta JC, Phelps ME, Carson RE, Kuhl DE (1982a) Tomographic mapping of human cerebral metabolism: Sensory deprivation. Ann Neurol 12: 435–444

Mazziotta JC, Phelps ME, Carson RE, Kuhl DE (1982b) Tomographic mapping of human cerebral metabolism: Auditory stimulation. Neurology 32: 921–937

Mazziotta JC, Phelps ME, Pahl JJ et al. (1987) Reduced cerebral glucose metabolism in asymptomatic subjects at risk for Huntington's disease. N Engl J Med 316: 357–362

Metter EJ, Riege WH, Kuhl DE, Phelps ME (1984) Cerebral metabolic relationship for selected brain regions in healthy adults. J Cereb Blood Flow Metabol 4: 1–7

Moerlein SM, Stöcklin G, Pawlik G, Wienhard K, Heiss WD (1986) Regional cerebral pharmacokinetics of the dopaminergic neurotoxin 1-methyl-4-phenyl-1,2,3,6-tetrahydropyridine as examined by positron emission tomography in a baboon is altered by tranylcypromine. Neurosci Letters 66: 205–209

Muhr C, Bergström M, Lundberg PO et al. (1987) Dopamine receptors in pituitary adenomas and effect of bromocriptine treatment – Evaluation with PET and MRI. In: Heiss WD, Pawlik G, Herholz K, Wienhard K (eds) Clinical Efficacy of Positron Emission Tomography. Martinus Nijhoff Publ, Dordrecht, Boston, Lancaster, pp 391–400

Nahmias C, Garnett ES, Firnau G, Lang A (1985) Striatal dopamine distribution in Parkinsonian patients during life. J Neurol Sci 69: 223–230

Pawlik G, Herholz K, Beil C, Wagner R, Wienhard K, Heiss WD (1985) Remote effects of focal lesions on cerebral flow and metabolism. In: Heiss WD (ed) Functional Mapping of the Brain in Vascular Disorders. Springer, Berlin, Heidelberg, New York, Tokyo, pp 59–83

Perlmutter JS, Raichle ME (1984) Pure hemidystonia with basal ganglion abnormalities on positron emission tomography. Ann Neurol 15: 228–233

Phelps ME, Barrio JR, Huang SC et al. (1984) Criteria for the tracer kinetic measurement of cerebral protein synthesis in humans with positron emission tomography. Ann Neurol 15 (Suppl): S192–S202

Phelps ME, Mazziotta JC, Huang SC (1982) Study of cerebral function with positron computed tomography. J Cereb Blood Flow Metabol 2: 113–162

Phelps ME, Mazziotta JC, Kuhl DE et al. (1981) Tomographic mapping of human cerebral metabolism: Visual stimulation and deprivation. Neurology 31: 517–529

Powers WJ, Grubb RL Jr, Raichle ME (1984) Physiological responses to focal cerebral ischemia in humans. Ann Neurol 16: 546–552

Raichle ME (1983) The pathophysiology of brain ischemia. Ann Neurol 13: 2–10

Reivich M, Gur R, Alavi A (1983) Positron emission tomographic studies of sensory stimuli, cognitive processes, and anxiety. Hum Neurobiology 2: 25–33

Rhodes CG, Wise RJS, Gibbs JM et al. (1983) In vivo disturbance of the oxidative metabolism of glucose in human cerebral gliomas. Ann Neurol 14: 614–626

Riege WG, Metter EJ, Kuhl DE, Phelps ME (1985) Brain glucose metabolism and memory functions: Age decrease in factor scores. J Gerontology 40: 459–467

Roland PE, Meyer E, Shibasaki T et al. (1982) Regional cerebral blood flow changes in cortex and basal ganglia during voluntary movements in normal human volunteers. J Neurophysiol 48: 467–480

Rottenberg DA, Ginos JZ, Kearfott KJ et al. (1985) In vivo measurement of brain tumor pH using (11C)DMO and positron emission tomography. Ann Neurol 17: 70–79

Schuier FJ (1987) Changes of cerebral glucose metabolism in movement disorders. In: Heiss WD, Pawlik G, Herholz K, Wienhard K (eds) Clinical Efficacy of Positron Emission Tomography. Martinus Nijhoff Publ, Dordrecht, Boston, Lancaster, pp 93–100

Seeman P (1980) Brain dopamine receptors. Pharmacol Rev 32: 229–313

Shimizu H, Ishijima B (1985) Diagnosis of temporal lobe epilepsy by positron emission tomography. Fol Psych Neurol Jpn 39: 251–256

Siesjö BK (1981) Cell damage in the brain: A speculative synthesis. J Cereb Blood Flow Metabol 1: 155–185

Siesjö BK, Wieloch T (1985) Cerebral metabolism in ischaemia: Neurochemical basis for therapy. Br J Anaesth 57: 47–62

Sperling MR, Wilson G, Engel J Jr et al. (1986) Magnetic resonance imaging in intractable partial epilepsy: Correlative studies. Ann Neurol 20: 57–62

Stefan H, Pawlik G, Böcher-Schwarz HG et al. (1987) Functional and morphological abnormalities in temporal lobe epilepsy: a comparison of interictal and ictal EEG, CT, MRI, SPECT, and PET. J Neurol 234: 377–384

Stoessl AJ, Hayden MR, Martin WRW et al. (1986) Predictive studies in Huntington's disease. Neurology 36 (Suppl 1): 310

Syrota A, Castaing M, Rougemont D et al. (1985) Regional tissue pH and oxygen metabolism in human cerebral infarction studied with positron emission tomography. In: Greitz T, Ingvar DH, Widén L (eds) The Metabolism of the Human Brain Studied with Positron Emission Tomography. Raven, New York, pp 285–303

Szelies B, Herholz K, Heiss WD et al. (1983) Hypometabolic cortical lesions in tuberous sclerosis demonstrated by positron emission tomography. J Comput Assist Tomogr 7: 946–953

Szelies B, Karenberg A (1986) Störungen des Glucosestoffwechsels bei Pickscher Erkrankung. Fortschr Neurol Psychiat 54: 393–397

Ter-Pogossian MM, Phelps ME, Hoffman EJ, Mulani NA (1975) A positron emission transaxial tomograph for nuclear medicine imaging (PETT). Radiology 14: 89–98

Terry RD, Peck A, De Teresa R et al. (1981) Some morphometric aspects of the brain in senile dementia of the Alzheimer type. Ann Neurol 10: 184–192

Theodore WH, Dorwart R, Holmes M et al. (1986) Neuroimaging in refractory partial seizures: comparison of PET, CT, and MRI. Neurology 36: 750–759

Theodore WH, Newmark ME, Sato S et al. (1983) (18F)fluorodeoxyglucose positron emission tomography in refractory complex partial seizures. Ann Neurol 14: 429–437

Tyler JL, Yamamoto YL, Diksic M et al. (1986) Pharmacokinetics of superselective intraarterial and intravenous 11C-BCNU evaluated by PET. J Nucl Med 27: 775–780

Wiesel FA, Wik G, Sjögren I et al. (1987) Regional brain metabolism in drugfree schizophrenic patients as measured by positron emission tomography. In: Heiss WD, Pawlik G, Herholz K, Wienhard K (eds) Clinical Efficacy of Positron Emission Tomography. Martinus Nijhoff Publ, Dordrecht, Boston, Lancaster, pp 203–211

Wise RJS, Bernardi S, Frackowiak RSJ, Legg NJ, Jones T (1983a) Serial observations on the pathophysiology of acute stroke. The transition from ischaemia to infarction as reflected in regional oxygen extraction. Brain 106: 197–222

Wise RJS, Rhodes CG, Gibbs JM et al. (1983b) Disturbance of oxidative metabolism of glucose in recent human cerebral infarcts. Ann Neurol 14: 627–637

Wolfson LI, Leenders KL, Brown LL, Jones T (1985) Alterations of regional cerebral blood flow and oxygen metabolism in Parkinson's disease. Neurology 35: 1399–1405

Wong DF, Wagner HN Jr, Tune LE et al. (1986) Positron emission tomography reveals elevated D2 dopamine receptors in drug-naive schizophrenics. Science 234: 1558–1563

Yamamoto YL, Hakim AM, Diksic M et al. (1985) Focal flow disturbances in acute strokes: Effects on regional metabolism and tissue pH. In: Heiss WD (ed) Functional Mapping of the Brain in Vascular Disorders. Springer, Berlin, Heidelberg, New York, Tokyo, pp 85–105

Yamamoto YL, Ochs R, Gloor P et al. (1983) Pattern of rCBF and focal energy metabolic changes in relation to electroencephalographic abnormality in the interictal phase of partial epilepsy. In: Baldy-Moulinier M, Ingvar DH, Meldrum BS (eds) Cerebral Blood Flow, Metabolism and Epilepsy. John Libbey, London, Paris, pp 51–62

Yamamoto YL, Thompson CJ, Meyer E, Robertson JS, Feindel W (1977) Dynamic positron emission tomography for study of cerebral hemodynamics in a cross section of the head using positron-emitting 68Ga-EDTA and 77Kr. J Comput Assist Tomogr 1: 43–56

Herz

Abendschein DR, Fox KAA, Knabb RM et al. (1984) The metabolic fate of 11C-beta methyl heptadecanoic acid (BMHA) in myocardium subjected to ischemia. Circulation 70 (Suppl II): 148

Bergmann SR, Fox KAA, Rand AL et al. (1984) Quantification of regional myocardial blood flow in vivo with $H_2^{15}O$. Circulation 70: 724–733

Bing RJ (1965) Cardiac metabolism. Physiol Rev 45: 171–213

Cahill GF Jr (1978) Protein and amino acid metabolism in man. Circ Res 38 (Suppl I): I109–I114

Camici P, Araujo L (1987) PET in the study of angina pectoris. In: Heiss WD, Pawlik G, Herholz K, Wienhard K (eds) Clinical Efficacy of Positron Emission Tomography. Martinus Nijhoff Publ, Dordrecht, Boston, Lancaster, pp 243–251

Charbonneau P et al. (1986) Peripheral-type benzodiazepine receptors in the living heart characterized by positron emission tomography. Circulation 73: 476–483

Deanfield JE, Shea M, Ribiero P et al. (1984) Transient ST-segment depression as a marker of myocardial ischemia during daily life. Am J Cardiol 54: 1195–1200

DeLandsheere C, Raets D, Pierard L et al. (1987) Investigation of myocardial viability after an acute myocardial infarction using positron emission tomography. In: Heiss WD, Pawlik G, Herholz K, Wienhard K (eds) Clinical Efficacy of Positron Emission Tomography. Martinus Nijhoff Publ, Dordrecht, Boston, Lancaster, pp 279–290

Gelbard AS, Benua RS, Reiman RE et al. (1980) Imaging of the human heart after administration of L-(N-13)glutamate. J Nucl Med 21: 988–991

Geltman EM, Bergmann SR, Sobel BE (1985) Cardiac positron emission tomography. In: Reivich M, Alavi A (eds) Positron Emission Tomography. Alan R Liss, New York, pp 345–385

Geltman EM, Biello D, Welch MJ et al. (1982) Characterization of nontransmural myocardial infarction by positron-emission tomography. Circulation 65: 747–755

Geltman EM, Smith JL, Beecher D et al. (1983) Altered regional myocardial metabolism in congestive cardiomyopathy detected by positron tomography. Am J Med 74: 773–785

Gould KL (1978) Assessment of coronary stenoses with myocardial perfusion imaging during pharmacologic coronary vasodilation. IV. Limits of detection of stenosis with idealized experimental cross-sectional myocardial imaging. Am J Cardiol 42: 761–768

Henze E, Huang SC, Ratib O et al. (1983) Measurements of regional tissue and blood-pool radiotracer concentrations from serial tomographic images of the heart. J Nucl Med 24: 987–996

Henze E, Schelbert HR, Barrio JR et al. (1982) Evaluation of myocardial metabolism, with N-13- and C-11-labeled amino acids and positron computed tomography. J Nucl Med 23: 671–681

Hoffman EJ, Ricci AR, Stee LMAM van der, Phelps ME (1983) ECAT III – basic design considerations. IEEE Trans Nucl Sci 30: 729–733

Keul J, Doll E, Stein H et al. (1965) Über den Stoffwechsel des menschlichen Herzens. I u. III: Pflüg Arch 282: 1–27 u. 43–53

Knapp WH, Helus F, Ostertag H et al. (1982) Uptake and turnover of L-(13N)-glutamate in the normal human heart and patients with coronary artery disease. Eur J Nucl Med 7: 211–215

Marshall RC, Tillisch JH, Phelps ME et al. (1981) Identification and differentiation of resting myocardial ischemia and infarction in man with positron computed tomography 18F-labeled fluorodeoxyglucose and N-13 ammonia. Circulation 64: 766–778

Neely JR, Morgan HE (1974) Relationship between carbohydrate and lipid metabolism and the energy balance of heart muscle. Ann Rev Physiol 36: 413–459

Padgett H, Robinson GD, Barrio JR (1982) (1-11C)Palmitic acid: Improved radiopharmaceutical preparation. Int J Appl Radiat Isot 33: 1471–1472

Parodi O (1987) The role of PET in the characterization of myocardial necrosis: Clinical problems related to the non-Q-wave infarction. In: Heiss WD, Pawlik G, Herholz K, Wienhard K (eds) Clinical Efficacy of Positron Emission Tomography. Martinus Nijhoff Publ, Dordrecht, Boston, Lancaster, pp 273–277

Perloff JK, Henze E, Schelbert HR (1984) Alterations in regional myocardial metabolism, perfusion and wall motion in Duchenne's muscular dystrophy studied by radionuclide imaging. Circulation 69: 33–42

Phelps ME, Hoffman EJ, Selin C et al (1978) Investigation of (18F) 2-fluoro-2-deoxyglucose for the measure of myocardial glucose metabolism. J Nucl Med 19: 1311–1319

Pike VW, Eakins MN, Allan RM, Selwyn AP (1982) Preparation of (1-11C)acetate – An agent for the study of myocardial metabolism by positron emission tomography. Int J Appl Radiat Isot 33: 505–512

Robinson GD Jr (1981) In vivo tracers for studies of myocardial metabolism. In: Root JW, Krohn KA (eds) Short-Lived Radionuclides in Chemistry and Biology. Am Chem Soc, Washington, pp 437–452

Schelbert HR, Henze E, Phelps ME (1980) Emission tomography of the heart. Sem Nucl Med 10: 355–373

Schelbert HR, Schwaiger M (1986) PET studies of the heart. In: Phelps M, Mazziotta J, Schelbert H (eds) Positron Emission Tomography and Autoradiography: Principles and Applications for the Brain and Heart. Raven, New York, pp 581–661

Schelbert HR, Wisenberg G, Phelps ME et al. (1982) Noninvasive assessment of coronary stenoses by myocardial imaging during pharmacologic vasodilation. VI. Detection of coronary artery disease in man with intravenous N-13 ammonia and positron computed tomography. Am J Cardiol 49: 1197–1207

Schön HR, Schelbert HR, Robinson G et al. (1982) C-11 labeled palmitic acid for the noninvasive evaluation of regional myocardial fatty acid metabolism with positron computed tomography. I u. II. Am Heart J 103: 532–561

Schwaiger M, Brunken R, Grover-McKay M et al. (1986) Regional myocardial metabolism in patients with acute myocardial infarction assessed by positron emission tomography. J Am Coll Cardiol 8: 800–808

Selwyn AP, Shea MJ, Foale R et al. (1986) Regional myocardial and organ blood flow after myocardial infarction: application of the microsphere principle in man. Circulation 73: 433–443

Shah A, Schelbert HR, Schwaiger M et al. (1985) Measurement of regional myocardial blood flow with N13-ammonia and positron emission tomography in intact dogs. J Am Coll Cardiol 5: 92–100

Syrota A (1987) Investigation of myocardial receptors by PET in heart diseases. In: Heiss WD, Pawlik G, Herholz K, Wienhard K (eds) Clinical Efficacy of Positron Emission Tomography. Martinus Nijhoff Publ, Dordrecht, Boston, Lancaster, pp 253–263

Syrota A, Comar D, Paillotin G et al. (1985) Muscarinic cholinergic receptor in the human heart evidenced under physiological conditions by positron emission tomography. Proc Natl Acad Sci 82: 584–588

Taegtmeyer H (1986) Myocardial metabolism. In: Phelps M, Mazziotta J, Schelbert H (eds) Positron Emission Tomography and Autoradiography: Principles and Applications for the Brain and Heart. Raven, New York, pp 149–195

Ter-Pogossian MM, Klein MS, Markham J et al. (1980) Regional assessment of myocardial metabolic integrity in vivo by positron emission tomography with 11C-labeled palmitate. Circulation 61: 242–255

Tillisch J, Brunken R, Marshall R et al. (1986) Prediction of the reversibility of cardiac wall motion abnormalities using positron tomography, 18fluorodeoxyglucose and 13N-ammonia. N Engl J Med 314: 884–888

Lunge

Brudin LH, Valind SO, Rhodes CG et al. (1986) Regional lung hematocrit in humans using positron emission tomography. J Appl Physiol 60: 1155–1163

Charbonneau P, Syrota A, Boullais C et al. (1986) Serotonin receptors and lung phagocyte recruitment induced by cigarette smoking detected in vivo by positron emission tomography. J Nucl Med 27: 950

Hughes JMB, Brudin LH, Valind SO et al. (1985) Positron emission tomography in the lung. J Thoracic Imaging 1: 79–88

Hughes JMB, Rhodes CG, Brudin LH et al. (1987) Correlation of structure and function in pulmonary disease. In: Heiss WD, Pawlik G, Herholz K, Wienhard K (eds) Clinical Efficacy of Positron Emission Tomography. Martinus Nijhoff Publ, Dordrecht, Boston, Lancaster, pp 306–313

Pascal O, Syrota A, Berger G (1982) In vivo uptake of 11C-labeled amines by human lung. In: Raynaud C (ed) Nuclear Medicine and Biology. Pergamon Press, New York, pp 2558–2561

Rhodes CG, Wollmer P, Fazio F et al. (1981) Quantitative measurement of regional extravascular lung density using positron emission and transmission tomography. J Comput Assist Tomogr 5: 783–791

Schober O, Meyer GJ, Bossaller C et al. (1985) Quantitative determination of regional extravascular lung water and regional blood volume in congestive heart failure. Eur J Nucl Med 10: 17–24

Valind SO, Wollmer PE, Rhodes CG (1985) Application of positron emission tomography in the lung. In: Reivich M, Alavi A (eds) Positron Emission Tomography. Allan R Liss, New York, pp 387–412

Wollmer P, Rhodes CG, Allen RM et al. (1983) Regional extravascular lung density and fractional pulmonary blood volume in patients with chronic pulmonary venous hypertension. Clin Phys 3: 214–256

Wollmer P, Rhodes CG, Pike VW (1982) Measurement of pulmonary erythromycin concentration in patients with lobar pneumonia by means of positron tomography. Lancet II: 1361–1364

Onkologie

Beaney RP (1987) Some biological aspects of soft tissue tumors as studied by PET. In: Heiss WD, Pawlik G, Herholz K, Wienhard K (eds) Clinical Efficacy of Positron Emission Tomography. Martinus Nijhoff Publ, Dordrecht, Boston, Lancaster, pp 361–370

Beaney RP, Lammertsma AA (1985) Use of PET in oncology. In: Reivich M, Alavi A (eds) Positron Emission Tomography. Alan R Liss, New York, pp 425–450

Beaney RP, Lammertsma AA, Jones T et al. (1984) Positron emission tomography for in vivo measurement of regional blood flow, oxygen utilization, and blood volume in patients with breast carcinoma. Lancet I: 131–134

Buonocore E, Hübner KF (1979) Positron emission computed tomography of the pancreas: A preliminary study. Radiology 133: 195–201

Kubota A, Matsuzawa T, Ito M et al. (1985) Lung tumor imaging by positron emission tomography using C11-L-methionine. J Nucl Med 26: 37–42

Reiman RE, Huvos AG, Benua RS et al. (1981) Quotient imaging with N13-L-glutamate in osteogenic sarcoma. Correlation with tumor viability. Cancer 48: 1976–1981

Schelstraete K (1987) Circulatory and metabolic studies in extracranial malignant tumors. In: Heiss WD, Pawlik G, Herholz K, Wienhard K (eds) Clinical Efficacy of Positron Emission Tomography. Martinus Nijhoff Publ, Dordrecht, Boston, Lancaster, pp 345–359

Syrota A, Duguesnoy N, Paraf A et al. (1982) The role of positron emission tomography in the detection of pancreatic disease. Radiology 143: 249–253

Tyler JL, Yamamoto YL, Diksic M et al. (1986) Pharmacokinetics of superselective intraarterial and intravenous 11C-BCNU evaluated by PET. J Nucl Med 27: 775–780

Warburg O (1930) The Metabolism of Tumours. A Constable, London

Weber G (1977) Enzymology of cancer cells. Parts 1 and 2. N Engl J Med. 296: 486–493, 541–555

Sachverzeichnis

Einbaurate, Demenzen 151
-, für Aminosäuren 144
-, Hirntumoren 144
EKG-Triggerung 154
elektrophile Fluorierung 109-110
-, von FDG 110-112
emotionelle Belastung 124
-, Glucosestoffwechsel 124
Energiebedarf 120
-, Gehirn 120
Energie-Metabolismus s. Glucosestoffwechsel
                              Sauerstoffverbrauch
Energiestoffwechsel 172
-, Onkologie 172
Entkopplung 132, 133
-, Durchblutung 132
-, Durchblutung u. Sauerstoffverbrauch 133
-, Gewebsischämie 133
-, Insult 133
-, Stoffwechsel 132
Epilepsie 129
-, anfallsfreies Intervall 129
-, epileptogener Fokus 129
-, fokale 129
-, Fokus-Lokalisation 129
-, hypometabole Herde 129
Equilibrium-Messung 47-48, 62
Erythromycin 171
Essigsäure 159
-, Intermediärstoffwechsel 159
Extraktion 42, 115
Extraktionsrate freier Fettsäuren 156
extrapyramidale Syndrome 147
extravaskuläre Lungendichte 169
-, Lungenfibrose 169
-, Sarkoidose 169
extravasale Lungendichte 169

F
^{18}F 3, 104-118
-, Ausbeute 3-4
-, ^{18}F-F$_2$ 105
-, ^{18}F-Fluorid 105
-, H^{18}F 105
-, Ne-Target 105-106
-, Wassertarget 106
^{18}F-Verbindungen, Übersicht 109
-, Acetylcyclofoxy 118
-, Benperidol 117
-, FDG 110-116
-, F-Dopa 117
-, Fluorethylspiperon 118
-, FDM 112, 113
-, Fluorfettsäuren 118
-, Fluormethylspiperon 117-118
-, Fluorphenylalanin 118
-, Fluortrimethylsilan 108

-, Haloperidol 117
-, Methylfluorid 115-117
-, Pipamperon 117
-, Ritanserin 118
FDG
-, aus ^{18}F$_2$ 110-112
-, aus ^{18}F$^-$ 112-115
FDG-Modell 33-40
FDG-6-Phosphat 34, 36, 39
FDG-Untersuchung 25
Fettsäurestoffwechsel 167
-, Myocardiopathien 167
Fettsäuren-Metabolismus 52-54
freie Fettsäuren 52
FFS-Clearance 165
-, Myocard-Ischämie 164
Fick'sches Prinzip 44
Fingerringdosimeter 81
Flashchromatographie 75
^{18}-Fluor-Dopa 147, 148
-, Morbus Parkinson 147
-, Torsionsdystonien 148
Fluorethylspiperon 60, 61
Fluormethan zur Durchblutungsmessung 47
Flüssigkeitschromatographie
-, s. Hochdruck-, Flashchromatographie
Fokus-Lokalisation 129
-, Epilepsie 129
freie Fettsäuren 156
-, Myocard-Stoffwechsel 156
frontaler Hypometabolismus 152
-, Schizophrenie 152

G
^{68}Ga-Generator 83-84
-, -Verbindungen 85
Gantry, PET 10
Ganzkörperbelastung 81
-, -tomograph 7, 12
Gaschromatographie 75-76
-, von ^{15}O-markierten Gasen 90
-, von ^{11}CH$_3$I 95
-, von ^{18}F-FDG 116
Gedächtnis 126
-, Glucosestoffwechsel 126
Gedächtnisfunktionen 128
-, Glucosestoffwechsel 128
-, komplexe Hirnleistungen 128
Gehirn 120
-, Energiebedarf 120
Generatoren, Übersicht 81-82
Gewebe/Blut-Verteilungskoeffizient 45, 46
Gewebe pH 63-65
Gewebsalkalose 137
Gewebsazidose 134
Gewebsischämie 133
-, Entkopplung 133